中国自然资源统计年鉴

CHINA NATURAL RESOURCES STATISTICAL YEARBOOK

2022

中华人民共和国自然资源部　编

Compiled by the Ministry of Natural Resources P.R.C.

地质出版社

Geological Publishing House

· 北　京 ·

Beijing

图书在版编目（CIP）数据

中国自然资源统计年鉴. 2022 = China Natural Resources Statistical Yearbook 2022 : 汉文、英文 / 中华人民共和国自然资源部编. — 北京 : 地质出版社, 2023.6

ISBN 978-7-116-13649-6

Ⅰ. ①中… Ⅱ. ①中… Ⅲ. ①自然资源—统计资料—中国—2022—年鉴—汉、英 Ⅳ. ①P966.2-54

中国国家版本馆CIP数据核字（2023）第087898号

ZHONGGUO ZIRAN ZIYUAN TONGJI NIANJIAN 2022

责任编辑：蔡　莹　郑　丽
责任校对：王洪强
出版发行：地质出版社
社址邮编：北京市海淀区学院路31号，100083
电　　话：（010）66554649（邮购部）；（010）66554604（编辑室）
网　　址：https：//www.gph.clmpg.com
印　　刷：北京地大彩印有限公司
开　　本：880 mm × 1230 mm　1/16
印　　张：19.75
字　　数：500千字
版　　次：2023年6月北京第1版
印　　次：2023年6月北京第1次印刷
定　　价：198.00元
书　　号：ISBN 978-7-116-13649-6

《中国自然资源统计年鉴 2022》编委会

《中国自然资源统计年鉴 2022》编辑部

编者说明

一、《中国自然资源统计年鉴2022》是一部全面反映中华人民共和国自然资源状况和自然资源管理情况的资料性年鉴。本年鉴收录了全国和各省（自治区、直辖市）2021年自然资源领域主要统计数据，以及全国2019—2021年自然资源领域主要统计数据。

二、本年鉴资料内容包括自然资源概况、自然资源开发利用情况、国土空间规划和用途管制情况、自然资源保护与自然灾害情况、自然资源依法行政情况、自然资源科技人才情况共六部分。各章附有主要统计指标解释，对主要自然资源综合统计指标的含义、统计范围、统计口径、计算方法等做了简要说明。

三、本年鉴数据主要来源于自然资源部各司局、中国地质调查局及自然资源部其他直属单位、各省（自治区、直辖市）自然资源主管部门，以及矿山企业、测绘企业、地勘单位等调查统计对象。部分数据来源于国家林业和草原局。部分数据摘自《中国统计年鉴》。水资源数据摘自《中国统计年鉴2022》。

四、本年鉴的全国统计数据除森林草原资源数据外均未包括香港特别行政区、澳门特别行政区和台湾省数据。

五、一些数据的合计数或相对数，因受进位的影响，不一定等于分项的累加。

六、本年鉴各表中，对表中部分指标的注解在该表下方。

七、本年鉴表中的符号使用说明：空格表示该项统计指标数值为“0”；“#”表示其中主要项。

Explanation of Compilation

Ⅰ. The *China Natural Resources Statistical Yearbook* 2022 is an informative yearbook comprehensively reflecting the status of natural resources and natural resources administration. It collects the main statistical data in the field of natural resources of the whole country and all the provinces (autonomous regions, and municipalities directly under the central government) in 2021, as well as the main statistical data of natural resources of the whole country over three years since 2019.

Ⅱ. The yearbook contains six chapters: ①general situation of natural resources; ②development and utilization of natural resources; ③planning and use control of land space; ④natural resources protection and natural disasters; ⑤legal administration of natural resources; ⑥natural resources scientific and technological talented personnel. In addition, explanatory notes on main statistical indicators follow each chapter, which give brief descriptions of the connotations, statistical scope, statistical approaches, and calculation methods of the main natural resources statistical indicators.

Ⅲ. The principal sources of the yearbook are annual comprehensive statistical reports on the departments and bureaus of the Ministry of Natural Resources, the departments and bureaus of China Geological Survey, other units directly under the Ministry of Natural Resources, the administrative departments of natural resources of all provinces (autonomous regions, and municipalities directly under the central government), as well as mining enterprises, surveying and mapping enterprises, geological exploration units and other survey and statistics objects. Part of the data comes from National Forestry and Grassland Administration. Individual data are extracted from *China Statistical Yearbook*. Water resources data are extracted from *China Statistical Yearbook* 2022.

Ⅳ. The national statistics in this annual report do not include the data of Hong Kong, Macao Special Administrative Regions and Taiwan Province, except the data of forest and grassland resources.

Ⅴ. Some aggregations or rates/ratios may not add up to the sum of the series because of rounding.

Ⅵ. The notes concerning individual indicators are placed at the lower part.

Ⅶ. Notations used in the yearbook: blank indicates that the statistical indicator value is "0" ; "#" indicates the main items.

目 录

CONTENTS

一、自然资源概况

Chapter 1 General Situation of Natural Resources

土地利用
Land Use

单位：万亩①

地 区	Region	耕地 Cultivated Land	园地 Garden Land	林地 Forest Land	草地 Grassland
总 计	**Total**	**191275.27**	**30390.71**	**425322.92**	**396676.13**
北 京	Beijing	179.95	168.19	1450.54	17.97
天 津	Tianjin	495.48	54.86	223.90	22.19
河 北	Hebei	8953.08	1502.22	9673.89	2876.52
山 西	Shanxi	5794.84	960.86	9165.36	4599.65
内蒙古	Inner Mongolia	17339.42	73.06	36572.19	81056.30
辽 宁	Liaoning	7730.44	801.06	8998.87	715.08
吉 林	Jilin	11174.73	125.70	13192.44	979.63
黑龙江	Heilongjiang	25748.75	100.98	32441.45	1764.60
上 海	Shanghai	239.49	21.75	126.87	22.45
江 苏	Jiangsu	6128.76	341.35	1204.68	138.72
浙 江	Zhejiang	1942.30	1117.68	9114.11	102.15
安 徽	Anhui	8312.74	562.59	6114.54	72.11
福 建	Fujian	1380.47	1390.02	13188.42	108.36
江 西	Jiangxi	4066.83	892.03	15543.89	134.47
山 东	Shandong	9622.36	1867.53	3887.35	340.46
河 南	Henan	11279.03	617.94	6550.28	368.81
湖 北	Hubei	7112.04	736.04	13921.07	132.50
湖 南	Hunan	5439.20	1361.17	19009.08	206.71
广 东	Guangdong	2849.60	1974.83	16113.39	345.32
广 西	Guangxi	4890.25	2526.21	24084.89	402.40
海 南	Hainan	731.29	1827.33	1741.57	24.70
重 庆	Chongqing	2780.67	437.50	7036.38	35.30
四 川	Sichuan	7792.99	1847.27	38207.25	14412.45
贵 州	Guizhou	5090.01	921.69	16842.78	277.71
云 南	Yunnan	8075.21	3877.28	37360.78	1968.56
西 藏	Tibet	673.00	20.99	26835.07	120065.07
陕 西	Shaanxi	4443.95	1776.51	18691.75	3280.16
甘 肃	Gansu	7808.33	639.19	12102.43	21278.59
青 海	Qinghai	848.39	90.80	6907.05	59190.71
宁 夏	Ningxia	1797.76	137.27	1467.64	2997.05
新 疆	Xinjiang	10553.89	1618.82	17553.02	78739.42

① 1亩≈0.0667公顷。
① 1mu≈0.0667hm^2.

状况（2021年）
Status（2021）

Unit：10^4mu①

湿地 Wetland	城镇村及工矿用地 Land for Urban, Industrial and Mining Activities	交通运输用地 Land Used for Transport	水域及水利设施用地 Land Used for Water and Conservancy Facilities
35414.34	**53709.10**	**14964.72**	**54374.74**
4.48	451.43	76.70	95.66
49.20	497.78	70.02	353.53
210.79	3218.82	628.99	872.79
76.97	1542.87	429.44	262.15
5699.65	2286.16	1220.98	1610.86
443.45	2015.58	465.97	1043.57
338.28	1289.16	404.83	924.69
5237.36	1757.23	827.88	2558.45
108.08	437.50	52.93	280.35
613.38	3132.64	569.54	3738.54
242.10	1737.15	398.66	1045.69
68.39	2634.29	476.53	2592.38
280.86	1078.83	341.43	561.06
340.70	1688.96	536.99	1641.73
370.27	4265.04	697.46	2013.61
54.86	3695.48	598.31	1295.69
83.05	2133.24	515.50	2977.15
351.24	2462.90	566.82	1888.86
267.57	2715.72	526.29	2005.04
189.38	1526.96	575.52	1130.78
181.80	375.25	93.22	275.60
22.34	953.75	254.22	411.88
1847.01	2788.36	772.77	1620.28
10.77	1173.17	523.11	390.33
55.88	1643.56	826.80	939.00
6449.69	257.25	256.47	8902.68
71.41	1397.18	469.89	420.71
1776.39	1306.17	516.57	616.51
7650.09	560.59	220.41	3674.96
36.92	450.86	146.20	255.80
2281.96	2235.22	904.28	7974.40

矿产资源储量（2021年）
Reserves of Mineral Resources（2021）

矿种名称	Mineral	单位	Unit	储量 Reserve
煤炭	Coal	亿吨	10^8 t	2078.85
石油	Oil	亿吨	10^8 t	剩余探明技术可采储量：36.89
天然气	Natural Gas	亿立方米	10^8 m^3	剩余探明技术可采储量：63392.67
页岩气	Shale Gas	亿立方米	10^8 m^3	剩余探明技术可采储量：5440.62
煤层气	Coalbed Methane	亿立方米	10^8 m^3	剩余探明技术可采储量：3659.68
天然沥青	Natural Asphalt	矿石 万吨	10^4 t of Ore	15.38
油页岩	Oil Shale	矿石 亿吨	10^8 t of Ore	23.30
石煤	Bone Coal	矿石 亿吨	10^8 t of Ore	11.50
油砂	Oil Sand	矿石 万吨	10^4 t of Ore	17303.36
地热	Geotherm	万米³/日	$10^4 m^3/d$	允许开采量402.04
铁矿	Iron	矿石 亿吨	10^8 t of Ore	161.24
锰矿	Manganese	矿石 万吨	10^4 t of Ore	28168.78
铬铁矿	Chromite	矿石 万吨	10^4 t of Ore	308.63
钒矿	Vanadium	V_2O_5 万吨	V_2O_5 10^4 t	786.74
钛矿①	Titanium	折TiO_2 万吨	Converted into 10^4t of TiO_2	22383.35
铜矿	Copper	铜 万吨	Copper 10^4 t	3494.79
铅矿	Lead	铅 万吨	Lead 10^4 t	2040.81
锌矿	Zinc	锌 万吨	Zinc 10^4 t	4422.90
铝土矿	Bauxite	矿石 万吨	10^4 t of Ore	71113.74
镁矿	Magnesium	矿石 万吨	10^4 t of Ore	30183.49
镍矿	Nickel	镍 万吨	Nickel 10^4 t	422.04
钴矿	Cobalt	钴 万吨	Cobalt 10^4 t	13.86
钨矿	Tungsten	WO_3 万吨	WO_3 10^4t	295.16
锡矿	Tin	锡 万吨	Tin 10^4 t	113.07
钼矿	Molybdenum	钼 万吨	Molybdenum 10^4 t	584.89
锑矿	Antimony	锑 万吨	Antimony 10^4 t	64.07
汞矿	Mercury	汞 吨	Mercury t	7239.26
铋矿	Bismuth	铋 万吨	Bismuth 10^4 t	17.59
铂族金属	Platinum Group Metals	金属 千克	Metal kg	87694.80
金矿	Gold	金 吨	Gold t	2964.37
银矿	Silver	银 吨	Silver t	71783.66
铌钽矿②	Niobium-Tantalum	折Y_2O_3 万吨	Converted into 10^4 t of Y_2O_3	30.95
铍矿③	Beryllium	折BeO 万吨	Converted into 10^4 t of BeO	5.71
锂矿④	Lithium	折Li_2O 万吨	Converted into 10^4 t of Li_2O	404.68
锶矿⑤（天青石）	Strontium (Celestite)	天青石 万吨	Celestite 10^4t	2463.98
铷矿	Rubidium	Rb_2O 万吨	Rb_2O 10^4 t	18.32
铯矿	Cesium	Cs_2O 万吨	Cs_2O 10^4 t	2.47
锆矿⑥	Zirconium	折ZrO_2 万吨	Converted into 10^4 t of ZrO_2	7.16
稀土矿⑦	Rare Earth Elements	稀土氧化物 万吨	Rare Earth Oxide 10^4 t	967.77
锗矿	Germanium	锗 吨	Germanium t	2162.91
镓矿	Gallium	镓 吨	Gallium t	24794.64
铟矿	Indium	铟 吨	Indium t	1998.70
铊矿	Thallium	铊 吨	Thallium t	803.60

矿产资源储量（2021年） 续表1

Reserves of Mineral Resources（2021）Continued 1

矿种名称	Mineral	单位	Unit	储量 Reserve
铼矿	Rhenium	铼 吨	Rhenium t	19.20
镉矿	Cadmium	镉 吨	Cadmium t	34241.81
硒矿	Selenium	硒 吨	Selenium t	3362.08
碲矿	Tellurium	碲 吨	Tellurium t	807.16
蓝晶石	Kyanite	矿物 万吨	10^4 t of Mineral	175.82
矽线石	Sillimanite	矿物 万吨	10^4 t of Mineral	381.10
红柱石	Andalusite	矿物 万吨	10^4 t of Mineral	378.97
菱镁矿	Magnesite	矿石 万吨	10^4 t of Ore	57991.13
普通萤石⑧	Common Fluorite	折CaF_2 万吨	Converted into 10^4 t of CaF_2	6725.13
熔剂用灰岩	Limestone for Flux	矿石 亿吨	10^8 t of Ore	39.75
冶金用白云岩	Metallurgical Dolomite	矿石 亿吨	10^8 t of Ore	18.75
冶金用石英岩	Metallurgical Quartzite	矿石 万吨	10^4 t of Ore	42564.40
冶金用砂岩	Metallurgical Sandstone	矿石 万吨	10^4 t of Ore	5750.79
铸型用砂岩	Foundry Sandstone	矿石 万吨	10^4 t of Ore	770.72
铸型用砂	Foundry Sand	矿石 万吨	10^4 t of Ore	31495.92
冶金用脉石英	Metallurgical Vein Quartz	矿石 万吨	10^4 t of Ore	2015.63
耐火黏土	Refractory Clay	矿石 万吨	10^4 t of Ore	28489.19
铁矾土	Bauxite	矿石 万吨	10^4 t of Ore	389.51
铸型用黏土	Foundry Clay	矿石 万吨	10^4 t of Ore	336.00
耐火用橄榄岩	Refractory Peridotite	矿石 万吨	10^4 t of Ore	1779.25
熔剂用蛇纹岩	Serpentine for Flux	矿石 万吨	10^4 t of Ore	50159.30
硫铁矿	Pyrite	矿石 万吨	10^4 t of Ore	131870.73
伴生硫	Associated Sulfur	硫 万吨	Sulfur 10^4 t	7113.96
磷矿	Phosphate Rock	矿石 亿吨	10^8 t of Ore	37.55
伴生磷	Associated Phosphorus	P_2O_5 万吨	P_2O_5 10^4 t	306.80
钾盐	Potash	KCl 万吨	KCl 10^4 t	28424.65
钠硝石	Nitratine	矿石 万吨	10^4 t of Ore	2543.95
明矾石	Alunite	矿物 万吨	10^4 t of Mineral	1836.42
芒硝⑨	Mirabilite	折Na_2SO_3 亿吨	Converted into 10^8 t of Na_2SO_3	377.96
重晶石	Barite	矿石 万吨	10^4 t of Ore	9154.87
毒重石	Witherite	矿石 万吨	10^4 t of Ore	558.65
天然碱	Trona (Na_2CO_3)	Na_2CO_3+$NaHCO_3$ 万吨	Na_2CO_3 +$NaHCO_3$ 10^4 t	6713.82
电石用灰岩	Limestone for Calcium Carbide	矿石 万吨	10^4 t of Ore	153592.42
制碱用灰岩	Limestone for Alkali Production	矿石 万吨	10^4 t of Ore	50003.31
化肥用灰岩	Limestone for Fertilizer	矿石 万吨	10^4 t of Ore	1500.04
化肥用石英岩	Quartzite for Fertilizer	矿石 万吨	10^4 t of Ore	135.82
化工用白云岩	Dolomite for Chemical Industry	矿石 万吨	10^4 t of Ore	5606.19
化肥用砂岩	Sandstone for Fertilizer	矿石 万吨	10^4 t of Ore	324.87
含钾砂页岩	Potassium-bearing Sandy Shale	矿石 万吨	10^4 t of Ore	29.00
含钾岩石	Potassium-bearing Rock	矿石 万吨	10^4 t of Ore	3126.69
化肥用橄榄岩	Peridotite for Fertilizer	矿石 万吨	10^4 t of Ore	249.22
化肥用蛇纹岩	Serpentine for Fertilizer	矿石 亿吨	10^8 t of Ore	6.26
泥炭	Peat	矿石 万吨	10^4 t of Ore	3294.60
矿盐⑩	Mineral Salt	折NaCl 亿吨	Converted into 10^8 t of NaCl	206.28
镁盐⑪	Magnesium Salt	折镁 万吨	Converted into 10^4 t of Magnesium	8979.23
碘矿	Iodine	碘 吨	Iodine t	175.94

矿产资源储量（2021年） 续表2

Reserves of Mineral Resources（2021）Continued 2

矿种名称	Mineral	单位	Unit	储量 Reserve
溴矿	Bromine	溴 万吨	Bromine 10^4 t	9.12
砷矿[12]	Arsenic	折砷 万吨	Converted into 10^4t of Arsenic	38.54
硼矿	Boron	B_2O_3 万吨	B_2O_3 10^4 t	1119.29
金刚石	Diamond	矿物 千克	kg of Mineral	183.19
压电水晶	Piezoelectric Quartz Crystal	单晶 千克	kg of Single Crystal	19053.00
熔炼水晶	Smelting Quartz Crystal	矿物 吨	t of Mineral	522.70
工艺水晶	Technological Quartz Crystal	矿物 千克	kg of Mineral	52.00
刚玉	Corundum	矿物 吨	t of Mineral	2.11
电气石	Tourmaline	矿物 吨	t of Mineral	92664.00
石榴子石[13]	Garnet	折矿物 万吨	Converted into 10^4 t of Mineral	3769.26
方解石	Calcite	矿石 万吨	10^4 t of Ore	46736.89
光学萤石	Optical Fluorite	矿物 千克	kg of Mineral	91.00
宝石	Gemstone	矿物 吨	t of Mineral	136.93
玉石	Jade	矿石 万吨	10^4 t of Ore	724.92
黄玉	Topaz	矿物 吨	t of Mineral	1778.00
玛瑙	Agate	矿石 吨	t of Ore	151994.80
硅灰石	Wollastonite	矿石 万吨	10^4 t of Ore	6439.44
滑石	Talc	矿石 万吨	10^4 t of Ore	7175.29
长石	Feldspar	矿石 万吨	10^4 t of Ore	68428.60
叶蜡石	Pyrophyllite	矿石 万吨	10^4 t of Ore	3261.90
高岭土	Kaolin	矿石 万吨	10^4 t of Ore	75239.66
陶瓷用砂岩	Sandstone for Ceramics	矿石 万吨	10^4 t of Ore	3436.93
陶瓷土	Ceramic Clay	矿石 万吨	10^4 t of Ore	42207.09
霞石正长岩	Nepheline Syenite	矿石 万吨	10^4 t of Ore	12271.17
玻璃用灰岩	Limestone for Glass	矿石 万吨	10^4 t of Ore	27.00
玻璃用白云岩	Dolomite for Glass	矿石 万吨	10^4 t of Ore	14521.02
玻璃用石英岩	Quartzite for Glass	矿石 万吨	10^4 t of Ore	64625.90
玻璃用砂岩	Sandstone for Glass	矿石 万吨	10^4 t of Ore	29442.80
玻璃用砂	Sand for Glass	矿石 万吨	10^4 t of Ore	64761.46
玻璃用脉石英	Vein Quartz for Glass	矿石 万吨	10^4 t of Ore	5798.50
粉石英	Powder Quartz	矿石 万吨	10^4 t of Ore	631.20
玻璃用凝灰岩	Tuff for Glass	矿石 万吨	10^4 t of Ore	6139.00
玻璃用大理岩	Marble for Glass	矿石 万吨	10^4 t of Ore	1659.30
水泥用灰岩	Limestone for Cement	矿石 亿吨	10^8 t of Ore	421.06
制灰用灰岩	Limestone for Ash Making	矿石 万吨	10^4 t of Ore	123141.20
泥灰岩	Marl	矿石 万吨	10^4 t of Ore	2769.56
水泥配料用砂岩	Sandstone for Cement Batching	矿石 万吨	10^4 t of Ore	113399.29
水泥配料用砂	Sand for Cement Batching	矿石 万吨	10^4 t of Ore	11104.18
水泥标准砂	Cement Standard Sand	矿石 万吨	10^4 t of Ore	3162.00
水泥配料用脉石英	Vein Quartz for Cement Batching	矿石 万吨	10^4 t of Ore	113.57
水泥配料用页岩	Shale for Cement Batching	矿石 万吨	10^4 t of Ore	39935.46
水泥配料用黏土	Clay for Cement Batching	矿石 万吨	10^4 t of Ore	88932.17
水泥配料用红土	Laterite for Cement Batching	矿石 万吨	10^4 t of Ore	8408.41
水泥配料用黄土	Loess for Cement Batching	矿石 万吨	10^4 t of Ore	8478.43
水泥配料用泥岩	Mudstone for Cement Batching	矿石 万吨	10^4 t of Ore	13941.29
水泥用辉绿岩	Diabase for Cement	矿石 万吨	10^4 t of Ore	94.00

矿产资源储量（2021年） 续表3

Reserves of Mineral Resources（2021）Continued 3

矿种名称	Mineral	单位	Unit	储量 Reserve
水泥混合材用玄武岩	Basalt for Cement Mixture	矿石 万吨	10^4 t of Ore	57.05
水泥用凝灰岩	Tuff for Cement	矿石 万吨	10^4 t of Ore	4569.50
水泥用大理岩	Marble for Cement	矿石 万吨	10^4 t of Ore	127693.02
水泥配料用板岩	Slate for Cement Batching	矿石 万吨	10^4 t of Ore	3292.93
砖瓦用页岩	Shale for Brick and Tile	矿石 万立方米	10^4 m^3 of Ore	48164.24
砖瓦用黏土	Clay for Brick and Tile	矿石 万立方米	10^4 m^3 of Ore	33825.30
砖瓦用砂岩	Sandstone for Brick and Tile	矿石 万立方米	10^4 m^3 of Ore	4479.64
砖瓦用砂	Sand for Brick and Tile	矿石 万立方米	10^4 m^3 of Ore	1411.17
凹凸棒石黏土	Attapulgite Clay	矿石 万吨	10^4 t of Ore	4940.52
海泡石黏土	Sepiolite Clay	矿石 万吨	10^4 t of Ore	219.11
伊利石黏土	Illite Clay	矿石 万吨	10^4 t of Ore	12566.80
累托石黏土	Rectorite Clay	矿石 万吨	10^4 t of Ore	198.86
膨润土	Bentonite	矿石 万吨	10^4 t of Ore	33271.85
硅藻土	Diatomite	矿石 万吨	10^4 t of Ore	17062.22
建筑用砂	Sand for Construction	矿石 万立方米	10^4 m^3 of Ore	179826.77
建筑用灰岩	Tuff for Construction	矿石 万立方米	10^4 m^3 of Ore	604435.37
建筑用橄榄岩	Peridotite for Construction	矿石 万立方米	10^4 m^3 of Ore	281.67
建筑用角闪岩	Amphibolite for Construction	矿石 万立方米	10^4 m^3 of Ore	1100.39
建筑用辉绿岩	Diabase for Construction	矿石 万立方米	10^4 m^3 of Ore	7059.33
建筑用安山岩	Andesite for Construction	矿石 万立方米	10^4 m^3 of Ore	8466.67
建筑用凝灰岩	Tuff for Construction	矿石 万立方米	10^4 m^3 of Ore	182219.61
建筑用辉石岩	Pyroxenite for Construction	矿石 万立方米	10^4 m^3 of Ore	171.33
建筑用玄武岩	Basalt for Construction	矿石 万立方米	10^4 m^3 of Ore	24034.00
建筑用闪长岩	Diorite for Construction	矿石 万立方米	10^4 m^3 of Ore	17496.15
建筑用辉长岩	Gabbro for Construction	矿石 万立方米	10^4 m^3 of Ore	192.86
建筑用花岗岩	Granite for Construction	矿石 万立方米	10^4 m^3 of Ore	175333.80
建筑用大理岩	Marble for Construction	矿石 万立方米	10^4 m^3 of Ore	20940.68
建筑用白云岩	Dolomite for Construction	矿石 万立方米	10^4 m^3 of Ore	31359.53
建筑用砂岩	Sandstone for Construction	矿石 万立方米	10^4 m^3 of Ore	90706.25
建筑用页岩	Shale for Construction	矿石 万立方米	10^4 m^3 of Ore	4929.89
饰面用辉长岩	Decorative Gabbro	矿石 万立方米	10^4 m^3 of Ore	495.88
饰面用辉绿岩	Decorative Diabase	矿石 万立方米	10^4 m^3 of Ore	1642.61
饰面用玄武岩	Decorative Basalt	矿石 万立方米	10^4 m^3 of Ore	1070.49
饰面用闪长岩	Decorative Diorite	矿石 万立方米	10^4 m^3 of Ore	1965.75
饰面用辉石岩	Decorative Pyroxenite	矿石 万立方米	10^4 m^3 of Ore	54.60
饰面用角闪岩	Decorative Amphibolite	矿石 万立方米	10^4 m^3 of Ore	226.06
饰面用花岗岩	Decorative Granite	矿石 万立方米	10^4 m^3 of Ore	169478.68
饰面用大理岩	Decorative Marble	矿石 万立方米	10^4 m^3 of Ore	53037.72
饰面用灰岩	Decorative Limestone	矿石 万立方米	10^4 m^3 of Ore	9477.67
饰面用蛇纹岩	Decorative Serpentine	矿石 万立方米	10^4 m^3 of Ore	156.56
饰面用板岩	Decorative Slate	矿石 万立方米	10^4 m^3 of Ore	5224.50
火山灰	Volcanic Ash	矿石 万吨	10^4 t of Ore	1520.00
火山渣	Scoria	矿石 万吨	10^4 t of Ore	2304.90
片麻岩	Gneiss	矿石 万立方米	10^4 m^3 of Ore	11122.84
珍珠岩	Perlite	矿石 万吨	10^4 t of Ore	6861.15
陶粒页岩	Shale for Ceramsite	矿石 万吨	10^4 t of Ore	11509.89
陶粒用黏土	Clay for Ceramsite	矿石 万吨	10^4 t of Ore	4408.43

矿产资源储量（2021年） 续表4

Reserves of Mineral Resources（2021）Continued 4

矿种名称	Mineral	单位	Unit	储量 Reserve
石墨	Graphite	晶质石墨矿物 万吨	10^4 t of Crystal Graphite	7826.33
		隐晶质石墨矿石 万吨	10^4 t of Cryptocrystalline Graphite	839.50
石棉	Asbestos	矿物 万吨	10^4 t of Mineral	1789.68
蓝石棉	Crocidlite Asbestos	矿物 吨	t of Mineral	28303.00
云母	Mica	矿物 万吨	10^4 t of Mineral	8787.24
碎云母	Scrap Mica	矿物 万吨	10^4 t of Mineral	119.69
透辉石	Diopside	矿石 万吨	10^4 t of Ore	2676.15
透闪石	Tremolite	矿石 万吨	10^4 t of Ore	58.69
蛭石	Vermiculite	矿石 万吨	10^4 t of Ore	557.58
沸石	Zeolite	矿石 万吨	10^4 t of Ore	23936.20
石膏	Gypsum	矿石 亿吨	10^8 t of Ore	21.26
白垩	Chalk	矿石 万吨	10^4 t of Ore	2.80
保温材料用黏土	Clay for Insulation	矿石 万吨	10^4 t of Ore	165.16
铸石用玄武岩	Basalt for Cast Stone	矿石 万吨	10^4 t of Ore	219.69
铸石用辉绿岩	Diabase for Cast Stone	矿石 万吨	10^4 t of Ore	172.63
岩棉用玄武岩	Basalt for Rock Wool	矿石 万吨	10^4 t of Ore	248.48
砚石	Ink Stone	矿石 万吨	10^4 t of Ore	1734.68
矿泉水	Mineral Water	万米^3/日	10^4 m^3/d	允许开采量61.44
二氧化碳气	Carbon Dioxide	亿立方米	10^8 m^3	剩余探明技术可采储量：1201.06
氦气	Helium	万立方米	10^4 m^3	剩余探明技术可采储量：24529.85
硫化氢气	Hydrogen Sulfide	亿立方米	10^8 m^3	剩余探明技术可采储量：638.37

注：①钛矿：原生钛铁矿，金红石和高钛矿按100%折算；钛铁砂矿按52%折算。

② 铌钽矿：铌钽铁矿、铌铁矿、钽铁矿矿物按80%折算，褐钇铌矿按45%折算、细晶石按70%折算。

③ 铍矿：绿柱石按13%折算。

④锂矿：氯化锂按35%折算，锂辉石按8%折算，锂云母按5%折算。

⑤锶矿：菱锶矿按12.5%折算。

⑥锆矿：铪锆石按63%折算，锆英石按62%折算。

⑦稀土矿：独居石按63%折算，磷钇按62%折算。

⑧普通萤石：矿石量按64%折算。

⑨芒硝：矿石量按32.3%折算。

⑩矿盐：矿石量按82%折算。

⑪镁盐：氯化镁按20%折算，硫酸镁按25%折算。

⑫砷矿：雄/雌黄矿物按65%折算。

⑬石榴子石：矿石按15%折算成矿物量。

Notes: ①Titanium: primary ilmenite, rutile and high titanium ore are converted at 100%, and ilmenite ore is converted at 52%.

②Niobium-tantalite: niobium tantalite, columbite and tantalite minerals are converted at 80%, limonite niobium ore is converted at 45%, and fine-grained stone is converted at 70%.

③Beryllium: beryl is converted at 13%.

④Lithium: 35% for lithium chloride, 8% for spodumene and 5% for lepidolite.

⑤Strontium (Celestite): strontium siderite is converted at 12.5%.

⑥Zirconium: hafnium zircon is converted at 63%, zircon is converted at 62%.

⑦Rare earth elements: monazite is converted at 63%, and yttrium phosphate is converted at 62%.

⑧Common fluorite: the ore amount is converted at 64%.

⑨Mirabilite (Glauberite): ore is converted at 32.3%.

⑩Mineral salt: the ore amount is converted at 82%.

⑪Magnesium salt: 20% for magnesium chloride and 25% for magnesium sulfate.

⑫Arsenic: male/orpiment mineral is converted at 65%.

⑬Garnet: 15% of ore is converted into mineral amount.

森林资源情况（2021年）
General Situation of Forest Resources（2021）

地　区	Region	森林覆盖率/% Forest Coverage Rate/%	森林蓄积量/亿米^3 Forest Stock/10^8m^3
总　计	**Total**	**24.02**	**194.93**
北　京	Beijing	43.31	0.30
天　津	Tianjin	12.82	0.05
河　北	Hebei	24.41	1.51
山　西	Shanxi	20.60	1.59
内蒙古	Inner Mongolia	20.10	16.44
辽　宁	Liaoning	35.27	3.61
吉　林	Jilin	43.88	12.26
黑龙江	Heilongjiang	44.47	21.58
上　海	Shanghai	12.40	0.09
江　苏	Jiangsu	7.22	0.52
浙　江	Zhejiang	56.64	3.78
安　徽	Anhui	28.06	2.57
福　建	Fujian	65.12	8.07
江　西	Jiangxi	58.97	6.63
山　东	Shandong	14.16	0.77
河　南	Henan	21.14	1.77
湖　北	Hubei	42.11	4.83
湖　南	Hunan	53.03	5.80
广　东	Guangdong	53.03	5.78
广　西	Guangxi	49.70	8.60
海　南	Hainan	48.26	1.55
重　庆	Chongqing	42.30	2.18
四　川	Sichuan	35.72	18.95
贵　州	Guizhou	43.81	4.91
云　南	Yunnan	55.25	21.44
西　藏	Tibet	9.82	22.43
陕　西	Shaanxi	43.48	5.70
甘　肃	Gansu	11.33	2.64
青　海	Qinghai	2.21	0.44
宁　夏	Ningxia	9.88	0.08
新　疆	Xinjiang	5.52	3.04

注：本表中总计数包含香港特别行政区、澳门特别行政区和台湾省数据。

Note: Total data of forest indicators include data from Hong Kong Special Administrative Region and Macao Special Administrative Region, Taiwan Province.

水资源情况（2021年）
Water Resources（2021）

指　标	Indicator	单位	Unit	数量 Quantity
水资源总量	Total Water Resources	亿立方米	10^8m^3	29638.20
地表水资源量	Surface Water Resources	亿立方米	10^8m^3	28310.50
地下水资源量	Groundwater Resources	亿立方米	10^8m^3	8195.70
地表水与地下水资源重复量	Overlapped Measurement between Surface Water Resources and Groundwater Resources	亿立方米	10^8m^3	6868.00
主要河流流域面积	Drainage Area of Main Rivers	—	—	—
长江	Changjiang River	平方千米	km^2	1782715
黄河	Huanghe River	平方千米	km^2	752773
松花江	Songhuajiang River	平方千米	km^2	561222
辽河	Liaohe River	平方千米	km^2	221097
珠江	Zhujiang River	平方千米	km^2	442527
海河	Haihe River	平方千米	km^2	265511
淮河	Huaihe River	平方千米	km^2	268957

全国国家公园情况（2021年）
National Parks（2021）

国家公园	National Park	面积/万平方千米 Area/10^4 km^2	涉及省份 Provinces Involved
三江源国家公园	Three-River-Source National Park	19.07	青海省、西藏自治区 Qinghai Province,Tibet Autonomous Region
大熊猫国家公园	Giant Panda National Park	2.20	四川省、甘肃省、陕西省 Sichuan Province ,Gansu Province, Shaanxi Province
东北虎豹国家公园	Northeast China Tiger and Leopard National Park	1.41	吉林省、黑龙江省 Jilin Province, Heilongjiang Province
海南热带雨林国家公园	National Park of Hainan Tropical Rainforest	0.43	海南省 Hainan Province
武夷山国家公园	Wuyishan National Park	0.13	福建省、江西省 Fujian Province，Jiangxi Province

全国自然保护区情况（2020年）

National Nature Reserves（2020）

地 区	Region	国家级自然保护区数/处 Number of National Nature Reserve/place	国家级自然保护区面积/万公顷 Area of National Nature Reserve/10^4hm^2
总 计	**Total**	**474**	**9821.28**
北 京	Beijing	2	2.89
天 津	Tianjin	3	3.06
河 北	Hebei	14	27.14
山 西	Shanxi	8	14.09
内蒙古	Inner Mongolia	29	434.87
辽 宁	Liaoning	19	90.48
吉 林	Jilin	24	122.76
黑龙江	Heilongjiang	49	389.36
上 海	Shanghai	2	6.52
江 苏	Jiangsu	3	30.16
浙 江	Zhejiang	11	14.84
安 徽	Anhui	8	14.40
福 建	Fujian	17	22.72
江 西	Jiangxi	16	26.08
山 东	Shandong	7	22.06
河 南	Henan	13	44.15
湖 北	Hubei	22	54.61
湖 南	Hunan	23	60.64
广 东	Guangdong	15	33.85
广 西	Guangxi	23	37.20
海 南	Hainan	10	16.27
重 庆	Chongqing	7	25.52
四 川	Sichuan	32	304.91
贵 州	Guizhou	11	28.96
云 南	Yunnan	21	152.17
西 藏	Tibet	11	3712.28
陕 西	Shaanxi	26	62.76
甘 肃	Gansu	21	671.72
青 海	Qinghai	7	2116.24
宁 夏	Ningxia	9	46.61
新 疆	Xinjiang	15	1231.96

注：1.长江上游珍稀鱼类国家级自然保护区，跨云南省、贵州省、四川省、重庆市。天津古海岸湿地国家级自然保护区，跨天津市、河北省。广西儒艮国家级自然保护区，跨广西壮族自治区、广东省。

2.由于2021年国家级自然保护区部分划入国家公园，暂无法确定其数量和面积，本表沿用2020年数据。

Notes：1. The National Nature Reserve for Rare Fish in the Upper Reaches of the Yangtze River covers Yunnan, Guizhou, Sichuan and Chongqing. Tianjin Ancient Coastal Wetland National Nature Reserve covers Tianjin and Hebei. Guangxi Dugong National Nature Reserve covers Guangxi and Guangdong.

2. Since part of the national nature reserves are included in the national parks in 2021, the quantity and area cannot be determined temporarily. The data of 2020 are used in this table.

全国自然公园情况（2020年）

National Natural Parks（2020）

地 区	Region	国家级自然公园数/个 Number of National Natural Park/number	国家级自然公园面积/万公顷 National Natural Park Area/10^4 hm^2
总 计	**Total**	**2522**	**3361.92**
北 京	Beijing	24	18.67
天 津	Tianjin	8	4.91
河 北	Hebei	76	86.78
山 西	Shanxi	73	78.72
内蒙古	Inner Mongolia	119	204.76
辽 宁	Liaoning	78	66.18
吉 林	Jilin	68	65.92
黑龙江	Heilongjiang	149	348.94
上 海	Shanghai	7	1.68
江 苏	Jiangsu	61	26.42
浙 江	Zhejiang	91	91.94
安 徽	Anhui	90	54.46
福 建	Fujian	80	36.57
江 西	Jiangxi	115	90.39
山 东	Shandong	162	93.98
河 南	Henan	92	56.71
湖 北	Hubei	124	99.84
湖 南	Hunan	183	114.19
广 东	Guangdong	82	36.62
广 西	Guangxi	65	92.73
海 南	Hainan	21	14.81
重 庆	Chongqing	64	48.81
四 川	Sichuan	108	379.80
贵 州	Guizhou	100	79.29
云 南	Yunnan	81	190.30
西 藏	Tibet	38	262.92
陕 西	Shaanxi	97	40.46
甘 肃	Gansu	61	82.21
青 海	Qinghai	46	209.54
宁 夏	Ningxia	26	9.85
新 疆	Xinjiang	133	373.52

注：由于2021年国家级自然公园部分划入国家公园，暂无法确定其数量和面积，本表沿用2020年数据。

Note: Since part of the national natural parks are included in the national parks in 2021, the quantity and area cannot be determined temporarily. The data of 2020 are used in this table.

不动产登记
Real Estate

地 区	Region	不动产权登记业务总量/件 Total Amount of Real Estate Registration/piece							
			首次登记 First Registration	转移登记 Transfer Registration	变更登记 Modification Registration	注销登记 Registration of Cancellation	更正登记 Registration of Correction	异议登记 Objection Registration	预告登记 Advance Notice Registration
总 计	**Total**	**150649467**	**85527175**	**30003131**	**4932164**	**2084598**	**3487855**	**2795**	**16132994**
北 京	Beijing	840418	256879	501682	31269	9491	5517	554	686
天 津	Tianjin	1243264	588289	391535	47452	5451		184	178911
河 北	Hebei	4707061	2490955	1394465	154405	82480	86067	71	261032
山 西	Shanxi	1873102	674795	522240	283554	15942	16074	30	267476
内蒙古	Inner Mongolia	3402986	1636610	917339	118310	54556	79537	92	273564
辽 宁	Liaoning	3121964	776927	1171173	104363	38325	14457	12	388348
吉 林	Jilin	1833236	756978	747816	16328	15664	8561	15	163941
黑龙江	Heilongjiang	1712959	656881	700696	97421	63151	13523	61	76025
上 海	Shanghai	1325837	352445	646902	82229	25221	12797	88	171399
江 苏	Jiangsu	15015105	9993004	2696855	228749	62410	80893	143	1113092
浙 江	Zhejiang	5058527	1884438	1679607	250055	239932	39085	91	700835
安 徽	Anhui	6399665	3589103	1549666	214404	41656	72938	79	750786
福 建	Fujian	2582343	811192	926921	63901	89995	8116	66	624709
江 西	Jiangxi	4557998	2243112	838747	148338	182790	744021	19	321264
山 东	Shandong	13237305	8622186	2502095	406558	109297	40395	176	1274441
河 南	Henan	14838673	11218888	1266790	246745	47436	141208	113	1518496
湖 北	Hubei	7136266	4362884	923159	461800	68582	26076	178	659299
湖 南	Hunan	10870269	4606765	1054032	312664	196804	1469807	84	1179867
广 东	Guangdong	8401387	3269909	2272186	701026	221650	89466	270	1523615
广 西	Guangxi	6196841	4047826	892589	215469	140606	85623	135	666392
海 南	Hainan	1117092	616348	267618	47740	67059	8011	17	67645
重 庆	Chongqing	3482824	615029	1288860	126119	293	6216	149	987050
四 川	Sichuan	16534491	12526080	1858426	216000	183206	256609	51	1223129
贵 州	Guizhou	2992401	1590388	665187	90664	16617	47156	54	534462
云 南	Yunnan	4802086	3778615	657924	70001	23795	35811	10	86791
西 藏	Tibet	250565	231605	11133	3469	167	3431		3
陕 西	Shaanxi	1391792	504553	399269	25954	10369	13539	7	395843
甘 肃	Gansu	3038638	1790043	408967	19545	52963	29363	19	266181
青 海	Qinghai	306111	122148	108787	19909	4601	2981	2	39469
宁 夏	Ningxia	608390	192704	231333	25322	10394	3624	17	113104
新 疆	Xinjiang	1769871	719596	509132	102401	3695	46953	8	305139

情况（2021年）
Registration（2021）

		不动产登记证明量/本 Total Amount of Real Estate Registration Certificate/number				
查封登记 Registration of Seal-up	其他 Other		抵押权登记证明 Mortgage Registration Certificate	地役权登记证明 Easement Registration Certificate	异议登记证明 Objection Registration Certificate	预告登记证明 Advance Notice Registration Certificate
2924453	**5554302**	**38070598**	**21245046**	**16**	**2742**	**16822794**
33196	1144	257474	256234		554	686
31442		395604	216509		184	178911
75278	162308	1086667	812170		74	274423
19730	73261	527098	226607		30	300461
73992	248986	673256	407686	2	99	265469
255128	373231	991082	603048	1	12	388021
40187	83746	619704	434306		15	185383
79376	25825	436504	356547		61	79896
24706	10050	535884	379166	3	88	156627
390718	449241	3200086	2082414	2	136	1117534
44153	220331	2508194	1548860		91	959243
110278	70755	1811829	1062482	1	79	749267
47339	10104	1419382	773895		66	645421
75857	3850	1006979	693191		19	313769
188327	93830	2826788	1560786	5	179	1265818
264977	134020	2757910	1253470		72	1504368
106309	527979	1717536	814790		176	902570
141291	1908955	2118017	1015635		84	1102298
290847	32418	3945628	2346873		271	1598484
112667	35534	1407667	710343	2	133	697189
24545	18109	292474	202573		15	89886
97444	361664	1980746	1004437		136	976173
216812	54178	2296762	1017919		51	1278792
41481	6392	892092	359065		54	532973
21984	127155	412515	325236		10	87269
44	713	2848	2845			3
20969	21289	583508	187825		7	395676
36534	435023	435491	173778		19	261694
3237	4977	107031	49228		2	57801
18359	13533	262336	149434		17	112885
37246	45701	561506	217694		8	343804

不动产登记情况
Real Estate Registration

不动产权证书量/本

地 区	Region		集体土地所有权 Collective Ownership of Land	国有建设用地使用权 State-owned Construction Land Use Right	集体建设用地使用权 Collective-owned Construction Land Use Right	宅基地使用权 Farmer Collective-owned Land Use Right
总 计	**Total**	**105149613**	**557267**	**1024679**	**63985**	**11995247**
北 京	Beijing	554253	84	2320	143	
天 津	Tianjin	582289	422	4850	81	28
河 北	Hebei	2958145	17586	41795	11325	583057
山 西	Shanxi	1944733	3	14423	272	22575
内蒙古	Inner Mongolia	2456876	15	18381	171	16460
辽 宁	Liaoning	1936394	20	14623	145	12012
吉 林	Jilin	1710363	2	24857	650	97119
黑龙江	Heilongjiang	1101438	13	7303	94	1755
上 海	Shanghai	714718	2	2283		
江 苏	Jiangsu	10618290	194858	37457	3662	28263
浙 江	Zhejiang	3727438	60	29245	2688	35903
安 徽	Anhui	4801116	108449	30671	740	403375
福 建	Fujian	1231047	21	12493	347	37321
江 西	Jiangxi	3683091	4376	39835	2294	572531
山 东	Shandong	8868342	712	83253	12302	1320654
河 南	Henan	11201108	725	109763	1473	728124
湖 北	Hubei	6164796	59	39169	2499	872541
湖 南	Hunan	7406833	1108	42027	613	43671
广 东	Guangdong	5418935	158589	77328	2145	37548
广 西	Guangxi	4218252	256	135285	2473	1304966
海 南	Hainan	875876	315	20343	377	38229
重 庆	Chongqing	1452035		15626		
四 川	Sichuan	8864969	1260	55681	14146	1825647
贵 州	Guizhou	1938125	3912	33016	303	280302
云 南	Yunnan	5314222		36857	1162	3505210
西 藏	Tibet	173350	63254	6079	181	368
陕 西	Shaanxi	888226	821	18178	221	18438
甘 肃	Gansu	2532443	124	21391	2178	203813
青 海	Qinghai	213918	2	3665	56	1035
宁 夏	Ningxia	370299	213	4857	64	213
新 疆	Xinjiang	1227693	6	41625	1180	4089

注：不动产登记统计数据来源于国家级不动产登记信息管理基础平台。

Note: The Statistic Data of Real Estate Registration are derived from the National Base Platform for Real Estate Registration Information Management.

（2021） 续表

(2021) Continued

Total Amount of Real Estate Ownership Certificate/number				
海域使用权（含无居民海岛）/建筑物、构筑物所有权 Sea Area Use Right (Including Uninhabited Islands)/House(Structure) Ownership	国有建设用地使用权/房屋所有权 State-owned Construction Land Use Right/Housing Ownership	集体建设用地使用权/房屋（构筑物）所有权 Use Right for Collective-owned Construction Land/House （Structure） Ownership	宅基地使用权/房屋（构筑物）所有权 Use Right for Homestead/House （Structure） Ownership	农用地的使用权（非林地） Use Right for Agricultural Land （Non-forest Land）
4730	**53049323**	**829853**	**37598807**	**25722**
	551702			4
83	532327	117	37756	6625
520	1786168	3859	513544	291
	1806268	955	100235	2
	1889628	2824	519672	9725
1119	1818498	981	88852	144
	1277597	2218	307910	10
	1051924	1188	38283	878
11	712422			
576	4924410	6918	5422127	19
135	3281207	1442	376717	41
	2972318	2241	1283214	108
3	1160249	802	19807	4
	1743200	8664	1311628	563
1541	3267056	131435	4051370	19
	2390408	44595	7925906	114
	2897478	261902	2091058	90
	2073838	10006	5235411	159
266	4749162	3635	390071	191
339	1426701	2394	1344977	861
137	448999	104	367026	346
	1315794		120615	
	2824996	170301	3972936	2
	1562512	9163	48895	22
	1566511	29792	173951	739
	38936	2205	62327	
	635165	104884	110476	43
	1012386	20910	1271270	371
	148588	148	60409	15
	312640	40	52157	115
	870235	6130	300207	4221

主要统计指标解释

森林覆盖率 指森林面积占土地总面积的比例。公式为：（乔木林地面积+竹林地面积+国家特别划定的灌木林地面积）/ 国土面积。

森林蓄积量 指一定森林面积上存在着的林木树干部分的总材积。它是反映一个国家或地区森林资源总规模和水平的基本指标之一，也是反映森林资源的丰富程度、衡量森林生态环境优劣的重要依据。

水资源总量 指当地降水形成的地表和地下产水总量，即地表径流量与降水入渗补给量之和。

地表水资源量 指河流、湖泊以及冰川等地表水体中可以逐年更新的动态水量，即天然河川径流量。

地下水资源量 指地下饱和含水层逐年更新的动态水量，即降水和地表水入渗对地下水的补给量。

地表水与地下水重复量 指地表水和地下水相互转化的部分，即天然河川径流量中的地下水排泄量和地下水补给量中来源于地表水的入渗补给量。

自然保护区 指保护典型的自然生态系统、珍稀濒危野生动植物种的天然集中分布区，以及有特殊意义的自然遗迹的区域。具有较大面积，确保主要保护对象安全，维持和恢复珍稀濒危野生动植物种数量及赖以生存的栖息环境。

不动产登记业务总量 指办理首次登记、转移登记、变更登记、注销登记、更正登记、异议登记、预告登记、查封登记的件数。

不动产登记证明量 指不动产登记机构依法向权利人颁发的不动产权证明数量。

首次登记 指办理首次登记的件数。

转移登记 指办理转移登记的件数。

变更登记 指办理变更登记的件数。

注销登记 指办理注销登记的件数。

更正登记 指办理更正登记的件数。

异议登记 指办理异议登记的件数。

预告登记 指办理预告登记的件数。

查封登记 指办理查封登记的件数。

不动产权证书量 指不动产登记机构依法向权利人颁发的不动产权证书数量。

Explanatory Notes on Main Statistical Indicators

Forest Coverage Rate—the proportion of forest area to total land area. The formula is （arboreal forest area + bamboo forest area + Shrubbery forest land area specially designated by the state）/national land area.

Forest Stock—the total volume of woods or trunks existing in a certain area of forest. It is one of the basic indexes to reflect the total scale and level of forest resources in a country or region, and it is also an important basis to reflect the richness of forest resources and to measure forest ecological environment.

Total Water Resources—total volume of surface water and groundwater which is from the local precipitation and is measured as the summation of run–off for surface water and recharge of groundwater from local precipitation.

Surface Water Resources—total volume of year renewable water flow which exist in rivers, lakes, glaciers and other surface water, and measured as the natural run–off of rivers.

Groundwater Resources—total volume of yearly renewable water flow which exist in saturation aquifers of groundwater, and are measured as recharge of groundwater from local precipitation and surface water.

Overlapped Measurement between Surface Water Resources and Groundwater Resources—the part of mutual transfer between surface water and groundwater, i.e. which is the run–off of rivers includes some depletion into groundwater while groundwater includes recharge from surface water.

Nature Reserve—an area where typical natural ecosystems, natural concentrated areas where rare and endangered species of wild animals and plants live, and natural heritages of special significance are protected. It has a large area, ensures safety of the protected, maintains and restores the number of rare and endangered wildlife species and the habitat environment where they live.

Total Amount of Real Estate Registration—the amount of handling first registration, transfer registration, modification registration, registration of cancellation, registration of correction, objection registration, advance notice registration and registration of seal–up.

Total Amount of Real Estate Registration Certificate—the number of real estate ownership proofs issued by the real estate registration authority to the obligee according to law.

First Registration—the number of handling first–time registration.

Transfer Registration—the number of handling transfer registration.

Modification Registration—the number of handling change registration.

Registration of Cancellation—the number of handling cancellation registration.

Registration of Correction—the number of handling correction registration.

Objection Registration—the number of handling dissidence registration.

Advance Notice Registration—the number of handling advance notice registration.

Registration of Seal-up—the number of handling seal–up registration.

Total Amount of Real Estate Ownership Certificate—the number of real estate ownership certificates issued by the real estate registration authority to the obligee according to law.

二、自然资源开发利用情况

Chapter 2 Development and Utilization of Natural Resources

土地资源

Land Resources

国有建设用地供应情况

State-owned Land for Construction Use Supplied

年份/地区	Year/Region	建设用地供应总量 Total Amount of Construction-use Land Supplied		划拨 Allocation				
		宗地数/宗 Number of Plot/plot	面积/公顷 Area/hm^2	宗地数/宗 Number of Plot/plot	面积/公顷 Area/hm^2	宗地数/宗 Number of Plot/plot	面积/公顷 Area/hm^2	成交价款/亿元 Transaction Price/10^8 Yuan
	2019	**222043**	**624110.50**	**73880**	**341830.81**	**147761**	**279312.03**	**66006.02**
	2020	**240400**	**658358.97**	**87575**	**339568.33**	**152094**	**314959.43**	**80409.56**
	2021	**230087**	**690267.36**	**85540**	**379775.33**	**143844**	**307476.98**	**77186.95**
北 京	Beijing	949	2578.14	246	1728.88	703	849.26	2620.25
天 津	Tianjin	1452	4182.16	841	2266.93	611	1915.23	1158.88
河 北	Hebei	13956	29737.72	5298	12906.16	8626	16716.84	2431.00
山 西	Shanxi	4542	12098.87	1395	4566.86	3146	7512.68	854.69
内蒙古	Inner Mongolia	7699	33501.60	2149	19448.67	5545	13781.89	417.98
辽 宁	Liaoning	4248	13976.42	1577	6663.17	2665	7286.08	1105.74
吉 林	Jilin	11489	12984.78	1993	8157.31	9385	4673.54	720.78
黑龙江	Heilongjiang	3149	8752.33	1487	5128.92	1616	3524.73	319.13
上 海	Shanghai	433	1370.80	1	1.74	432	1369.06	2144.49
江 苏	Jiangsu	10633	38712.92	3004	13033.97	7625	25672.31	13589.56
浙 江	Zhejiang	12735	32663.54	6154	17344.87	6563	15249.48	9176.40
安 徽	Anhui	8342	35474.17	3982	21171.02	4358	14291.42	2812.78
福 建	Fujian	4100	15926.60	1975	9027.56	2124	6888.00	2953.03
江 西	Jiangxi	7792	22235.25	3006	10686.59	4751	11481.16	2127.78
山 东	Shandong	19189	52116.15	7181	21286.19	11872	30421.48	6497.05
河 南	Henan	10503	35656.08	4901	18661.29	5601	16979.29	2789.42
湖 北	Hubei	11963	30984.00	4273	14866.84	7619	16091.81	2745.67
湖 南	Hunan	20872	29561.46	5342	14372.21	15484	14842.26	3011.08
广 东	Guangdong	11884	30509.44	4086	16274.12	7761	14079.35	7321.71
广 西	Guangxi	12365	24254.98	4948	14039.92	7385	9926.56	1055.55
海 南	Hainan	756	3943.54	364	3028.10	392	915.44	234.53
重 庆	Chongqing	2713	13497.38	1137	7514.24	1573	5971.03	1905.17
四 川	Sichuan	10728	54184.27	5134	39583.72	5588	14589.39	3837.77
贵 州	Guizhou	8852	24829.85	3112	13825.92	5708	10903.78	1650.49
云 南	Yunnan	6737	21559.04	2068	16738.80	4649	4635.56	588.00
西 藏	Tibet	1024	1670.69	490	1022.36	523	527.98	23.37
陕 西	Shaanxi	7055	24415.62	3443	14835.63	3610	9567.21	1692.86
甘 肃	Gansu	3439	17429.61	1439	10890.92	1990	6502.53	533.04
青 海	Qinghai	902	9296.35	397	7803.94	505	1492.41	163.32
宁 夏	Ningxia	1119	5321.87	475	3882.26	644	1439.61	78.46
新 疆	Xinjiang	8467	46841.74	3642	29016.23	4790	17379.61	626.97

——按供地方式和地区分列
by Land Supply Way and by Region

出让 Granting						租赁 Lease			其他供地方式 Other Land Supply Ways		
协议出让 Land Use Right Granting by Contract			"招拍挂"出让 Granting through Bidding, Auction and Listing								
宗地数/宗 Number of Plot/plot	面积/公顷 Area/hm^2	成交价款/亿元 Transaction Price/ 10^8yuan	宗地数/宗 Number of Plot/plot	面积/公顷 Area/hm^2	成交价款/亿元 Transaction Price/10^8yuan	宗地数/宗 Number of Plot/plot	面积/公顷 Area/hm^2	租金/万元 Rent/ 10^4yuan	宗地数/宗 Number of Plot/plot	面积/公顷 Area /hm^2	收入/万元 Income/ 10^4yuan
53140	**19295.92**	**2470.29**	**94621**	**260016.11**	**63535.74**	**357**	**2284.38**	**73768.96**	**45**	**683.28**	**8259970.46**
47248	**29889.06**	**3075.56**	**104846**	**285070.37**	**77334.00**	**704**	**3745.56**	**1130538.18**	**27**	**85.65**	**352391.47**
47522	**27300.60**	**3214.67**	**96322**	**280176.38**	**73972.28**	**637**	**2445.54**	**248125.64**	**66**	**569.50**	**728400.09**
571	149.13	102.84	132	700.13	2517.42						
268	37.67	13.75	343	1877.56	1145.12						
2607	2273.48	278.72	6019	14443.36	2152.28	32	114.72	3583.98			
272	539.29	21.19	2874	6973.38	833.50	1	19.33	2030.00			
2988	4392.53	63.66	2557	9389.36	354.31	5	271.04	6302.59			
706	674.97	16.75	1959	6611.11	1088.99	6	27.17	5219.15			
7695	519.13	14.24	1690	4154.41	706.53	111	153.93	73868.08			
634	629.39	45.46	982	2895.34	273.67	46	98.68	2444.05			
5	3.60	71.43	427	1365.46	2073.06						
723	666.24	269.16	6902	25006.07	13320.40	4	6.64	626.83			
871	710.15	71.20	5692	14539.33	9105.20	17	62.69	8351.41	1	6.50	5200.00
235	193.70	13.38	4123	14097.72	2799.40	2	11.72	108.74			
181	496.83	364.36	1943	6391.18	2588.67	1	11.04	175.53			
172	293.32	25.17	4579	11187.84	2102.62	34	67.16	2447.42	1	0.34	605.54
1794	3472.84	398.25	10078	26948.64	6098.80	133	382.10	25737.06	3	26.38	37747.49
652	1766.41	82.46	4949	15212.88	2706.96	1	15.50	1163.00			
3010	978.24	245.83	4609	15113.57	2499.83	71	25.35	5586.51			
9351	922.20	140.82	6133	13920.06	2870.26	35	235.80	11662.16	11	111.20	32680.13
3918	1783.38	533.33	3843	12295.97	6788.38	36	155.53	79288.69	1	0.44	1055.33
4493	867.40	56.47	2892	9059.15	999.09	3	20.82	1236.88	29	267.68	635173.29
61	28.15	1.62	331	887.29	232.91						
38	43.91	9.44	1535	5927.13	1895.73	3	12.10	605.22			
1587	888.29	108.29	4001	13701.09	3729.47	5	10.70	373.34	1	0.47	
642	451.59	40.87	5066	10452.19	1609.62	31	93.81	2909.82	1	6.34	14630.00
2052	506.49	45.59	2597	4129.07	542.41	20	184.67	7282.17			
246	111.55	3.80	277	416.44	19.57	1	10.40	7.50	10	109.94	125.71
510	676.74	97.41	3100	8890.47	1595.45	2	12.77	397.00			
288	920.44	26.82	1702	5582.10	506.22	10	36.16	2382.24			
250	587.00	12.44	255	905.40	150.88						
129	42.56	2.09	515	1397.05	76.37						
573	1674.00	37.83	4217	15705.61	589.14	27	405.70	4336.27	8	40.20	1182.60

国有建设用地供应情况

State–owned Land for Construction Use

单位：公顷

年份/地区	Year/Region	建设用地供应总量 Total Amount of Construction–use Land Supplied	工矿仓储用地 Land for Industry, Mining and Warehousing Uses		商业服务业用地 Land for Commercial and Service Uses	住宅 Land for	
				工业、仓储用地 Land for Industry and Warehousing Uses			
	2019	**624110.50**	**146712.58**	**141255.14**	**36938.79**	**105017.14**	
	2020	**658358.97**	**166645.68**	**150893.39**	**40541.30**	**114594.08**	
	2021	**690267.36**	**174795.95**	**166666.89**	**35581.82**	**100599.66**	
北京	Beijing	2578.14	266.31	266.31	176.33	503.20	
天津	Tianjin	4182.16	1139.98	1136.48	61.33	764.82	
河北	Hebei	29737.72	10124.02	9596.92	1160.49	5330.32	
山西	Shanxi	12098.87	4274.25	4160.50	849.32	2212.92	
内蒙古	Inner Mongolia	33501.60	11812.04	8127.29	806.96	1441.02	
辽宁	Liaoning	13976.42	4602.30	4204.09	549.32	1974.98	
吉林	Jilin	12984.78	2561.49	2185.64	705.76	1629.29	
黑龙江	Heilongjiang	8752.33	2609.84	2160.98	416.84	793.57	
上海	Shanghai	1370.80	539.23	539.23	139.66	644.08	
江苏	Jiangsu	38712.92	12131.39	12131.39	3478.85	9831.88	
浙江	Zhejiang	32663.54	8664.89	8664.89	1786.96	5377.03	
安徽	Anhui	35474.17	8160.05	8120.28	1053.43	5732.04	
福建	Fujian	15926.60	4464.78	4453.78	414.56	1893.73	
江西	Jiangxi	22235.25	5719.03	5665.84	1776.85	4030.50	
山东	Shandong	52116.15	14310.10	13974.89	3999.19	10516.36	
河南	Henan	35656.08	8317.99	8309.56	1429.93	5603.19	
湖北	Hubei	30984.00	9884.30	9859.97	1863.53	4557.64	
湖南	Hunan	29561.46	7360.20	7353.79	2145.57	5928.00	
广东	Guangdong	30509.44	8863.27	8860.61	1381.48	3674.40	
广西	Guangxi	24254.98	6506.44	6485.90	1000.19	3276.73	
海南	Hainan	3943.54	415.32	415.32	304.03	361.91	
重庆	Chongqing	13497.38	3088.56	3081.18	560.21	2251.90	
四川	Sichuan	54184.27	6695.83	6133.85	2209.73	5965.03	
贵州	Guizhou	24829.85	4424.22	4420.29	2432.87	4496.51	
云南	Yunnan	21559.04	2223.84	2213.59	856.02	1853.68	
西藏	Tibet	1670.69	296.75	170.77	179.40	292.13	
陕西	Shaanxi	24415.62	5714.22	5461.60	1054.99	3235.35	
甘肃	Gansu	17429.61	4109.07	3862.96	702.74	1792.56	
青海	Qinghai	9296.35	1091.26	1087.14	132.51	394.44	
宁夏	Ningxia	5321.87	943.40	943.40	168.46	383.62	
新疆	Xinjiang	46841.74	13481.59	12618.45	1784.32	3856.82	

——按用地类型和地区分列
Supplied by Land-use Type and by Region

Unit：hm^2

用地 Residential Uses	基础设施等其他用地 Land for Infrastructure and Other Uses					
普通商品住房用地 Land for Ordinary Commercial Housing		公共管理与公共服务用地 Land for Public Management and Public Service Uses	特殊用地 Land for Special Uses	交通运输用地 Land for Transport Uses	水域及水利设施用地 Land for Water Conservancy Facility Uses	其他土地 Land for Other Uses
87827.64	**335441.94**	**122433.57**	**3774.99**	**157510.13**	**49776.43**	**1946.82**
95855.49	**336577.91**	**115047.67**	**4337.54**	**187473.22**	**28498.50**	**1220.99**
83230.53	**379289.93**	**108724.24**	**3889.81**	**216831.31**	**49661.48**	**183.09**
324.44	1632.31	427.01		1205.30		
663.34	2216.03	725.69	82.72	1403.55	4.07	
4323.66	13122.90	5241.75	121.13	7164.81	595.00	0.21
1867.88	4762.37	2152.24	50.60	2478.97	18.02	62.54
1255.69	19441.58	4138.43	220.51	14558.06	515.27	9.31
1958.05	6849.82	2624.70	44.23	4148.73	30.89	1.27
1461.59	8088.24	3381.64	37.84	4110.09	556.54	2.12
620.99	4932.08	1333.46	44.04	2967.96	586.60	0.02
301.88	47.83	46.09		1.74		
8729.84	13270.80	3905.78	157.02	8793.16	414.84	
3860.17	16834.66	5113.28	115.93	10108.51	1496.57	0.37
4078.97	20528.65	4926.26	68.04	10758.42	4767.14	8.78
1453.14	9153.53	2800.98	121.45	5408.41	822.70	
3470.40	10708.87	3776.20	185.11	6691.08	56.48	
9700.56	23290.51	8547.91	131.58	13812.03	798.11	0.88
5223.35	20304.97	7148.04	161.49	10285.71	2709.73	
3465.22	14678.53	4334.18	178.17	9767.16	398.89	0.13
4678.17	14127.68	4153.07	203.45	9661.46	109.63	0.07
3419.91	16590.29	5024.53	237.93	10694.86	632.94	0.04
2503.13	13471.63	4503.33	87.09	8187.29	687.74	6.18
78.79	2862.27	505.18	29.85	2320.48	6.76	
2124.44	7596.71	2743.00	61.89	4384.26	407.56	
5017.14	39313.69	6712.43	172.38	15143.59	17279.99	5.29
3683.72	13476.24	3738.87	163.48	6728.52	2845.37	
1631.50	16625.50	2358.74	90.61	8809.12	5367.03	
172.01	902.41	396.52	75.61	391.42	2.39	36.47
2377.81	14411.06	4064.73	97.38	9806.63	442.31	
1516.49	10825.25	2774.43	142.19	5017.55	2891.08	
284.00	7678.14	1575.44	385.03	5479.62	238.06	
314.43	3826.40	583.53	3.77	3150.94	88.16	
2669.84	27719.01	8966.82	419.31	13391.87	4891.60	49.41

主要统计指标解释

建设用地供应总量　指报告期内市、县人民政府根据年度土地供应计划，依法以出让、划拨、租赁等方式将国有建设用地使用权提供给单位或个人使用的国有建设用地总量。

宗地数　指报告期内供应的国有建设用地的宗数。

面积　指报告期内市、县人民政府供应给单位或个人使用的国有建设用地总面积。

划拨　指县级以上人民政府依法批准，在土地使用者缴纳补偿、安置费用后将该幅土地交付其使用，或者将国有建设用地使用权无偿交付给土地使用者使用的行为。

协议出让　指国家以协议方式将国有建设用地使用权在一定年限内出让给土地使用者，由土地使用者向国家支付国有建设用地使用权出让金的行为。

招标出让　指市、县人民政府自然资源管理部门发布招标公告或者发出投标邀请书，邀请特定或不特定的法人、自然人和其他组织参加国有建设用地使用权投标，根据投标结果确定土地使用者的行为。

拍卖出让　指市、县人民政府自然资源管理部门发布拍卖公告，由竞买人在指定时间、指定地点进行公开竞价，根据出价结果确定土地使用者的行为。

挂牌出让　指市、县人民政府自然资源管理部门发布挂牌公告，按公告规定期限将拟出让宗地的交易条件在指定的土地交易场所挂牌公布，接受竞买人的报价申请并更新挂牌价格，根据挂牌期限截止时的出价结果（或现场竞价结果）确定土地使用者的行为。

租赁　指国家依法将国有建设用地出租给土地使用者使用，由土地使用者与县级以上人民政府自然资源管理部门签订一定年限的土地租赁合同，并支付租金的行为。

其他供地方式　指除划拨、出让、租赁以外的其他供地方式，如作价出资入股、授权经营等。

成交价款　指市、县人民政府以协议、招标、拍卖、挂牌等方式出让国有建设用地使用权的实际交易合同金额。

租金　指承租方为取得国有建设用地使用权而向国家支付的价款。以报告期实际收入数为准。

用地类型　见第三次全国国土调查工作分类中的建设用地类型。

普通商品住房用地　指报告期内出让用于普通商品住房建设的建设用地。

Explanatory Notes on Main Statistical Indicators

Total Amount of Construction-use Land Supplied—the total amount of state-owned construction-used land whose use right is provided by the people's government of a city or county to a unit or an individual during the reporting period in the way of granting, allocation or lease according to the annual land supply plan.

Number of Plot—the number of plots of state-owned construction-used land supplied during the reporting period.

Area—the total area of state-owned land for construction supplied to a unit or an individual by the people's government of a city or county during the reporting period.

Allocation—the act through which the people's government at and above the county level assigns a plot of land to the land user after he pays land compensation and resettlement subsidies or assigns state-owned land-use right to the land user without compensation. This act is approved by the people's government at and above the county level according to law.

Land Use Right Granting by Contract—the act through which the state assigns the land user the right to the use of state-owned construction-used land for a certain period of time in the way of agreement, and the land user shall pay the state the grant fees for the state-owned construction-used land-use right.

Granting through Bidding—the act through which the land administration department of the people's government at the city or county level issues a notice of invitation for bid to invite specially or not specially designated legal persons, natural persons and other organizations to participate in the bidding of the state land-use right, and the land user is determined according to the result of the bidding.

Granting through Auction—the act through which the natural resources administration department of the people's government at the city or county level issues a notice of invitation for auction, and the bidders participate in open competition at the prescribed time and locality and the land user is determined according to the result of the price offer.

Granting through Listing—the act through which the natural resources administration department of the people's government at the city or county level issues a notice of listing, draws up the transaction terms of granting land plots in the time limit prescribed by the notice, lists them in public in a land transaction house, receives the offer applications of the bidders, and renews the listed prices accordingly, and the land user is determined according to the price offer (or the result of on-the-spot price competition) at the closing time of the listing time limit.

Lease—the act through which the state leases state-owned construction-used land to a land user, and the land user enters into a land leasing contract with the land administration department of the people's government at and above the county level for a fixed number of years and pays rent.

Other Land Supply Ways—the ways other than allocation, grant, and lease, e.g. investment as a shareholder with state–owned land rights and authorized operations of land.

Transaction Price—the total amount of actual transaction price of state–owned construction–used land granted by the people's government of a city or county in the ways of agreement, bidding, auction, and listing.

Rent—the amount payable by a lessee to the state for a rental period in order to acquire the granted state–owned construction–used land–use right. The rent shall be based on the actual income obtained during the reporting period.

Land-use Type—See the types of construction land in the third national land survey.

Land for Ordinary Commercial Housing—the construction–used land used for ordinary commercial house construction assigned during the reporting period.

矿产资源

Mineral Resources

矿产资源勘查许可证发证及探矿权

Exploration Licenses Issued and Exploration

地　区	Region	勘查许可证发证 Exploration License Issued					
						合计 Total	
		许可证数/个 Number of License/number	登记面积/平方千米 Registered Area/km^2	注销/个 Cancelled/number	注销面积/平方千米 Cancelled Area/km^2	许可证数/个 Number of License/number	出让收益/万元 Income from Exploration Right Granted /10^4 yuan
总　计	**Total**	**10202**	**2691529.05**	**1425**	**41841.31**	**467**	**1638810.33**
自然资源部	MNR	986	2577552.52	60	15325.29	16	59688.47
北　京	Beijing	2	1.32				
天　津	Tianjin	40	41.41	26	32.20		
河　北	Hebei	184	1425.02	18	103.52	2	68.00
山　西	Shanxi	121	10846.53	3	331.21	20	193490.67
内蒙古	Inner Mongolia	1326	22387.27	133	4618.42	34	141203.87
辽　宁	Liaoning	130	347.08	46	790.90	6	21113.76
吉　林	Jilin	182	1194.92	45	709.19	14	863.98
黑龙江	Heilongjiang	129	2707.02	18	503.74	5	579.65
上　海	Shanghai						
江　苏	Jiangsu	67	174.25	13	41.61		
浙　江	Zhejiang	141	487.78	39	136.59	4	947.28
安　徽	Anhui	181	1917.78	7	201.67	9	365.00
福　建	Fujian	203	471.46	31	121.53	4	335.06
江　西	Jiangxi	1010	1847.49	18	92.04	47	257105.26
山　东	Shandong	152	1160.43	17	393.70	3	36.00
河　南	Henan	400	2996.38	149	1889.74	125	142.00
湖　北	Hubei	60	194.23	1	2.14	1	
湖　南	Hunan	127	612.79	87	1669.22		
广　东	Guangdong	76	378.07	20	258.15	8	4047.21
广　西	Guangxi	357	3100.28	147	3162.18	9	17082.00
海　南	Hainan	20	66.38				
重　庆	Chongqing	17	67.74	18	173.35	3	6422.01
四　川	Sichuan	389	2937.67	22	426.10	1	
贵　州	Guizhou	328	4011.09	56	565.72	15	1034.29
云　南	Yunnan	613	5374.42	70	754.80	2	1037.01
西　藏	Tibet	277	10299.47	62	2215.99		
陕　西	Shaanxi	272	4714.66	127	2277.87	1	612037.70
甘　肃	Gansu	277	2740.95	31	453.75	13	61.00
青　海	Qinghai	231	6411.86	108	3460.04		
宁　夏	Ningxia	22	322.98	7	416.06		
新　疆	Xinjiang	1882	24737.81	46	714.59	125	321150.10

出让、转让情况——按地区分列（2021年）

Rights Granted and Transferred by Region（2021）

探矿权出让 Exploration Right Granted					探矿权转让 Exploration Right Transferred	
申请在先 Application First	协议出让 Granting through Agreement		“招拍挂”出让 Granting through Bidding, Auction and Listing		个 Number	转让金额/万元 Amount of Exploration Right Transferred/10⁴ yuan
个 Number	个 Number	出让收益/万元 Income form Exploration Right Granted/10⁴ yuan	个 Number	出让收益/万元 Income from Exploration Right Granted /10⁴ yuan		
12	**202**	**267050.58**	**253**	**1371759.74**	**230**	**414199.89**
	3	52988.47	13	6700.00	6	
					3	460.00
			2	68.00	1	
	15	192851.67	5	639.00		
	12		22	141203.87	26	5506.55
1	5	21113.76			1	
	1	12.73	13	851.25	6	454.25
			5	579.65	2	2024.92
	1	45.28	3	902.00	3	
2	6		1	365.00	1	
			4	335.06	1	
	5	31.66	42	257073.60	11	3233.00
	2		1	36.00	6	
5	114		6	142.00	4	50.73
	1					
			8	4047.21	4	112.00
	2		7	17082.00	14	8248.92
			3	6422.01	2	42619.56
	1				3	2310.00
1			14	1034.29	4	
	1	7.01	1	1030.00	31	2415.45
					52	438.91
			1	612037.70	1	
3	8		2	61.00	3	29.00
					5	400.00
					2	
	25		100	321150.10	38	345896.60

矿产资源勘查许可证发证及探矿权出让、
Exploration Licenses Issued and Exploration Rights

矿　种	Mineral	勘查许可证发证 Exploration License Issued					
		许可证数/个 Number of License/number	登记面积/平方千米 Registered Area/km^2	注销/个 Cancelled/number	注销面积/平方千米 Cancelled Area/km^2	许可证数/个 Number of License/number	出让收益/万元 Income from Exploration Right Granted /10^4 yuan
总　计	**Total**	**10202**	**2691529.05**	**1425**	**41841.31**	**467**	**1638810.33**
煤	Coal	860	27345.02	115	4775.48	78	1109304.74
油页岩	Oil Shale	33	2895.87	4	195.96		
石油	Oil	4	10787.90				
天然气	Natural Gas	6	12075.15				
煤层气	Coalbed Methane	87	16691.32	1	197.05	12	
石煤	Bone Coal			1	12.13		
油砂	Oil Sand	7	180.29	1	29.22		
页岩气	Shale Gas	20	7439.09	2	291.57	6	
石油天然气	Oil and Gas	659	2537941.09	16	13949.75	4	
天然沥青	Natural Asphalt	5	14.83				
地热	Geotherm	428	2700.78	71	746.53	31	4750.35
铁矿	Iron	796	5231.06	116	1310.51	43	105268.56
锰矿	Manganese	133	1083.53	40	711.35	3	1230.00
铬铁矿	Chromite	13	231.44	2	54.95		
钛矿	Titanium	22	242.56	5	70.55	2	1156.60
钒矿	Vanadium	63	356.73	9	83.81	1	
金红石	Rutile	3	5.20	2	54.66		
铜矿	Copper	1567	15705.15	151	3456.97	24	1472.88
铅矿	Lead	955	10077.00	151	2652.26	42	5125.17
锌矿	Zinc	144	936.11	37	356.87	7	15750.00
铝土矿	Bauxite	118	1571.69	40	1184.92	18	
镁矿	Magnesium	2	1.07				
镍矿	Nickel	31	311.60	7	142.74	1	
钴矿	Cobalt	3	16.24	1	20.84		
钨矿	Tungsten	48	233.14	5	48.94	1	
锡矿	Tin	34	193.94	7	70.92		
铋矿	Bismuth	2	4.63				
钼矿	Molybdenum	93	590.79	21	294.86		
汞矿	Mercury			2	30.91		
锑矿	Antimony	47	248.01	1	14.00		
多金属矿	Polymetallic Ore	399	5855.43	104	3217.25	1	1634.99
铂矿	Platinum	12	88.38				
砂金	Placer Gold	9	53.31	1	2.65		
金矿	Gold	1885	15233.45	290	4993.47	64	12661.98

转让情况——按矿种分列（2021年）

Granted and Transferred by Mineral （2021）

探矿权出让 Exploration Right Granted					探矿权转让 Exploration Right Transferred	
申请在先 Application First	协议出让 Granting through Agreement		"招拍挂"出让 Granting through Bidding, Auction and Listing		个 Number	转让金额/万元 Amount of Exploration Right Transferred/10^4 yuan
个 Number	个 Number	出让收益/万元 Income from Exploration Right Granted/10^4 yuan	个 Number	出让收益/万元 Income from Exploration Right Granted/10^4 yuan		
12	**202**	**267050.58**	**253**	**1371759.74**	**230**	**414199.89**
	14	191016.54	64	918288.20	7	346083.95
1	2		9			
			6			
			4			
					1	
			31	4750.35	9	493.00
1	33	19169.41	9	86099.15	18	4041.55
	2		1	1230.00	3	
					1	
			2	1156.60		
	1					
	13		11	1472.88	54	839.57
2	36	7.01	4	5118.16	24	3423.12
1	1		5	15750.00	2	
	18				5	6041.10
	1					
	1				3	
					3	
			1	1634.99	24	1661.91
					1	
3	51	1836.13	10	10825.85	41	1693.73

矿产资源勘查许可证发证及探矿权出让、
Exploration Licenses Issued and Exploration Rights

矿 种	Mineral	勘查许可证发证 Exploration License Issued					
		许可证数/个 Number of License/number	登记面积/平方千米 Registered Area/km^2	注销/个 Cancelled/number	注销面积/平方千米 Cancelled Area/km^2	许可证数/个 Number of License/number	出让收益/万元 Income from Exploration Right Granted /10^4 yuan
银矿	Silver	245	2638.22	30	517.55	5	121.00
铌钽矿	Niobium–Tantalum	27	135.20	3	168.74		
铌矿	Niobium	3	68.75	1	5.54	1	280.00
钽矿	Tantalum	5	14.95				
铍矿	Beryllium	8	112.23	1	0.19	2	761.50
锂矿	Lithium	12	604.65	1	67.32		
锆矿	Zirconium			1	2.89		
锶矿(天青石)	Strontium (Celestite)	1	4.62				
铷矿	Rubidium	7	97.62	1	1.28		
铯矿	Cesium	1	5.28				
轻稀土矿	Light Rare Earth Elements	9	200.25	1	6.15	1	52987.47
碲矿	Tellurium	1	6.29				
蓝晶石	Kyanite	4	17.98				
红柱石	Andalusite	2	22.99				
菱镁矿	Magnesite	10	48.99			3	3025.71
普通萤石	Common Fluorite	249	884.53	30	230.96	9	2611.73
熔剂用石灰岩	Limestone for Flux	9	21.75				
冶金用白云岩	Metallurgical Dolomite	9	24.43			1	0.83
冶金用石英岩	Metallurgical Quartzite	11	29.06	2	4.36		
铸型用砂岩	Foundry Sandstone	1	0.77				
冶金用脉石英	Metallurgical Vein Quartz	3	9.69				
耐火黏土	Refractory Clay	3	28.02	1	1.74	1	1416.00
其他黏土	Other Clays			1	1.47		
硫铁矿	Pyrite	24	116.87	15	109.34	1	
钠硝石	Nitratine	52	1731.73	9	433.95		
芒硝(含钙芒硝)	Mirabilite (Calcium Mirabilite)	5	178.32				
重晶石	Barite	16	78.29	5	87.61	1	1038.60
毒重石	Witherite	1	6.26	2	5.92	1	
天然碱(Na_2CO_3)	Trona (Na_2CO_3)	7	360.57				

转让情况——按矿种分列（2021年）续表1

Granted and Transferred by Mineral （2021） Continued 1

探矿权出让 Exploration Right Granted					探矿权转让 Exploration Right Transferred	
申请在先 Application First	协议出让 Granting through Agreement		"招拍挂"出让 Granting through Bidding, Auction and Listing			
个 Number	个 Number	出让收益/万元 Income from Exploration Right Granted/10⁴ yuan	个 Number	出让收益/万元 Income from Exploration Right Granted/10⁴ yuan	个 Number	转让金额/万元 Amount of Exploration Right Transferred/10⁴ yuan
1	3		1	121.00	1	400.00
			1	280.00		
			2	761.50		
	1	52987.47				
					1	
	1	1944.35	2	1081.36		
	3	48.73	6	2563.00	4	235.00
	1	0.83				
					1	
			1	1416.00		
	1					
			1	1038.60	1	510.00
	1					

矿产资源勘查许可证发证及探矿权出让、
Exploration Licenses Issued and Exploration Rights

矿　种	Mineral	勘查许可证发证 Exploration License Issued					
		许可证数/个 Number of License/ number	登记面积/平方千米 Registered Area/km²	注销/个 Cancelled/ number	注销面积/平方千米 Cancelled Area/km²	许可证数/个 Number of License/number	出让收益/万元 Income from Exploration Right Granted /10⁴ yuan
电石用灰岩	Limestone for Calcium Carbide	2	0.60				
制碱用灰岩	Limestone for Alkali Production	1	1.15	1	0.97		
化肥用石灰岩	Limestone for Fertilizer	1	2.09				
含钾岩石	Potassium-bearing Rock	5	15.06	3	4.50		
化肥用蛇纹岩	Serpentinite for Fertilizer	1	7.98				
泥炭	Peat	2	17.03				
矿盐	Mineral Salt	1	16.19				
岩盐	Rock Salt	21	218.86	4	152.50		
湖盐	Lake Salt	2	28.73	1	17.66	1	203.00
天然卤水	Natural Brine	2	22.43	2	139.02		
钾盐	Potash	13	3275.90	1	23.30	3	6700.00
磷矿	Phosphate Rock	65	420.44	6	17.13		
金刚石	Diamond	1	9.57	1	4.23		
石墨	Graphite	73	622.34	5	142.23	1	322.87
水晶	Quartz Crystal	1	18.17			1	213.53
刚玉	Corundum	1	4.12				
硅灰石	Wollastonite	8	53.27				
滑石	Talc	16	85.69	2	9.65	1	1173.00
云母	Mica	5	28.85				
长石	Feldspar	25	57.34	1	0.60	1	72.05
电气石	Tourmaline	1	2.17				
石榴子石	Garnet	8	24.71				
叶蜡石	Pyrophyllite	13	17.62	3	11.54	1	102.00
透辉石	Diopside	1	0.32				
透闪石	Tremolite	1	1.05				
石膏	Gypsum	22	144.18	4	9.79		
方解石	Calcite	22	42.17	3	26.09	1	
宝石	Gemstone			1	0.40		
玉石	Jade	16	78.47				
玛瑙	Agate	2	36.47				
石灰岩	Limestone	49	244.04	11	29.35	13	5101.23
玻璃用石灰岩	Limestone for Glass	1	0.54				

转让情况——按矿种分列（2021年）续表2
Granted and Transferred by Mineral （2021） Continued 2

探矿权出让 Exploration Right Granted					探矿权转让 Exploration Right Transferred	
申请在先 Application First	协议出让 Granting through Agreement		“招拍挂”出让 Granting through Bidding, Auction and Listing		个 Number	转让金额/万元 Amount of Exploration Right Transferred/10^4 yuan
个 Number	个 Number	出让收益/万元 Income from Exploration Right Granted/10^4 yuan	个 Number	出让收益/万元 Income from Exploration Right Granted/10^4 yuan		
					1	17.25
					1	
			1	203.00		
			3	6700.00	1	
					1	
			1	322.87		
			1	213.53		
					1	
					1	
			1	1173.00		
			1	72.05		
			1	102.00		
	1				1	
	1		12	5101.23	5	995.15

矿产资源勘查许可证发证及探矿权出让、

Exploration Licenses Issued and Exploration Rights

矿　种	Mineral	勘查许可证发证 Exploration License Issued					
		许可证数/个 Number of License/ number	登记面积/平方千米 Registered Area/km²	注销/个 Cancelled/ number	注销面积/平方千米 Cancelled Area/km²	许可证数/个 Number of License/number	出让收益/万元 Income from Exploration Right Granted /10^4 yuan
水泥用石灰岩	Limestone for Cement	74	230.06	13	26.57	13	124920.93
制灰用石灰岩	Limestone for Ash Making	9	4.15			1	5200.00
泥灰岩	Marl	4	6.25				
白云岩	Dolomite	14	65.58			1	22636.00
建筑用白云岩	Dolomite for Construction	1	0.65				
石英岩	Quartzite	24	150.17	6	141.66	6	36338.80
玻璃用石英岩	Quartzite for Glass	11	17.86	2	17.61	2	426.00
玻璃用砂岩	Sandstone for Glass	5	11.75	1	3.33	2	55.25
水泥配料用砂岩	Sandstone for Cement Batching	4	3.99			1	312.00
陶瓷用砂岩	Sandstone for Ceramics	1	0.47	1	1.55		
天然石英砂	Natural Quartz Sand	9	32.49	1	3.72	3	37.00
玻璃用砂	Sand for Glass	1	4.86				
海砂	Sea Sand			1	6.28		
建筑用砂	Sand for Construction			1	2.20		
水泥配料用砂	Sand for Cement Batching	1	1.66				
脉石英	Vein Quartz	23	60.96			1	20.00
玻璃用脉石英	Vein Quartz for Glass	25	28.13	1	2.40	5	6060.00
硅藻土	Diatomite	7	32.21				
页岩	Shale	1	0.67				
陶粒页岩	Shale for Ceramsite	1	0.52	1	9.29	1	5981.28
高岭土	Kaolin	44	134.65	4	8.75	2	62350.00
陶瓷土	Ceramic Clay	45	49.79	2	3.30	7	14925.80
凹凸棒石黏土	Attapulgite Clay	4	8.51				
伊利石黏土	Illite Clay	2	10.29				
膨润土	Bentonite	14	104.74	3	62.87		
陶粒用黏土	Clay for Ceramsite	4	12.92	1	4.93		

转让情况——按矿种分列（2021年）续表3

Granted and Transferred by Mineral （2021） Continued 3

探矿权出让 Exploration Right Granted					探矿权转让 Exploration Right Transferred	
申请在先 Application First	协议出让 Granting through Agreement		“招拍挂”出让 Granting through Bidding, Auction and Listing		个 Number	转让金额/万元 Amount of Exploration Right Transferred/ 10^4 yuan
个 Number	个 Number	出让收益/万元 Income from Exploration Right Granted/ 10^4 yuan	个 Number	出让收益/万元 Income from Exploration Right Granted/ 10^4 yuan		
2	7	19.93	4	124901.00	1	14705.96
			1	5200.00	1	27913.60
			1	22636.00		
	3		3	36338.80		
1			1	426.00		
	1		1	55.25		
			1	312.00		
	1		2	37.00	3	1640.00
			1	20.00		
			5	6060.00		
			1	5981.28		
			2	62350.00	2	2044.00
			7	14925.80	2	954.00

矿产资源勘查许可证发证及探矿权出让、
Exploration Licenses Issued and Exploration Rights

矿种	Mineral	勘查许可证发证 Exploration License Issued					
		许可证数/个 Number of License/ number	登记面积/平方千米 Registered Area/km^2	注销/个 Cancelled/ number	注销面积/平方千米 Cancelled Area/km^2	许可证数/个 Number of License/number	出让收益/万元 Income from Exploration Right Granted /10^4 yuan
水泥用黏土	Clay for Cement	2	1.07				
水泥配料用泥岩	Mudstone for Cement Batching	3	2.00			2	2322.00
蛇纹岩	Serpentinite	6	39.50	1	11.77		
饰面用蛇纹岩	Decorative Serpentinite	1	0.50				
玄武岩	Basalt	4	17.08				
建筑用玄武岩	Basalt for Construction	1	8.56				
辉绿岩	Diabase	1	0.65				
饰面用辉绿岩	Decorative Diabase	7	16.19			1	20.00
闪长岩	Diorite	2	10.94	1	5.88	1	3336.00
花岗岩	Granite	19	83.68	2	9.78		
建筑用花岗岩	Granite for Construction	2	3.35	1	1.61	1	29.00
饰面用花岗岩	Decorative Granite	76	350.93	10	34.65	8	2689.86
麦饭石	Maifanite	1	0.71	1	4.01		
珍珠岩	Perlite	5	35.11	1	21.95		
黑曜岩	Obsidian	1	2.09				
霞石正长岩	Nepheline Syenite	1	1.22				
水泥用凝灰岩	Tuff for Cement	1	2.28				
火山渣	Scoria	1	2.82				
大理岩	Marble	16	50.82	1	2.91	1	66.21
饰面用石料（大理石）	Decorative Stone (Marble)	17	9.50	3	119.01	1	12100.00
水泥用大理石	Marble for Cement	6	11.34	1	2.85		
饰面用板岩	Decorative Slate	3	4.38				
角闪岩	Amphibolite	3	11.21				
硼矿	Boron	1	8.71	2	49.85		
矿泉水	Mineral Water	87	214.58	6	72.73	20	4498.41
地下水	Ground Water	11	189.46	1	4.75		
氦气	Helium	1	189.40				

转让情况——按矿种分列（2021年）续表4

Granted and Transferred by Mineral （2021） Continued 4

探矿权出让 Exploration Right Granted					探矿权转让 Exploration Right Transferred	
申请在先 Application First	协议出让 Granting through Agreement		“招拍挂”出让 Granting through Bidding, Auction and Listing		个 Number	转让金额/万元 Amount of Exploration Right Transferred/10^4 yuan
个 Number	个 Number	出让收益/万元 Income from Exploration Right Granted/10^4 yuan	个 Number	出让收益/万元 Income from Exploration Right Granted/10^4 yuan		
			2	2322.00		
					2	230.00
			1	20.00		
			1	3336.00		
					1	70.00
			1	29.00		
	4	20.18	4	2669.68		
			1	66.21		
			1	12100.00		
					1	87.00
			20	4498.41	1	120.00

矿产资源勘查许可证发证及探矿权出让、
Exploration Licenses Issued and Exploration Rights

企业经济类型	Economic Type of Enterprise	勘查许可证发证 Exploration License Issued					
						合计 Total	
		许可证数/个 Number of License/ number	登记面积/平方千米 Registered Area/km²	注销/个 Cancelled/ number	注销面积/平方千米 Cancelled Area/km²	许可证数/个 Number of License/ number	出让收益/万元 Income from Exploration Right Granted/10⁴ yuan
总　计	**Total**	**10202**	**2691529.06**	**1425**	**41841.31**	**467**	**1638810.33**
国有企业	State-owned Enterprise	1874	101665.07	486	19898.65	35	75613.41
集体企业	Collective-owned Enterprise	28	98.23	7	83.98	1	
股份合作企业	Cooperative Stock Enterprise	55	16618.62	13	237.44	3	1214.92
联营企业	Joint Ownership Enterprise	30	225.26	3	7.95	1	
有限责任公司	Limited Liability Corporation	6955	86821.98	799	9453.24	390	1539162.72
股份有限公司	Share Holding Company Limited	733	1213904.41	44	10801.66	20	2265.97
私营企业	Private Enterprise	217	1851.08	59	952.52	13	20553.31
其他企业	Other Enterprise	59	549.51	6	133.98		
港、澳、台投资企业	Enterprise with Funds from Hong Kong, Macao and Taiwan	230	1269565.95	3	33.89		
外商投资企业	Foreign-funded Enterprise	21	228.94	5	238.00	4	

转让情况——按企业经济类型分列（2021年）

Granted and Transferred by Economic Type of Enterprise（2021）

	探矿权出让 Exploration Right Granted					探矿权转让 Exploration Right Transferred	
	申请在先 Application First	协议出让 Granting through Agreement		"招拍挂"出让 Granting through Bidding, Auction and Listing			
	个 Number	个 Number	出让收益/万元 Income from Exploration Right Granted/10^4 yuan	个 Number	出让收益/万元 Income from Exploration Right Granted/10^4 yuan	个 Number	转让金额/万元 Amount of Exploration Right Transferred/10^4 yuan
	12	**202**	**267050.58**	**253**	**1371759.74**	**230**	**414199.89**
		4	52987.47	31	22625.94	18	544.00
		1				1	
		1		2	1214.92		
		1					
	10	175	214058.83	205	1325103.89	181	405296.63
	1	10		9	2265.97	23	7923.29
		7	4.28	6	20549.03	6	35.97
						1	400.00
	1	3					

矿产资源采矿许可证发证及采矿权出让、
Mining Licenses Issued and Mining Rights

地 区	Region	采矿许可证发证 Mining License Issued								
		许可证数/个 Number of License/ number	面积/ 平方千米 Area/ km²	生产能力/ (万吨·年⁻¹) Capacity of Production/ (10⁴t·a⁻¹)	注销/个 Cancelled/ number	注销面积/ 平方千米 Cancelled Area/ km²	个 Number	生产能力/ (万吨·年⁻¹) Capacity of Production/ (10⁴t·a⁻¹)	出让收益/万元 Income from Exploration Right Granted/ 10⁴ yuan	个 Number
总 计	**Total**	**32536**	**276437.74**	**1588864.61**	**6485**	**2914.46**	**1432**	**127460.67**	**14111943.23**	**286**
自然资源部	MNR	1496	213854.33	230111.44	2	1.96	68	1771.66	33067.10	64
北 京	Beijing	109	100.97	2587.23	7	2.99	1	35.04	500.89	
天 津	Tianjin	229	9.52	3981.18	36	0.01	24	412.00	776.00	23
河 北	Hebei	762	1219.32	38719.47	453	169.58	2	427.81		2
山 西	Shanxi	2106	10437.83	119461.33	82	27.38	13	4469.00	2671333.82	5
内蒙古	Inner Mongolia	2174	5386.70	85236.25	215	74.02	51	4845.06	1485818.50	21
辽 宁	Liaoning	835	833.32	36160.05	85	38.19	13	343.30	13558.07	7
吉 林	Jilin	781	705.71	23675.24	243	8.34	39	1578.46	19511.69	19
黑龙江	Heilongjiang	974	3051.63	26761.50	141	13.60	109	1869.54	32995.32	8
上 海	Shanghai									
江 苏	Jiangsu	166	221.07	13506.41	49	80.00	15	1830.60	22153.24	11
浙 江	Zhejiang	533	181.66	62546.76	73	17.71	37	15266.60	1653485.18	5
安 徽	Anhui	671	742.88	66269.62	38	22.03	6	3055.00	421070.40	1
福 建	Fujian	645	609.69	25552.21	26	5.72	23	3829.75	172309.96	5
江 西	Jiangxi	1605	1092.22	55372.13	429	31.48	44	4976.27	840142.15	6
山 东	Shandong	634	1998.67	43791.10	109	125.79	19	3253.65	467575.47	2
河 南	Henan	1079	3747.41	52015.33	338	367.02	32	8421.47	426072.08	19
湖 北	Hubei	732	645.07	42728.48	165	34.96	48	8355.39	283946.41	1
湖 南	Hunan	1014	910.07	32370.39	962	106.68	3	930.00	49305.12	1
广 东	Guangdong	912	319.88	42172.09	116	22.40	57	9209.53	1434431.41	3
广 西	Guangxi	1586	1099.58	96025.31	239	42.10	126	18250.68	610234.20	11
海 南	Hainan	120	73.28	7449.51	14	2.79	6	528.09	630910.00	
重 庆	Chongqing	674	351.76	30143.55	133	227.97	21	1394.70	113778.33	2
四 川	Sichuan	2333	2010.01	58105.82	221	28.18	65	2837.89	139839.64	8
贵 州	Guizhou	3230	5228.35	112558.81	169	197.12	146	8805.01	190593.74	20
云 南	Yunnan	2150	1708.62	55622.18	1014	408.82	126	5336.92	116894.71	4
西 藏	Tibet	145	1181.10	5164.44	9	12.04	9	234.00	2582.82	
陕 西	Shaanxi	1340	9181.71	97191.67	281	69.77	31	2781.80	628432.82	2
甘 肃	Gansu	1065	1545.12	23584.33	318	46.89	70	3249.40	504201.44	9
青 海	Qinghai	350	3875.73	11423.93	107	56.41	30	710.17	32781.50	2
宁 夏	Ningxia	219	562.24	17254.73	30	8.46	20	2905.00	758801.54	1
新 疆	Xinjiang	1867	3552.29	71322.12	381	664.04	178	5546.88	354839.66	24

转让情况——按地区分列（2021年）

Granted and Transferred by Region（2021）

采矿权出让 Mining Right Granted								采矿权转让 Mining Right Transferred	
探矿权转采矿权 Change of Exploration Right to Mining Right		协议出让 Granting through Agreement			“招拍挂”出让 Granting through Bidding, Auction and Listing				
生产能力/(万吨·年$^{-1}$) Capacity of Production/(10^4t·a^{-1})	出让收益/万元 Income from Exploration Right Granted/10^4 yuan	个 Number	生产能力/(万吨·年$^{-1}$) Capacity of Production/(10^4t·a^{-1})	出让收益/万元 Income from Exploration Right Granted/10^4 yuan	个 Number	生产能力/(万吨·年$^{-1}$) Capacity of Production/(10^4t·a^{-1})	出让收益/万元 Income from Exploration Right Granted/10^4 yuan	个 Number	转让金额/万元 Amount of Mining Right Transferred/10^4 yuan
20881.97	**5195381.82**	**14**	**2311.00**	**892178.96**	**1132**	**104267.71**	**8024382.45**	**386**	**750567.41**
1763.05	28212.10				4	8.61	4855.00		
0.00	0.00				1	35.04	500.89		
387.00	776.00				1	25.00		5	40.29
427.81	0.00							1	274.25
2450.00	1728964.14	3	1640.00	861332.81	5	379.00	81036.87	23	151270.02
4274.56	1467960.30	1	21.00	1362.57	29	549.50	16495.64	30	130640.15
114.30	2080.80	3	182.00	10442.27	3	47.00	1035.00	3	313.49
958.54	12276.27				20	619.92	7235.42	6	342.23
203.50	20773.84				101	1666.04	12221.48	46	119485.62
480.60	2400.00				4	1350.00	19753.24	1	
46.20	3444.18				32	15220.40	1650041.00		
300.00	1355.00	1	60.00	7641.00	4	2695.00	412074.40	1	12.42
236.75	2908.84				18	3593.00	169401.12		
327.50	7304.72				38	4648.77	832837.43	41	33007.16
426.00	249718.58	1	200.00	9448.38	16	2627.65	208408.51	10	30742.68
1012.27	39424.80				13	7409.20	386647.28	1	
150.00	15232.01				47	8205.39	268714.40	13	1545.90
10.00	155.00				2	920.00	49150.12	7	10243.27
133.98	0.00	1	10.00	1103.29	53	9065.55	1433328.12	1	686.00
630.05	43664.87				115	17620.63	566569.33	15	8270.34
					6	528.09	630910.00		
145.00	15175.86				19	1249.70	98602.47	11	106446.52
406.78	35121.47	1	16.00	109.74	56	2415.11	104608.43	26	12869.58
1354.28	162049.56	1	81.00	95.00	125	7369.73	28449.18	63	1678.75
241.00	14465.00				122	5095.92	102429.71	32	30950.80
					9	234.00	2582.82	1	1000.00
900.00	559974.91	1	20.00	478.22	28	1861.80	67979.69	10	84892.40
1075.30	464342.98				61	2174.10	39858.46	10	853.12
135.00	23707.38				28	575.17	9074.12	3	18.32
300.00	17692.87	1	81.00	165.68	18	2524.00	740942.99	6	4935.00
1992.50	276200.35				154	3554.38	78639.31	20	20049.11

矿产资源采矿许可证发证及采矿权出让、
Mining Licenses Issued and Mining Rights

矿 种	Mineral	采矿许可证发证 Mining License Issued								
		许可证数/个 Number of License/ number	面积/平方千米 Area/km²	生产能力/(万吨·年⁻¹) Capacity of Production/ (10^4t·a^{-1})	注销/个 Cancelled/ number	注销面积/平方千米 Cancelled Area/km²	个 Number	生产能力/(万吨·年⁻¹) Capacity of Production/ (10^4t·a^{-1})	出让收益/万元 Income from Exploration Right Granted/ 10^4 yuan	个 Number
总 计	**Total**	**32536**	**276437.74**	**1588864.61**	**6485**	**2914.46**	**1432**	**127460.67**	**14111943.23**	**286**
煤	Coal	4016	51232.81	433491.00	616	1477.02	35	10850.00	5967649.16	29
油页岩	Oil Shale	16	129.82	4231.00						
石油	Oil	473	61588.48	26207.99	1	1.96	42	666.95		42
天然气	Natural Gas	205	74057.27	1362.15			12	81.81		12
煤层气	Coalbed Methane	21	2608.81	57.03			2	2.00		2
石煤	Bone Coal	28	80.65	498.00	35	8.66				
油砂	Oil Sand	3	84.60	1851.31						
页岩气	Shale Gas	12	2091.41	176.76			2	35.05		2
石油天然气	Oil and Gas	166	50453.05	8374.18			5	244.24		5
天然沥青	Natural Asphalt	1	0.24	1.00						
地热	Geotherm	785	750.31	21708.25	147	46.90	62	1990.53	10621.93	54
铁矿	Iron	1769	3253.69	111417.52	145	135.09	17	801.00	39966.82	14
锰矿	Manganese	167	396.95	1748.50	61	30.57	2	16.00	2371.87	2
铬铁矿	Chromite	5	19.45	31.00	3	2.17				
钛矿	Titanium	31	43.75	916.19						
钒矿	Vanadium	64	256.86	2290.60	1	3.40				
金红石	Rutile	5	7.61	250.00						
铜矿	Copper	420	736.50	30457.83	23	19.99	6	298.00	37759.58	5
铅矿	Lead	472	1100.32	5443.47	41	70.28	3	53.00	4948.20	3
锌矿	Zinc	217	513.78	5855.70	30	38.77	5	1148.00	144697.31	5
铝土矿	Bauxite	235	1531.66	7484.46	9	9.83	14	435.00	72853.72	14
镁矿	Magnesium	3	7.80	445.00						
镍矿	Nickel	30	76.67	2964.90			2	90.00	4939.85	2
钴矿	Cobalt	1	0.70	165.00						
钨矿	Tungsten	87	278.77	2677.12			1	66.00	17051.41	1
锡矿	Tin	34	148.87	818.68	2	3.99				
铋矿	Bismuth	3	0.92	9.50						
钼矿	Molybdenum	80	247.64	16004.30	5	7.97	1	660.00	1624.71	1
汞矿	Mercury	7	21.70	33.00	2	1.25				
锑矿	Antimony	31	95.98	250.35			1	9.00	9535.98	1

转让情况——按矿种分列（2021年）
Granted and Transferred by Mineral（2021）

采矿权出让 Mining Right Granted								采矿权转让 Mining Right Transferred	
探矿权转采矿权 Change of Exploration Right to Mining Right		协议出让 Granting through Agreement			"招拍挂"出让 Granting through Bidding, Auction and Listing				
生产能力/(万吨·年$^{-1}$) Capacity of Production/(10^4t·a^{-1})	出让收益/万元 Income from Exploration Right Granted/10^4 yuan	个 Number	生产能力/(万吨·年$^{-1}$) Capacity of Production/(10^4t·a^{-1})	出让收益/万元 Income from Exploration Right Granted/10^4 yuan	个 Number	生产能力/(万吨·年$^{-1}$) Capacity of Production/(10^4t·a^{-1})	出让收益/万元 Income from Exploration Right Granted/10^4 yuan	个 Number	转让金额/万元 Amount of Mining Right Transferred/10^4 yuan
20881.97	**5195381.82**	**14**	**2311.00**	**892178.96**	**1132**	**104267.71**	**8024382.45**	**386**	**750567.41**
7710.00	4391376.30	3	1640.00	861332.81	3	1500.00	714940.05	102	432432.78
666.95									
81.81									
2.00									
35.05									
244.24									
1739.14	8574.55	1	16.00	109.74	7	235.39	1937.64	7	379.23
620.00	27220.30	3	181.00	12746.52				9	1838.91
16.00	2371.87							1	2735.03
278.00	37281.36	1	20.00	478.22					
53.00	4948.20							4	246.08
1148.00	144697.31							7	1612.59
435.00	72853.72								
90.00	4939.85								
66.00	17051.41								
660.00	1624.71								
9.00	9535.98								

矿产资源采矿许可证发证及采矿权出让、
Mining Licenses Issued and Mining Rights Granted

矿 种	Mineral	采矿许可证发证 Mining License Issued								
		许可证数/个 Number of License/number	面积/平方千米 Area/km²	生产能力/(万吨·年⁻¹) Capacity of Production/(10^4t·a^{-1})	注销/个 Cancelled/number	注销面积/平方千米 Cancelled Area/km²	个 Number	生产能力/(万吨·年⁻¹) Capacity of Production/(10^4t·a^{-1})	出让收益/万元 Income from Exploration Right Granted/10^4 yuan	个 Number
铂矿	Platinum	4	8.91	110.00						
砂金	Placer Gold	2	8.84	204.80	5	21.83	1	200.00	11579.66	1
金矿	Gold	825	2356.70	17172.81	42	81.56	19	1216.70	299668.41	19
银矿	Silver	85	212.62	1244.66	6	6.97	6	47.00	2827.15	6
铌钽矿	Niobium – Tantalum	3	8.04	297.00						
铌矿	Niobium	1	0.07	10.00						
钽矿	Tantalum	2	15.51	120.00						
锂矿	Lithium	13	1846.89	439.83						
锆矿	Zirconium	2	12.19	659.80						
锶矿(天青石)	Strontium (Celestite)	6	31.24	102.00	2	0.42				
重稀土矿	Heavy Rare Earth Elements	10	44.29	380.70						
轻稀土矿	Light Rare Earth Elements	63	165.59	2161.65						
锗矿	Germanium	6	9.33	418.00						
碲矿	Tellurium	1	0.06	0.20						
蓝晶石	Kyanite	2	1.35	15.00						
矽线石	Sillimanite	2	0.91	23.00						
红柱石	Andalusite	3	1.35	90.00						
菱镁矿	Magnesite	63	47.42	2094.50	1	0.17				
普通萤石	Common Fluorite	583	532.69	2062.42	37	14.36	7	46.00	2548.29	7
熔剂用石灰岩	Limestone for Flux	141	80.20	19208.10	30	2.71	9	2945.00	44093.62	
冶金用白云岩	Metallurgical Dolomite	71	27.00	4488.28	18	1.09	6	1150.00	22332.00	
冶金用石英岩	Metallurgical Quartzite	111	54.44	1146.00	11	1.84	6	135.00	6580.20	2
铸型用砂岩	Foundry Sandstone	2	0.29	20.45	3	0.13				
铸型用砂	Foundry Sand	22	14.14	298.00	1	0.03				
冶金用脉石英	Metallurgical Vein Quartz	42	40.64	201.70	8	2.16	1	5.00	11.12	
耐火黏土	Refractory Clay	60	53.45	444.80	13	3.18	1	10.00	309.23	

转让情况——按矿种分列（2021年）续表1

and Transferred by Mineral（2021）Continued 1

采矿权出让 Mining Right Granted								采矿权转让 Mining Right Transferred	
探矿权转采矿权 Change of Exploration Right to Mining Right		协议出让 Granting through Agreement			“招拍挂”出让 Granting through Bidding, Auction and Listing				
生产能力/(万吨·年$^{-1}$) Capacity of Production/(10^4t·a^{-1})	出让收益/万元 Income from Exploration Right Granted/10^4 yuan	个 Number	生产能力/(万吨·年$^{-1}$) Capacity of Production/(10^4t·a^{-1})	出让收益/万元 Income from Exploration Right Granted/10^4 yuan	个 Number	生产能力/(万吨·年$^{-1}$) Capacity of Production/(10^4t·a^{-1})	出让收益/万元 Income from Exploration Right Granted/10^4 yuan	个 Number	转让金额/万元 Amount of Mining Right Transferred/10^4 yuan
200.00	11579.66								
1216.70	299668.41							4	2087.41
47.00	2827.15								
								1	14682.01
								1	37.53
46.00	2548.29							2	316.52
					9	2945.00	44093.62		
					6	1150.00	22332.00		
40.00	30.00				4	95.00	6550.20	1	23.10
					1	5.00	11.12		
					1	10.00	309.23		

矿产资源采矿许可证发证及采矿权出让、

Mining Licenses Issued and Mining Rights Granted

矿种	Mineral	采矿许可证发证 Mining License Issued								
		许可证数/个 Number of License/number	面积/平方千米 Area/km^2	生产能力/(万吨·年$^{-1}$) Capacity of Production/(10^4t·a^{-1})	注销/个 Cancelled/number	注销面积/平方千米 Cancelled Area/km^2	个 Number	生产能力/(万吨·年$^{-1}$) Capacity of Production/(10^4t·a^{-1})	出让收益/万元 Income from Exploration Right Granted/10^4 yuan	个 Number
铁钒土	Laterite	5	4.08	52.20	2	0.54				
其他黏土	Other Clays	5	7.87	29.00	2	0.31				
耐火用橄榄岩	Peridotite Resistance	2	1.05	30.00						
熔剂用蛇纹岩	Serpentinite for Flux	3	5.27	270.00						
自然硫	Native Sulfur				1	10.16				
硫铁矿	Pyrite	80	194.19	2490.90	6	6.19				
钠硝石	Nitratine	1	117.22	114.86						
明矾石	Alunite									
芒硝(含钙芒硝)	Mirabilite (Glauberite)	48	816.79	4091.00	2	64.74				
重晶石	Barite	216	370.99	1190.60	8	10.08	3	19.50	1616.98	2
毒重石	Witherite	12	11.16	61.00	1	0.57				
天然碱(Na_2CO_3)	Trona (Na_2CO_3)	13	116.17	1205.00			1	860.00	708.00	1
电石用灰岩	Limestone for Calcium Carbide	16	12.17	3236.00	4	0.55				
制碱用灰岩	Limestone for Alkali Production	19	9.40	2455.00			2	880.00	20317.39	1
化肥用石灰岩	Limestone for Fertilizer	1	0.11	5.00	1	0.03				
化肥用白云岩	Dolomite for Fertilizer	1	0.33	5.00	1	0.31				
化肥用石英岩	Quartzite for Fertilizer	5	2.33	53.00						
化肥用砂岩	Sandstone for Fertilizer	8	5.33	91.50						
含钾岩石	Potassium-bearing Rock	7	4.64	269.00			2	132.00	360.00	1
含钾砂页岩	Potassium-bearing Sandy Shale	1	0.95	10.00						
化肥用蛇纹岩	Serpentinite for Fertilizer	3	1.21	14.00						
泥炭	Peat	16	22.58	205.00	2	1.14				
矿盐	Mineral Salt	12	102.34	642.83						

转让情况——按矿种分列（2021年）续表2
and Transferred by Mineral（2021）Continued 2

采矿权出让 Mining Right Granted								采矿权转让 Mining Right Transferred	
探矿权转采矿权 Change of Exploration Right to Mining Right		协议出让 Granting through Agreement			“招拍挂”出让 Granting through Bidding, Auction and Listing				
生产能力/(万吨·年$^{-1}$) Capacity of Production/(10^4t·a^{-1})	出让收益/万元 Income from Exploration Right Granted/10^4 yuan	个 Number	生产能力/(万吨·年$^{-1}$) Capacity of Production/(10^4t·a^{-1})	出让收益/万元 Income from Exploration Right Granted/10^4 yuan	个 Number	生产能力/(万吨·年$^{-1}$) Capacity of Production/(10^4t·a^{-1})	出让收益/万元 Income from Exploration Right Granted/10^4 yuan	个 Number	转让金额/万元 Amount of Mining Right Transferred/10^4 yuan
								1	
14.50	1516.98				1	5.00	100.00	1	39.98
860.00	708.00								
80.00	2017.39				1	800.00	18300.00	1	11635.73
110.00					1	22.00	360.00		

矿产资源采矿许可证发证及采矿权出让、
Mining Licenses Issued and Mining Rights Granted

矿　种	Mineral	采矿许可证发证 Mining License Issued								
		许可证数/个 Number of License/ number	面积/平方千米 Area/km^2	生产能力/(万吨·年$^{-1}$) Capacity of Production/ (10^4t·a^{-1})	注销/个 Cancelled/ number	注销面积/平方千米 Cancelled Area/km^2	个 Number	生产能力/(万吨·年$^{-1}$) Capacity of Production/ (10^4t·a^{-1})	出让收益/万元 Income from Exploration Right Granted/ 10^4 yuan	个 Number
岩盐	Rock Salt	112	453.84	25070.57			2	440.00	2400.00	2
湖盐	Lake Salt	27	493.33	906.69						
天然卤水	Natural Brine	32	499.44	1642.00						
钾盐	Potash	11	8330.86	598.50	1	288.93				
溴	Bromine	41	44.29	3.30						
砷	Arsenic	1	0.30	0.30						
磷矿	Phosphate Rock	197	831.27	17255.00	6	4.20	6	940.00	75085.77	6
金刚石	Diamond	1	0.75	14.50						
石墨	Graphite	102	131.88	3939.71	18	41.63	6	58.61	6833.27	2
水晶	Quartz Crystal	1	0.24							
硅灰石	Wollastonite	50	26.85	280.30	8	4.66				
滑石	Talc	62	37.46	538.80	6	3.20	1	90.00	21900.00	
石棉	Asbestos	8	7.12	51.24	17	1.00				
云母	Mica	9	7.65	44.01	2	1.03	1	3.00	90.20	
长石	Feldspar	137	95.84	2222.41	32	9.40	4	323.00	10503.22	2
电气石	Tourmaline	4	9.05	13.70						
石榴子石	Garnet	5	4.72	116.20						
叶蜡石	Pyrophyllite	38	18.02	247.12	5	3.41				
透辉石	Diopside	11	2.40	111.00						
蛭石	Vermiculite	2	1.10	5.50						
沸石	Zeolite	14	3.19	48.50	1	0.49				
透闪石	Tremolite	4	0.90	58.00	1	0.08				
石膏	Gypsum	222	223.88	4459.60	23	13.22	2	65.00	968.38	1
方解石	Calcite	303	95.22	3940.00	26	3.34	14	368.00	27133.79	1
宝石	Gemstone	2	2.03	37.22						
玉石	Jade	75	76.76	11558.19	2	1.57				
玛瑙	Agate	4	1.51	3.30						
石灰岩	Limestone	1090	253.43	51038.91	326	22.18	10	1451.00	52453.76	
玻璃用石灰岩	Limestone for Glass				1	0.19				
水泥用石灰岩	Limestone for Cement	1251	923.84	215858.97	117	25.98	35	8321.35	231540.68	10

转让情况——按矿种分列（2021年）续表3

and Transferred by Mineral（2021）Continued 3

采矿权出让 Mining Right Granted								采矿权转让 Mining Right Transferred	
探矿权转采矿权 Change of Exploration Right to Mining Right		协议出让 Granting through Agreement			"招拍挂"出让 Granting through Bidding, Auction and Listing				
生产能力/(万吨·年$^{-1}$) Capacity of Production/(10^4t·a^{-1})	出让收益/万元 Income from Exploration Right Granted/10^4 yuan	个 Number	生产能力/(万吨·年$^{-1}$) Capacity of Production/(10^4t·a^{-1})	出让收益/万元 Income from Exploration Right Granted/10^4 yuan	个 Number	生产能力/(万吨·年$^{-1}$) Capacity of Production/(10^4t·a^{-1})	出让收益/万元 Income from Exploration Right Granted/10^4 yuan	个 Number	转让金额/万元 Amount of Mining Right Transferred/10^4 yuan
440.00	2400.00							1	
								1	15.87
940.00	75085.77							2	
50.00	1978.27				4	8.61	4855.00		
								1	
					1	90.00	21900.00		
								1	
					1	3.00	90.20		
270.00	9973.72				2	53.00	529.50	3	168.27
5.00					1	60.00	968.38	5	369.97
220.00	17618.06	1	60.00	7641.00	12	88.00	1874.73	3	130.98
					10	1451.00	52453.76	22	7887.63
1800.00	40606.20				25	6521.35	190934.48	15	31442.81

矿产资源采矿许可证发证及采矿权出让、
Mining Licenses Issued and Mining Rights Granted

矿种	Mineral	采矿许可证发证 Mining License Issued								
		许可证数/个 Number of License/ number	面积/平方千米 Area/km²	生产能力/(万吨·年⁻¹) Capacity of Production/ (10^4t·a^{-1})	注销/个 Cancelled/ number	注销面积/平方千米 Cancelled Area/km²	个 Number	生产能力/(万吨·年⁻¹) Capacity of Production/ (10^4t·a^{-1})	出让收益/万元 Income from Exploration Right Granted/ 10^4 yuan	个 Number
建筑石料用灰岩	Limestone for Construction Stone	4183	606.55	236431.40	1059	77.01	288	39105.00	1689190.24	
饰面用灰岩	Decorative Limestone	251	70.02	3378.31	11	2.45	28	1133.44	20829.67	
制灰用石灰岩	Limestone for Ash Making	120	25.93	4176.10	24	1.97	2	80.00	600.63	
泥灰岩	Marl	3	0.73	40.20	6	0.15				
白垩	Chalk	3	0.65	20.00						
白云岩	Dolomite	148	78.27	5813.05	29	18.72	2	1365.00	59480.00	
玻璃用白云岩	Dolomite for Glass	4	0.40	155.00	2	0.03				
建筑用白云岩	Dolomite for Construction	268	42.34	13226.13	130	8.52	17	3292.85	121468.13	
石英岩	Quartzite	213	106.83	2366.75	39	6.48	3	80.00	309.20	1
玻璃用石英岩	Quartzite for Glass	99	47.61	2713.50	12	0.95	2	40.00	484.00	1
砂岩	Sandstone	211	35.10	4388.76	84	4.35	6	233.00	24008.00	
玻璃用砂岩	Sandstone for Glass	36	13.48	659.72	2	0.06	2	50.00	4651.92	
水泥配料用砂岩	Sandstone for Cement Batching	113	35.04	4321.80	18	13.15	8	289.00	4104.26	
砖瓦用砂岩	Sandstone for Brick and Tile	83	7.90	1167.37	50	1.53	6	70.25	1097.18	
陶瓷用砂岩	Sandstone for Ceramics	13	1.69	114.60	2	0.04				
建筑用砂岩	Sandstone for Construction	583	92.83	15108.48	67	4.39	58	2991.20	330454.77	
天然石英砂	Natural Quartz Sand	72	69.22	2767.61	5	0.35	11	467.00	17765.91	
玻璃用砂	Sand for Glass	14	9.62	444.44			1	60.00	7697.46	
海砂	Sea Sand	5	11.48	5540.00	2	2.79	4	4210.00	134456.98	
建筑用砂	Sand for Construction	1901	403.81	27713.05	429	37.43	208	4628.05	91533.39	

转让情况——按矿种分列（2021年）续表4
and Transferred by Mineral（2021）Continued 4

采矿权出让 Mining Right Granted								采矿权转让 Mining Right Transferred	
探矿权转采矿权 Change of Exploration Right to Mining Right		协议出让 Granting through Agreement			"招拍挂"出让 Granting through Bidding, Auction and Listing				
生产能力/(万吨·年$^{-1}$) Capacity of Production/(10^4t·a^{-1})	出让收益/万元 Income from Exploration Right Granted/10^4 yuan	个 Number	生产能力/(万吨·年$^{-1}$) Capacity of Production/(10^4t·a^{-1})	出让收益/万元 Income from Exploration Right Granted/10^4 yuan	个 Number	生产能力/(万吨·年$^{-1}$) Capacity of Production/(10^4t·a^{-1})	出让收益/万元 Income from Exploration Right Granted/10^4 yuan	个 Number	转让金额/万元 Amount of Mining Right Transferred/10^4 yuan
		2	281.00	9543.38	286	38824.00	1679646.86	52	201683.96
					28	1133.44	20829.67		
					2	80.00	600.63	6	587.38
					2	1365.00	59480.00	5	322.12
					17	3292.85	121468.13	4	2434.27
70.00					2	10.00	309.20	2	51.40
30.00	139.00				1	10.00	345.00		
					6	233.00	24008.00	6	4514.68
					2	50.00	4651.92		
					8	289.00	4104.26		
					6	70.25	1097.18		
					58	2991.20	330454.77	5	2127.84
					11	467.00	17765.91	1	1330.00
					1	60.00	7697.46		
					4	4210.00	134456.98		
		1	81.00	165.68	207	4547.05	91367.71	18	5488.59

矿产资源采矿许可证发证及采矿权出让、

Mining Licenses Issued and Mining Rights Granted

矿种	Mineral	采矿许可证发证 Mining License Issued								
		许可证数/个 Number of License/number	面积/平方千米 Area/km^2	生产能力/(万吨·年$^{-1}$) Capacity of Production/(10^4t·a^{-1})	注销/个 Cancelled/number	注销面积/平方千米 Cancelled Area/km^2	个 Number	生产能力/(万吨·年$^{-1}$) Capacity of Production/(10^4t·a^{-1})	出让收益/万元 Income from Exploration Right Granted/10^4 yuan	个 Number
水泥配料用砂	Sand for Cement Batching	11	2.67	280.80			1	10.00	1970.00	
砖瓦用砂	Sand for Brick and Tile	17	1.60	131.00	4	0.14	3	18.00	114.25	
脉石英	Vein Quartz	83	38.75	362.06	4	1.37	5	94.50	1055.23	4
玻璃用脉石英	Vein Quartz for Glass	38	21.64	354.20	9	5.08	3	37.00	707.66	3
粉石英	Powder Quartz	6	1.19	48.10	2	0.23				
天然油石	Natural Oilstone				1	0.20				
硅藻土	Diatomite	38	38.83	334.80						
页岩	Shale	243	26.42	2484.36	115	6.98	3	74.88	1083.40	
陶粒页岩	Shale for Ceramsite	12	3.43	310.50						
砖瓦用页岩	Shale for Brick and Tile	1574	97.67	15661.87	646	22.50	52	1720.65	64020.41	
水泥配料用页岩	Shale for Cement Batching	64	17.50	1387.30	5	0.24	4	180.00	2396.09	
高岭土	Kaolin	216	252.03	3824.92	16	8.29	4	85.00	2197.79	
陶瓷土	Ceramic Clay	243	117.00	3259.76	27	2.93	12	151.81	1771.29	4
凹凸棒石黏土	Attapulgite Clay	17	23.08	111.57						
海泡石黏土	Sepiolite Clay	2	0.47	10.10						
伊利石黏土	Illite Clay	23	18.14	534.07	1	0.00				
膨润土	Bentonite	109	95.45	859.53	10	5.63	2	32.00	161.61	
砖瓦用黏土	Clay for Brick and Tile	1132	181.46	5617.76	899	37.98	46	589.90	2992.98	
陶粒用黏土	Clay for Ceramsite	20	145.46	158.33	1	0.64	1	10.00	285.00	
水泥用黏土	Clay for Cement	62	25.59	1233.23	10	1.69	3	120.00	3372.00	
水泥配料用红土	Laterite for Cement Batching	2	0.09	33.00	1	0.10				
水泥配料用黄土	Loess for Cement Batching	3	0.42	100.00						
水泥配料用泥岩	Mudstone for Cement Batching	23	7.23	536.25	1	0.07				

转让情况——按矿种分列（2021年）续表5
and Transferred by Mineral (2021) Continued 5

采矿权出让 Mining Right Granted								采矿权转让 Mining Right Transferred	
探矿权转采矿权 Change of Exploration Right to Mining Right		协议出让 Granting through Agreement			“招拍挂”出让 Granting through Bidding, Auction and Listing				
生产能力/(万吨·年$^{-1}$) Capacity of Production/(10^4t·a^{-1})	出让收益/万元 Income from Exploration Right Granted/10^4 yuan	个 Number	生产能力/(万吨·年$^{-1}$) Capacity of Production/(10^4t·a^{-1})	出让收益/万元 Income from Exploration Right Granted/10^4 yuan	个 Number	生产能力/(万吨·年$^{-1}$) Capacity of Production/(10^4t·a^{-1})	出让收益/万元 Income from Exploration Right Granted/10^4 yuan	个 Number	转让金额/万元 Amount of Mining Right Transferred/10^4 yuan
					1	10.00	1970.00		
					3	18.00	114.25	1	15.25
85.00	626.23				1	9.50	429.00	1	35.00
37.00	707.66								
					3	74.88	1083.40	3	789.00
					52	1720.65	64020.41	17	312.62
					4	180.00	2396.09	1	134.59
					4	85.00	2197.79	1	410.12
68.00	65.01				8	83.81	1706.28	2	48.13
								2	60.56
		2	32.00	161.61				1	130.00
					46	589.90	2992.98	8	132.37
					1	10.00	285.00		
					3	120.00	3372.00		

矿产资源采矿许可证发证及采矿权出让、
Mining Licenses Issued and Mining Rights Granted

矿　种	Mineral	采矿许可证发证 Mining License Issued								
		许可证数/个 Number of License/ number	面积/ 平方千米 Area/km²	生产能力/ (万吨·年⁻¹) Capacity of Production/ (10^4t·a^{-1})	注销/个 Cancelled/ number	注销面积/ 平方千米 Cancelled Area/km²	个 Number	生产能力/ (万吨·年⁻¹) Capacity of Production/ (10^4t·a^{-1})	出让收益/万元 Income from Exploration Right Granted/ 10^4 yuan	个 Number
保温材料用黏土	Clay for Insulation	1	3.67	1.00						
橄榄岩	Peridotite	6	26.45	315.00			1	100.00		1
建筑用橄榄岩	Peridotite for Construction	1	0.11	5.00	1	0.10				
蛇纹岩	Serpentinite	18	4.58	90.10						
饰面用蛇纹岩	Decorative Serpentinite	6	0.77	13.00	1	0.97				
玄武岩	Basalt	99	16.60	1810.79	14	2.03	1	78.00	190.73	
铸石用玄武岩	Basalt for Cast Stone	2	0.28	43.20						
岩棉用玄武岩	Basalt for Rock Wool	2	0.37	42.00						
建筑用玄武岩	Basalt for Construction	291	37.88	4713.98	25	3.25	25	741.00	59521.75	
辉绿岩	Diabase	24	5.72	303.65	9	0.79	1	30.00	524.19	
建筑用辉绿岩	Diabase for Construction	68	18.10	2608.50	10	5.90	4	350.00	8919.00	
饰面用辉绿岩	Decorative Diabase	24	7.66	94.42	2	0.02	2	13.19	2914.60	
安山岩	Andesite	15	0.75	110.00	9	0.37				
饰面用安山岩	Decorative Andesite	1	1.07	1.16						
建筑用安山岩	Andesite for Construction	196	17.63	4346.36	64	2.82	23	251.99	2787.90	
闪长岩	Diorite	10	2.06	391.20	1	0.01				
建筑用闪长岩	Diorite for Construction	83	13.15	2601.31	31	1.48	7	139.00	4556.46	
水泥混合材料用闪长玢岩	Diorite Porphyrite for Cement Mixture	1	0.01	3.40						
花岗岩	Granite	133	71.81	851.73	81	10.54	3	27.67	3168.10	
建筑用花岗岩	Granite for Construction	1053	162.99	35853.19	234	18.17	112	11549.96	2335263.66	
饰面用花岗岩	Decorative Granite	576	330.29	5291.54	69	22.44	19	713.01	311227.11	3
麦饭石	Maifanite	6	1.96	72.00			1	53.00	275.00	

转让情况——按矿种分列（2021年）续表6
and Transferred by Mineral（2021） Continued 6

采矿权出让 Mining Right Granted								采矿权转让 Mining Right Transferred	
探矿权转采矿权 Change of Exploration Right to Mining Right		协议出让 Granting through Agreement			"招拍挂"出让 Granting through Bidding, Auction and Listing				
生产能力/(万吨·年$^{-1}$) Capacity of Production/(10^4t·a^{-1})	出让收益/万元 Income from Exploration Right Granted/10^4 yuan	个 Number	生产能力/(万吨·年$^{-1}$) Capacity of Production/(10^4t·a^{-1})	出让收益/万元 Income from Exploration Right Granted/10^4 yuan	个 Number	生产能力/(万吨·年$^{-1}$) Capacity of Production/(10^4t·a^{-1})	出让收益/万元 Income from Exploration Right Granted/10^4 yuan	个 Number	转让金额/万元 Amount of Mining Right Transferred/10^4 yuan
100.00									
					1	78.00	190.73	1	30.00
					25	741.00	59521.75	5	65.66
					1	30.00	524.19	2	400.00
					4	350.00	8919.00		
					2	13.19	2914.60		
					23	251.99	2787.90	3	442.64
					7	139.00	4556.46	2	21.81
					3	27.67	3168.10	2	12.73
					112	11549.96	2335263.66	14	1232.38
57.50	2103.37				16	655.51	309123.74	5	11994.76
					1	53.00	275.00		

矿产资源采矿许可证发证及采矿权出让、

Mining Licenses Issued and Mining Rights Granted

矿　种	Mineral	采矿许可证发证 Mining License Issued								
		许可证数/个 Number of License/ number	面积/平方千米 Area/km^2	生产能力/(万吨·年$^{-1}$) Capacity of Production/ (10^4t·a^{-1})	注销/个 Cancelled/ number	注销面积/平方千米 Cancelled Area/km^2	个 Number	生产能力/(万吨·年$^{-1}$) Capacity of Production/ (10^4t·a^{-1})	出让收益/万元 Income from Exploration Right Granted/ 10^4 yuan	个 Number
珍珠岩	Perlite	30	10.55	454.00	3	0.24				
黑曜岩	Obsidian	1	0.12	5.00						
浮石	Pumice	8	3.21	37.79						
粗面岩	Trachyte	2	2.27	27.10	7	0.05	1	15.10	1183.24	
铸石用粗面岩	Trachyte for Cast Stone	2	0.37	45.00						
霞石正长岩	Nepheline Syenite	9	6.41	347.00						
凝灰岩	Tuff	25	6.49	3466.99	1	0.19	4	2324.00	65740.00	
水泥用凝灰岩	Tuff for Cement	7	2.18	44.75						
建筑用石料（凝灰岩）	Stone(Tuff) for Construction	522	99.12	42390.66	119	16.46	49	11376.00	1426363.33	
火山灰	Volcanic Ash	1	0.20	1.50						
水泥用火山灰	Volcanic Ash for Cement	1	0.07	5.00						
火山渣	Scoria	7	4.25	85.08	2	0.02				
大理岩	Marble	153	74.30	1597.58	22	7.30	4	194.10	26103.00	
饰面用石料（大理石）	Decorative Stone (Marble)	204	138.69	1886.38	25	6.48	8	42.38	16705.19	
建筑用大理岩	Marble for Construction	108	27.06	1530.37	21	7.31	3	99.91	7920.69	
水泥用大理石	Marble for Cement	78	29.62	4246.97			2	320.00	68625.64	1
玻璃用大理石	Marble for Glass	1	0.32	5.00						
板岩	Slate	46	15.32	669.80	31	3.07	1	17.80	754.46	
饰面用板岩	Decorative Slate	39	15.06	192.50	4	1.40	2	48.81	270.00	
水泥配料用板岩	Slate for Cement Batching	3	3.20	25.05						
片麻岩	Gneiss	68	8.84	1666.49	24	2.30	4	349.40	21767.00	
角闪岩	Amphibolite	13	3.84	281.61	5	0.12				
硼矿	Boron	22	403.79	489.00	1	0.47				
矿泉水	Mineral Water	495	272.93	4081.73	26	12.25	12	235.08	870.96	10
地下水	Ground Water	10	5.71	318.24			1	20.00	150.12	
二氧化碳气	Carbon Dioxide	2	29.70	1.82						

转让情况——按矿种分列（2021年）续表7

and Transferred by Mineral（2021）Continued 7

采矿权出让 Mining Right Granted								采矿权转让 Mining Right Transferred	
探矿权转采矿权 Change of Exploration Right to Mining Right		协议出让 Granting through Agreement			“招拍挂”出让 Granting through Bidding, Auction and Listing				
生产能力/(万吨·年$^{-1}$) Capacity of Production/(10^4t·a^{-1})	出让收益/万元 Income from Exploration Right Granted/10^4 yuan	个 Number	生产能力/(万吨·年$^{-1}$) Capacity of Production/(10^4t·a^{-1})	出让收益/万元 Income from Exploration Right Granted/10^4 yuan	个 Number	生产能力/(万吨·年$^{-1}$) Capacity of Production/(10^4t·a^{-1})	出让收益/万元 Income from Exploration Right Granted/10^4 yuan	个 Number	转让金额/万元 Amount of Mining Right Transferred/10^4 yuan
					1	15.10	1183.24	1	123.36
					4	2324.00	65740.00		
					49	11376.00	1426363.33	6	1515.16
					4	194.10	26103.00	2	57.42
					8	42.38	16705.19		
					3	99.91	7920.69		
20.00	125.64				1	300.00	68500.00	4	4569.36
					1	17.80	754.46	2	286.47
					2	48.81	270.00		
					4	349.40	21767.00	2	114.67
221.08	581.46				2	14.00	289.50	3	1010.69
					1	20.00	150.12		

矿产资源采矿许可证发证及采矿权出让、
Mining Licenses Issued and Mining Rights Granted

企业经济类型	Enterprise Economic Type	采矿许可证发证 Mining Licenses Issued								
		许可证数/个 Number of License/ number	面积/平方千米 Area/km²	生产能力/(万吨·年⁻¹) Capacity of Production/ $(10^4t \cdot a^{-1})$	注销/个 Cancelled/ number	注销面积/平方千米 Cancelled Area/km²	个 Number	生产能力/(万吨·年⁻¹) Capacity of Production/ $(10^4t \cdot a^{-1})$	出让收益/万元 Income from Exploration Right Granted/ 10^4 yuan	个 Number
总 计	**Total**	**32536**	**276437.74**	**1588864.61**	**6485**	**2914.46**	**1432**	**127460.67**	**14111943.23**	**286**
国有企业	State-owned Enterprise	792	5785.44	102977.57	109	246.14	52	15053.92	1753707.31	8
集体企业	Collective-owned Enterprise	464	359.49	7326.53	301	57.66	2	10.00	235.89	
股份合作企业	Cooperative Stock Enterprise	100	456.99	4361.79	41	20.31	1	90.00	26000.00	1
联营企业	Joint Ownership Enterprise	47	28.36	2963.31	15	2.87	2	860.00	45794.12	
有限责任公司	Limited Liability Corporation	24063	255461.75	1224013.07	2419	2195.90	1256	106118.23	11837600.57	270
股份有限公司	Share Holding Company Limited	873	11575.11	126634.22	97	48.96	17	870.68	41486.11	5
私营企业	Private Enterprise	5690	2024.58	86396.33	3298	321.22	85	2301.78	55698.99	2
其他企业	Other Enterprise	293	56.36	4447.01	195	12.17	13	166.06	891.24	
港、澳、台投资企业	Enterprise with Fund from Hong Kong, Macao and Taiwan	121	385.77	19232.25	3	0.48	4	1990.00	350529.00	
外商投资企业	Foreign-funded Enterprise	93	303.89	10512.54	7	8.75				

转让情况——按企业经济类型分列（2021年）
and Transferred by Economic Type of Enterprise（2021）

采矿权出让 Mining Right Granted								采矿权转让 Mining Right Transferred	
探矿权转采矿权 Change of Exploration Right to Mining Right		协议出让 Granting through Agreement			"招拍挂"出让 Granting through Bidding, Auction and Listing				
生产能力/(万吨·年$^{-1}$) Capacity of Production/(10^4t·a^{-1})	出让收益/万元 Income from Exploration Right Granted/10^4 yuan	个 Number	生产能力/(万吨·年$^{-1}$) Capacity of Production/(10^4t·a^{-1})	出让收益/万元 Income from Exploration Right Granted/10^4 yuan	个 Number	生产能力/(万吨·年$^{-1}$) Capacity of Production/(10^4t·a^{-1})	出让收益/万元 Income from Exploration Right Granted/10^4 yuan	个 Number	转让金额/万元 Amount of Mining Right Transferred/10^4 yuan
20881.97	**5195381.82**	**14**	**2311.00**	**892178.96**	**1132**	**104267.71**	**8024382.45**	**386**	**750567.41**
1141.81	443627.49				44	13912.11	1310079.82	6	2944.00
					2	10.00	235.89	1	1489.61
90.00	26000.00								
					2	860.00	45794.12		
19390.66	4691669.61	13	2230.00	892083.96	973	84497.57	6253846.99	327	707290.15
255.00	33795.75				12	615.68	7690.36	5	6586.94
4.50	288.97	1	81.00	95.00	82	2216.28	55315.02	42	27594.66
					13	166.06	891.24	3	40.26
					4	1990.00	350529.00	0	
								2	4621.79

全国石油、天然气开发利用
National Oil and Natural Gas Exploitation

年份/地区	Year/Region	油气田总数/个 Number of Oil & Gas Field/number				从业人数/人 Employee/person	石油产量/万吨 Oil Production/10^4 t
			大型 Large	中型 Medium	小型 Small		
	2019	**1040**	**108**	**240**	**692**	**624227**	**19096.91**
	2020	**1060**	**108**	**238**	**714**	**602232**	**19500.21**
	2021	**1083**	**113**	**413**	**557**	**545363**	**19906.22**
天　津	Tianjin	26	4	12	10	20452	393.79
河　北	Hebei	66	3	37	26	32903	544.55
山　西	Shanxi	4	2		2	1235	
内蒙古	Inner Mongolia						9.87
辽　宁	Liaoning	41	5	21	15	36055	1054.18
吉　林	Jilin	51	4	20	27	24528	414.25
黑龙江	Heilongjiang	55	11	18	26	61858	2945.49
江　苏	Jiangsu	65		8	57	6373	151.32
浙　江	Zhejiang	3			3	490	2.16
山　东	Shandong	76	12	53	11	65835	2340.30
河　南	Henan	56	5	21	30	9693	259.21
湖　北	Hubei	32	1	5	26	9746	68.05
广　东	Guangdong	6		1	5	169	31.02
广　西	Guangxi	1			1	96	1.62
重　庆	Chongqing	140	8	14	118	30354	9.23
四　川	Sichuan	2	2			474	
陕　西	Shaanxi	8	1	4	3	7735	61.80
甘　肃	Gansu	34	4	15	15	16806	234.00
青　海	Qinghai	75	17	27	31	169644	3667.74
新　疆	Xinjiang	105	17	41	47	40642	2855.56
渤　海	Bo Hai	92	8	54	30	6090	3013.22
南　海	South China Sea	127	7	55	65	2842	1797.92
东　海	East China Sea	18	2	7	9	1343	50.94

注：1. 中国石油长庆、华北、大港和西南经济数据未按省份分列，本汇总表将中国石油长庆全部计入陕西省，中国石油华北全部计

2. 2021年全国新增探明油气田23个。

3. 内蒙古石油产量为地方小公司产量。

4. 本表不包括页岩气和煤层气。

Notes: 1. The data of the Changqing, North China, Dagang and Southwest oil fields of China National Petroleum Corporation （CNPC） are not South west in Sichuan.

2. 23 Measured Oil and Gas Fields are increased in 2021 in China.

3. The oil output of Inner Mongolia is the output of local small companies.

4. The data of shale gas and coal bed methane are not included in the table.

情况——按地区分列
and Utilization by Region

天然气产量/亿米^3 Natural Gas Production/10^8m^3	工业总产值/万元 Gross Industrial Output Value/10^4 yuan	工业增加值/万元 Industrial Added Value/10^4 yuan	销售收入/万元 Sales Revenue/10^4 yuan	年利税总额/万元 Total Amount of Annual Profit and Tax/10^4 yuan
1508.84	**89985739.00**	**63028463.00**	**109943905.00**	**30983525.00**
1618.22	**70511879.47**	**47160300.86**	**93734793.86**	**12875143.48**
1729.12	**100036626.98**	**66231764.36**	**115699477.23**	**31540480.09**
6.40	1330139.00	1083281.00	1352467.00	183584.00
5.33	1982093.00	1483237.00	2042525.60	63741.28
34.44	200447.00	151655.00	256600.40	52847.85
7.91	2939090.00	1892550.00	2955976.00	478963.00
20.61	1490909.00	1005789.00	1504973.00	−198221.00
50.18	10192827.00	7986598.00	11013029.67	2416564.00
0.51	710678.00	247896.00	718069.40	25657.30
	201443.00	21037.00	201443.00	16400.00
6.27	7819883.00	4911388.00	6853207.66	1497701.38
120.82	2939699.00	1561834.00	2498473.99	234187.94
1.18	376644.00	226727.00	371956.00	−189807.00
1.02	124529.36	89349.00	124521.44	43351.78
0.01	8145.60	1504.00	6297.00	4148.00
270.65	6616356.29	3421335.00	7034338.20	1128759.67
39.48				
0.08	1343578.00	614609.00	443505.00	−101220.00
62.00	2023558.00	1442857.00	2015003.00	72954.00
538.16	30572160.00	16565788.00	47811696.79	9997863.50
379.33	11249730.00	8815895.00	11573251.18	3589724.22
32.62	9339883.00	7691394.00	9154915.00	7845642.00
134.47	8259394.00	6831923.32	7466622.38	4322298.63
17.65	315440.73	185118.04	300605.52	55339.55

入河北省，中国石油大港全部计入天津市，中国石油西南全部计入四川省。

listed by province. In this table, the data of CNPC Changqing are included in Shaanxi, CNPC North China in Hebei, CNPC Dagang in Tianjin and CNPC

全国石油、天然气开发利用情况

National Oil and Natural Gas Exploitation and

企业经济类型	Economic Type of Enterprise	油气田总数/个 Number of Oil & Gas Field/number				从业人数/人 Employee/person	石油产量/万吨 Oil Production/10^4 t
			大型 Large	中型 Medium	小型 Small		
总 计	**Total**	**1083**	**113**	**413**	**557**	**545363**	**19906.22**
国有企业	State-owned Enterprise	1054	112	398	544	443623	18776.80
国有联营企业	Joint State-owned Enterprise	28	1	15	12	101644	1127.80
股份有限公司	Share Holding Company Limited	1			1	96	1.62

注：企业经济类型为企业在工商管理机关登记注册类型。

Note: The economic type of enterprise is the type of enterprise registered in the industrial and commercial administration.

——按企业经济类型分列（2021年）
Utilization by Economic Type of Enterprise（2021）

天然气产量/亿米^3 Natural Gas Production/$10^8 m^3$	工业总产值/万元 Gross Industrial Output Value/10^4 yuan	工业增加值/万元 Industrial Added Value/10^4 yuan	销售收入/万元 Sales Revenue/10^4 yuan	年利税总额/万元 Total Amount of Annual Profit and Tax/10^4 yuan
1729.12	**100036626.98**	**66231764.36**	**115699477.23**	**31540480.09**
1657.67	82987881.38	60448360.36	80630734.23	26530327.09
71.44	17040600.00	5781900.00	35062446.00	5006005.00
0.01	8145.60	1504.00	6297.00	4148.00

全国非油气矿产资源开发利用
National Non-petroleum Mineral Resources

年份/地区	Year/Region	矿山企业数/个 Number of Mine Enterprise/number	大型 Large	中型 Medium	从业人数/人 Employee/person	矿石产量/万吨 Ore Output/10^4t
	2019	**53589**	**4303**	**6609**	**3697008**	**929406.84**
	2020	**45989**	**6830**	**9112**	**3575245**	**983759.44**
	2021	**41137**	**9068**	**11373**	**3462388**	**1067305.67**
						(1146860.18) ①
北京	Beijing	120	52	51	1380	515.14
天津	Tianjin	316	122	137	3622	4743.88
河北	Hebei	1537	220	292	140765	29847.48
山西	Shanxi	2627	503	790	806301	116042.54
内蒙古	Inner Mongolia	3169	418	639	228660	125966.61
辽宁	Liaoning	988	184	187	108891	29125.30
吉林	Jilin	905	231	270	45427	10559.19
黑龙江	Heilongjiang	1265	176	246	112416	19916.49
上海	Shanghai					
江苏	Jiangsu	185	72	26	24751	11888.35
浙江	Zhejiang	596	323	91	20915	44669.72
安徽	Anhui	812	309	136	156128	60126.17
福建	Fujian	695	196	165	26194	14813.40
江西	Jiangxi	2037	434	455	80794	35450.93
山东	Shandong	855	364	253	219638	38365.57
河南	Henan	1206	285	183	259934	38722.00
湖北	Hubei	930	378	186	49843	32063.25
湖南	Hunan	1864	455	348	86737	22858.99
广东	Guangdong	1096	346	287	37773	42032.90
广西	Guangxi	1872	729	562	69631	61750.68
海南	Hainan	138	113	21	7591	5573.15
重庆	Chongqing	730	286	199	17432	26335.22
四川	Sichuan	2992	442	988	126043	35030.46
贵州	Guizhou	3742	787	1913	217085	36421.55
云南	Yunnan	3155	473	553	142214	35983.43
西藏	Tibet	180	31	57	8341	7004.30
陕西	Shaanxi	1977	353	604	210680	77738.43
甘肃	Gansu	1662	181	425	94781	18618.56
青海	Qinghai	473	109	124	27593	12622.26
宁夏	Ningxia	301	91	109	37526	14060.52
新疆	Xinjiang	2712	405	1076	93302	58459.22

注：① 根据国家统计局已公布的煤炭和铁矿石产量调整数据。

Note: ① The data are adjusted according to the coal and iron ore production published by the National Bureau of Statistics.

情况——按地区分列

Exploitation and Utilization by Region

实际采矿能力/（万吨·年$^{-1}$）Actual Mining Capacity/(10^4t·a^{-1})	工业总产值/万元 Gross Industrial Output Value/10^4 yuan	综合利用产值/万元 Output Value of Comprehensive Use/10^4 yuan	矿产品销售收入/万元 Sales Revenue of Mineral Commodity/10^4 yuan	利润总额/万元 Total Profit/10^4 yuan	年投资额/万元 Annual Investment/10^4 yuan
1186192.06	**198485844.60**	**10678935.18**	**172704966.90**	**36376312.49**	**37672389.48**
1444338.38	**197964819.01**	**9517608.96**	**189236157.36**	**33658869.46**	**50126850.64**
1631203.73	**287225048.20**	**8507059.05**	**277257088.11**	**84929840.31**	**94570395.01**
2610.58	15242.46	307.56	14356.69	3541.79	6025.62
5283.04	79509.15		62631.67	9034.73	29840.05
55778.47	8009404.19	142333.39	7538394.12	2132029.19	2712566.06
149862.98	71273424.06	134204.08	70029328.67	19274768.19	10907930.70
175712.06	43679488.95	666434.58	43664293.86	16709583.77	7278819.86
60577.58	6829756.03	254693.40	6325518.13	1722644.09	947386.89
26067.35	1437028.02	73156.24	1417650.53	226764.24	1425947.14
35662.32	4672749.38	216620.78	4556167.46	1159588.60	3038697.74
15421.77	1666840.73	125752.38	1662817.60	366735.21	145537.43
77056.44	2712629.06	67634.49	2638942.14	512518.05	741676.85
78138.57	14216309.76	834851.63	13701825.67	3866778.20	4319126.56
25033.79	1915963.47	647394.14	1862333.08	608832.61	1246408.56
57821.39	4134390.14	574776.78	3765729.26	637691.62	3341011.72
54369.39	12043073.55	325560.56	11561834.10	2962924.82	3609840.99
61438.79	10011936.03	481501.22	9891282.46	1710464.62	3936886.98
41069.37	3798135.26	174754.15	3662135.72	832745.03	3469136.98
43821.41	3335184.87	124236.72	3071392.08	429850.23	2463554.68
55374.36	3878510.61	155739.96	3277286.56	677962.22	2694053.38
88894.51	5437150.30	301485.61	4362624.29	844663.37	2815829.83
10594.14	557162.58	4814.01	566916.36	103571.27	375611.86
26309.55	1201381.25	10083.92	1160630.83	110356.61	353588.45
61962.77	5469721.12	753501.49	5230413.57	1109281.93	4838076.89
95312.80	7094758.86	193623.15	6792546.89	1387906.38	7505345.58
61162.63	6795355.25	572032.96	5926119.25	947497.69	5234127.95
10690.69	1594568.34	315120.67	1563379.81	625473.40	434902.97
92170.04	43155625.44	232733.00	42591145.92	20794300.39	9398650.90
33529.89	5858258.56	225337.46	4569845.24	1107185.81	4612133.97
25235.74	2806819.96	563268.91	2672044.86	859114.39	1463371.12
22101.85	3403292.10	2167.46	3378489.11	566194.00	815762.53
82139.44	10141378.72	332938.36	9739012.16	2629837.87	4408544.77

全国非油气矿产资源开发利用
National Non-petroleum Mineral Resources

矿种	Mineral	矿山企业数/个 Number of Mine Enterprise/number			从业人数/人 Employee/person	矿石产量/万吨 Ore Output/10^4t
			大型 Large	中型 Medium		
总 计	**Total**	**41137**	**9068**	**11373**	**3462388**	**1067305.67** **1146860.18**[①]
煤炭	Coal	4263	1015	1565	2243838	362688.86 412600.00[②]
油页岩	Oil Shale	20	7	7	2153	1037.43
煤层气	Coalbed Methane	2			52	
油砂	Oil Sand	4	2	1	28	11.66
石煤	Bone Coal	74	1	1	1824	48.57
天然沥青	Natural Asphalt	2			23	
地下热水	Geotherm	1135	418	363	21666	10503.80
铁矿	Iron	2534	193	403	191632	68409.43 98052.80[③]
锰矿	Manganese	267	49	95	12900	701.29
铬矿	Chromium	9	1	3	676	20.29
钛矿	Titanium	63	35	12	1056	202.40
钒矿	Vanadium	92	60	23	3424	379.51
铜矿	Copper	681	43	78	76523	21049.62
铅矿	Lead	621	5	53	29577	1687.85
锌矿	Zinc	399	12	63	41941	3940.19
铝土矿	Bauxite	272	15	65	13830	4155.03
镁矿	Magnesium	8	2	3	289	238.85
镍矿	Nickel	61	5	17	9288	1447.69
钴矿	Cobalt	3	1		8	
钨矿	Tungsten	133	6	21	19112	1629.81
锡矿	Tin	89	4	9	14946	363.73
铋矿	Bismuth	4			42	
钼矿	Molybdenum	145	36	33	18159	8630.89
汞矿	Mercury	10			454	10.30
锑矿	Antimony	59		3	6126	68.39
铅锌矿	Lead and Zinc	14			213	
铂矿	Platinum	5	3		22	
金矿	Glod	1291	115	289	115108	8102.59
银矿	Silver	106	12	10	8053	516.01
铌钽矿	Niobium–Tantalum	6	1	2	1332	361.58
铌矿	Niobium	2			11	
钽矿	Tantalum	4			7	
锂矿	Lithium	21	9	5	2666	967.80
锆矿	Zirconium	2	1		3	

情况——按矿种分列（2021年）
Exploitation and Utilization by Mineral（2021）

实际采矿能力/（万吨·年$^{-1}$）Actual Mining Capacity/(10^4t·a^{-1})	工业总产值/万元 Gross Industrial Output Value/10^4 yuan	综合利用产值/万元 Output Value of Comprehensive Use/10^4 yuan	矿产品销售收入/万元 Sales Revenue of Mineral Commodity/10^4 yuan	利润总额/万元 Total Profit/10^4 yuan	年投资额/万元 Annual Investment/10^4 yuan
1631203.73	**287225048.20**	**8507059.05**	**277257088.11**	**84929840.31**	**94570395.01**
458241.39	197154015.01	1492307.58	195343936.07	65323569.50	43110452.79
3347.00	103531.10	55.00	111596.76	-6828.96	95332.08
					3075.00
56.14					96384.00
278.00	35718.00		34420.12	8893.52	55131.52
1.40					720.00
24935.53	247399.27		243574.62	-19004.42	924443.96
109271.99	19941006.93	1115936.98	18581306.33	6546831.39	6043985.00
1820.90	482348.40	12705.06	377735.09	51188.30	368447.35
36.80	40145.98		40802.25	12317.64	5147.02
1270.69	28742.33	11917.53	29515.02	9588.94	43501.00
1604.30	129015.41	9685.24	122571.51	-9383.84	319446.14
29847.18	7796457.63	1123025.26	7524760.33	2276880.03	2251639.03
4593.22	1656391.01	400217.84	1523199.00	332771.32	1040722.67
7118.27	3254244.05	523079.22	3037496.69	996900.14	1007091.71
6105.01	2370470.06	65595.50	2042675.60	288443.96	770463.43
250.00	16149.29	1151.10	16040.46	8042.57	16462.40
2586.48	2395337.35	47131.86	1176411.45	64144.45	677036.71
2518.05	713855.67	98123.44	719588.12	34557.57	270938.66
1088.62	698847.09	130690.64	695798.32	191469.01	277125.44
12.50					2563.50
12916.46	1822039.15	251146.17	1601418.91	453302.36	833742.96
36.00	7834.13	234.64	7489.13	759.24	19745.00
338.00	105407.41	333.21	107682.53	13485.55	128401.38
36.90	76.00		76.00	-20.00	5405.00
80.00					9622.23
16831.84	5719484.91	812190.26	5612537.11	1153112.36	3470105.71
1225.43	426340.07	80306.03	383768.45	103307.74	279508.86
248.00	73503.71	43684.86	86090.58	26480.44	16897.37
9.00					
20.00					
5013.14	497146.90	171122.69	456288.33	158160.83	344611.74
630.00					

全国非油气矿产资源开发利用情况

National Non-petroleum Mineral Resources Exploitation

矿种	Mineral	矿山企业数/个 Number of Mine Enterprise/number			从业人数/人 Employee/person	矿石产量/万吨 Ore Output/10^4 t
			大型 Large	中型 Medium		
锶矿（天青石）	Strontium (Celestite)	6		2	283	7.55
重稀土矿	Heavy Rare Earth Elements	10	1		79	0.00
稀土矿	Rare Earth Elements	3	1	2	272	330.74
轻稀土矿	Light Rare Earth Elements	64	7	9	1399	463.86
锗矿	Germanium	8	1		946	394.68
碲矿	Tellurium	1			3	
蓝晶石	Kyanite	3		3	140	
矽线石	Sillimanite	6		1	97	
红柱石	Andalusite	7	1	2	151	37.08
菱镁矿	Magnesite	77	11	10	5584	1562.45
普通萤石	Common Fluorite	838	28	85	15583	1140.24
熔剂用灰岩	Limestone for Flux	186	58	45	12510	15588.48
冶金用白云岩	Metallurgical Dolomite	175	45	18	4079	3165.03
冶金用石英岩	Metallurgical Quartzite	293	24	59	2956	1141.20
冶金用砂岩	Metallurgical Sandstone	1			10	2.56
铸型用砂岩	Foundry Sandstone	5	1		30	2.00
铸型用砂	Foundry Sand	32		15	898	196.91
冶金用脉石英	Metallurgical Vein Quartz	143	5	9	1304	100.83
耐火黏土	Refractory Clay	85	5	16	2227	182.97
铁矾土	Bauxite	6		2	53	
铸型用黏土	Foundry Clay	2			9	
耐火用橄榄岩	Peridotite Resistance	4			200	19.10
熔剂用蛇纹岩	Serpentinite for Flux	4	2	2	111	11.30
硫铁矿	Pyrite	116	10	15	9140	681.20
钠硝石	Nitratine	3	1	2	259	21.77
芒硝	Mirabilite	63	28	12	3648	926.19
重晶石	Barite	314	23	146	4165	226.72
毒重石	Witherite	20		6	165	8.50
天然碱	Trona (Na_2CO_3)	14	4		3516	242.22
电石用灰岩	Limestone for Calcium Carbide	49	16	8	1572	2499.36
制碱用灰岩	Limestone for Alkali Production	22	8	4	1470	1584.57
化肥用灰岩（化肥用石灰岩）	Limestone for Fertilizer	1		1	25	22.13
化工用白云岩	Dolomite for Chemical Industry	17	1	3	207	220.30

——按矿种分列（2021年） 续表1

and Utilization by Mineral（2021） Continued 1

实际采矿能力/（万吨·年$^{-1}$）Actual Mining Capacity/(10^4t·a^{-1})	工业总产值/万元 Gross Industrial Output Value/10^4 yuan	综合利用产值/万元 Output Value of Comprehensive Use/10^4 yuan	矿产品销售收入/万元 Sales Revenue of Mineral Commodity/10^4 yuan	利润总额/万元 Total Profit/10^4 yuan	年投资额/万元 Annual Investment/10^4 yuan
47.00	3971.49	459.28	3308.81	128.22	14532.00
374.40					496.89
452.00	55356.08	3.00	54313.64	24692.27	8422.60
2080.05	157682.62	12450.35	136238.26	17103.02	85961.02
424.00	92197.42	121.00	90063.22	37779.42	8079.98
0.20					
15.00	320.86	267.38	267.38	10.20	1972.09
24.00					401.40
145.20	10888.93		10443.72	–713.87	29268.35
2106.80	273511.04	9443.10	244439.24	50530.66	104238.35
2238.86	495256.44	44612.15	460003.47	86587.71	565852.87
18778.52	944692.34	84947.64	851749.96	190001.16	385240.42
5600.10	287100.69	28580.80	229926.82	42345.14	288203.54
2168.87	76016.82	1078.32	72519.54	6102.18	215513.29
	153.83		112.71	–62.48	
7.45	60.00		60.00	15.00	3200.00
448.26	48783.98	8.00	48473.12	5509.12	9697.76
565.70	15224.75	767.02	41534.06	2969.34	50881.79
498.80	68505.38	1636.00	52680.29	5866.67	43038.63
27.20	600.00	600.00	600.00	59.00	1500.00
7.00					450.00
50.20	3866.00	202.50	3959.00	261.91	9625.00
265.00	1273.10	300.00	1185.24	–4.50	1911.40
2245.80	399966.22	141928.31	394835.46	103690.81	216269.92
145.20	8910.00		8900.86	–1705.40	1080.00
3766.08	161946.33	32054.72	157305.99	–20248.48	103919.38
1163.16	70126.81	19190.12	66715.94	6946.08	117656.63
86.50	5468.64	29.00	4177.00	270.33	6743.00
439.30	357664.49	500.00	324061.44	116255.61	32510.26
4557.29	190757.76	34208.43	174551.08	56473.95	70440.45
2023.90	80032.14	4469.32	79003.56	9631.28	69869.64
50.00	886.00	10.00	885.20	100.00	100.00
252.00	3767.07		3803.05	361.77	6179.30

全国非油气矿产资源开发利用情况

National Non–petroleum Mineral Resources Exploitation

矿种	Mineral	矿山企业数/个 Number of Mine Enterprise/number			从业人数/人 Employee/person	矿石产量/万吨 Ore Output/10^4t
			大型 Large	中型 Medium		
化肥用石英岩	Quartzite for Fertilizer	5	1	1	23	6.02
化肥用砂岩	Sandstone for Fertilizer	12	2	4	175	15.70
含钾砂页岩	Potassium–bearing Sandy Shale	1		1	1	
含钾岩石	Potassium–bearing Rock	7	2	2	94	
化肥用橄榄岩	Peridotite for Fertilizer	1			2	
化肥用蛇纹岩	Serpentinite for Fertilizer	7			97	14.40
泥炭	Peat	30		8	181	6.06
矿盐	Mineral Salt	164	88	30	21559	7406.87
镁盐	Magnesium Salt	6	2	2	586	
钾盐	Potash	19	12	3	11629	8817.37
溴矿	Bromine	42		1	1432	117.21
砷矿	Arsenic	3			11	
磷矿	Phosphate Rock	271	61	108	30184	7090.93
硼矿	Boron	26	4	11	731	4.58
金刚石	Diamond	1	1		3	
石墨	Graphite	136	102	15	4991	998.19
压电水晶	Piezoelectric Quartz	1				
工艺水晶	Technological Quartz	2			12	
硅灰石	Wollastonite	78	3	15	1470	141.37
滑石	Talc	79	12	26	3482	203.71
石棉	Asbestos	11	7	2	685	267.75
云母	Mica	12		1	102	9.69
长石	Feldspar	195	17	15	1949	616.53
电气石	Tourmaline	5			16	
石榴子石	Garnet	11		2	103	6.48
叶蜡石	Pyrophyllite	43	4	23	537	84.26
透辉石	Diopside	11		6	240	18.15
蛭石	Vermiculite	3			14	
沸石	Zeolite	30	2	3	211	23.62
透闪石	Tremolite	4			45	
石膏	Gypsum	316	47	130	5109	1334.82
方解石	Calcite	392	19	67	5020	1728.50
冰洲石	Iceland Spar	1			21	
宝石	Gemstone	3			44	2.16
玉石	Jade	140		5	1958	0.58
玛瑙	Agate	5			17	
岩盐	Rock Salt	9	7		1785	322.12
天然卤水	Natural Brine	29	21	6	10999	930.74

——按矿种分列（2021年） 续表2

and Utilization by Mineral（2021） Continued 2

实际采矿能力/（万吨·年$^{-1}$） Actual Mining Capacity/(10^4t·a^{-1})	工业总产值/万元 Gross Industrial Output Value/10^4 yuan	综合利用产值/万元 Output Value of Comprehensive Use/ 10^4 yuan	矿产品销售收入/万元 Sales Revenue of Mineral Commodity/ 10^4 yuan	利润总额/万元 Total Profit/10^4 yuan	年投资额/万元 Annual Investment/ 10^4 yuan
47.00	92.59		92.59	3.98	66.80
80.00	957.40		1033.00	-489.80	2602.00
12.00					9000.00
					20.00
24.90	4739.62		4499.54	296.23	361.35
307.50	467.54		597.21	-25.99	4906.82
10474.02	1753175.76	90906.66	1728847.82	128266.96	616498.21
112.00					6123.86
7480.08	1784091.68	197644.62	1755651.27	591535.22	498361.02
55.81	117709.85	416.30	115330.74	34191.50	13807.86
3.30					520.00
12124.50	2469551.55	63769.73	2103616.17	408675.86	1386691.82
1383.47	10268.96	8200.77	10130.01	1726.22	21506.87
					50.00
2204.51	98385.37	1433.00	99511.73	14838.15	236433.63
2.04					100.00
370.52	37655.66	6706.66	32991.25	4061.63	45215.74
425.55	90352.30	11642.13	82747.61	18496.08	75166.55
475.27	24335.40	5375.00	22633.00	400.50	8700.00
43.03	2651.78	413.91	3143.68	116.18	5184.60
2056.94	32826.31	5814.85	32125.22	3224.93	82807.33
15.20					5230.00
38.00	162.00			-33.67	2147.00
235.20	13848.28	985.69	14995.06	815.68	12931.23
72.00	947.35		947.35	217.26	4278.15
6.50					5000.00
105.60	756.60		779.90	103.00	6986.00
58.00					5000.00
4175.30	81385.96	4523.48	80585.53	10520.02	155324.92
4096.93	131393.12	19008.41	123252.52	17838.73	293464.18
0.10					
77.22	386.40	120.75	222.54	-45.00	800.00
101.90	15152.45	598.89	17662.35	193.95	54072.19
8.20					
391.50	129591.00	400.00	124482.67	10853.65	89256.00
1062.41	382978.64		371787.37	67414.29	86890.67

全国非油气矿产资源开发利用情况
National Non–petroleum Mineral Resources Exploitation

矿种	Mineral	矿山企业数/个 Number of Mine Enterprise/number	大型 Large	中型 Medium	从业人数/人 Employee/person	矿石产量/万吨 Ore Output/10^4 t
湖盐	Lake Salt	7	5		328	104.45
石灰岩	Limestone	315	30	77	5445	5942.06
玻璃用灰岩	Limestone for Glass	1			8	
水泥用灰岩	Limestone for Cement	1698	714	314	61622	169255.31
建筑石料用灰岩	Limestone for Building Stone	5729	2653	1384	106287	150640.02
饰面用灰岩	Decorative Limestone	291	24	49	4063	842.96
制灰用石灰岩	Limestone for Ash Making	292	17	35	4189	4951.44
泥灰岩	Marl	8			147	36.90
白垩	Chalk	3	1	2	38	10.07
玻璃用白云岩	Dolomite for Glass	29	7	3	483	838.91
建筑用白云岩	Dolomite for Construction	410	155	103	5970	10511.87
玻璃用石英岩	Quartzite for Glass	251	28	56	3543	2006.04
砂岩	Sandstone	32	7	9	292	145.70
玻璃用砂岩	Sandstone for Glass	51	10	20	795	411.26
水泥配料用砂岩	Sandstone for Cement Batching	162	23	53	3034	1907.52
砖瓦用砂岩	Sandstone for Brick and Tile	137	13	72	2094	549.41
陶瓷用砂岩	Sandstone for Ceramics	30	4	7	328	78.26
建筑用砂岩	Sandstone for Construction	925	253	159	15529	15372.78
玻璃用砂	Sand for Glass	42	21	7	1434	668.39
海砂	Sea Sand	1	1		100	
建筑用砂	Sand for Construction	2414	362	1486	26866	22695.81
水泥配料用砂	Sand for Cement Batching	10		5	67	77.56
水泥标准砂	Cement Standard Sand	1		1	21	57.00
砖瓦用砂	Sand for Brick and Tile	24	2	12	201	91.87
玻璃用脉石英	Vein Quartz for Glass	121	7	22	1428	344.10
水泥配料用脉石英	Vein Quartz for Cement Batching	10		2	118	28.29
粉石英	Powder Quartz	28	3	5	327	16.50
硅藻土	Diatomite	40	8	19	661	14.26
陶粒页岩	Shale for Ceramsite	17	4	6	225	104.11
砖瓦用页岩	Shale for Brick and Tile	2406	91	1504	38593	5955.75
水泥配料用页岩	Shale for Cement Batching	92	29	40	1039	846.21
建筑用页岩	Shale for Construction	72	5	15	1129	258.49
高岭土	Kaolin	284	85	79	4841	1110.51
陶瓷土	Ceramic Clay	296	32	67	3848	1536.39
凹凸棒石黏土	Attapulgite Clay	28	4	10	259	22.85
海泡石黏土	Sepiolite Clay	4	2		92	

——按矿种分列（2021年） 续表3

and Utilization by Mineral（2021）Continued 3

实际采矿能力/（万吨·年$^{-1}$）Actual Mining Capacity/(10^4t·a^{-1})	工业总产值/万元 Gross Industrial Output Value/10^4 yuan	综合利用产值/万元 Output Value of Comprehensive Use/10^4 yuan	矿产品销售收入/万元 Sales Revenue of Mineral Commodity/10^4 yuan	利润总额/万元 Total Profit/10^4 yuan	年投资额/万元 Annual Investment/10^4 yuan
153.20	15160.90		15012.95	4489.80	1733.15
11245.19	1034915.80	3480.93	697233.32	-354053.41	286476.48
					2600.00
225731.66	11916244.69	700058.90	10041292.09	2900886.46	4937066.95
243427.10	5680685.88	108601.10	5353916.61	818595.28	7011708.94
2320.40	91649.65	4949.35	58003.86	6687.67	196670.11
9559.70	290036.69	15072.86	167101.92	14101.54	291004.21
49.20	1626.00	390.00	1370.00	249.60	1293.00
20.00	1014.72		930.56	40.52	1110.00
1072.60	29767.75	329.00	29683.15	4963.35	31068.68
15441.00	359597.30	27469.13	326025.53	54344.33	714490.13
3622.83	183878.80	8700.78	178616.18	52151.99	125988.53
362.64	5270.50	203.60	4897.50	243.65	19331.52
797.90	126043.45	124.60	112355.07	23148.25	115774.26
3939.90	514516.65	13571.43	465549.86	136307.88	136159.34
1259.36	42422.71	1669.02	40903.92	4605.89	65106.29
307.80	3662.00	306.00	3512.77	825.76	14088.05
26114.59	714438.99	46261.94	703601.64	84543.29	937380.25
1437.56	82033.53	176.45	84778.28	26313.14	48825.66
					1036.63
51902.21	1115249.35	24218.30	995230.62	41298.28	1133047.37
171.50	1907.61		1880.17	161.01	6265.00
59.00	1200.00		1200.00		2000.00
259.48	5504.21	150.00	5255.59	464.06	11345.57
619.78	64136.59	529.57	50884.57	3416.50	75426.03
62.00	2258.13		2158.13	932.44	3036.38
121.30	737.70		693.70	146.17	27964.33
181.80	4638.04		4354.84	998.93	12638.89
354.50	6648.90	51.30	7228.78	544.99	8406.09
20168.46	635582.62	24313.11	599011.60	58408.69	999706.33
1486.99	50255.02	620.00	50830.45	5735.01	103603.54
833.71	28151.33	107.80	21563.61	3107.42	31422.85
3250.08	141427.06	16668.59	146676.42	26829.17	211119.47
3006.25	107275.31	14752.02	103394.18	15022.34	145002.49
129.38	8300.35	3002.17	7552.63	1711.02	11727.68
3.10					500.00

全国非油气矿产资源开发利用情况
National Non–petroleum Mineral Resources Exploitation

矿 种	Mineral	矿山企业数/个 Number of Mine Enterprise/number			从业人数/人 Employee/person	矿石产量/万吨 Ore Output/10^4 t
			大型 Large	中型 Medium		
伊利石黏土	Illite Clay	30	5	12	401	10.61
累托石黏土	Rectorite Clay	3	1	2	27	
膨润土	Bentonite	149	30	47	2407	218.43
砖瓦用黏土	Clay for Brick and Tile	1694	27	564	30415	3179.08
陶粒用黏土	Clay for Ceramsite	36	4	5	312	24.28
水泥配料用黏土	Clay for Cement Batching	80	21	27	1284	724.76
水泥配料用红土	Laterite for Cement Batching	6	2	4	101	82.74
水泥配料用黄土	Loess for Cement Batching	6	2	3	37	101.18
水泥配料用泥岩	Mudstone for Cement Batching	23	3	4	503	330.25
保温材料用黏土	Clay for Thermal Insulation	3		2	40	
橄榄岩	Peridotite	2	2		40	24.13
建筑用橄榄岩	Peridotite for Construction	4			5	
蛇纹岩	Serpentinite	4		1	53	11.19
饰面用蛇纹岩	Decorative Serpentinite	35	1		208	57.88
饰面用辉石岩	Decorative Pyroxenite	5			80	6.06
建筑用辉石岩	Pyroxenite for Construction	1	1		60	2.00
玄武岩	Basalt	19	3	2	124	7.89
铸石用玄武岩	Basalt for Cast Stone	9	2	3	84	67.89
岩棉用玄武岩	Basalt for Rock Wool	2			40	20.31
饰面用玄武岩	Decorative Basalt	17		3	238	38.54
建筑用玄武岩	Basalt for Construction	455	171	104	5941	4829.28
角闪岩	Amphibolite	5	1		82	25.14
饰面用角闪岩	Decorative Amphibolite	8	4	2	99	53.46
建筑用角闪岩	Amphibolite for Construction	8		1	52	
辉绿岩	Diabase	1			11	8.56
水泥用辉绿岩	Diabase for Cement	1			1	
铸石用辉绿岩	Diabase for Cast Stone	56	6	3	720	259.30
饰面用辉绿岩	Decorative Diabase	117	45	20	2171	2446.81
建筑用辉绿岩	Diabase for Construction	2			22	1.36
饰面用辉长岩	Decorative Gabbro	5	2		108	13.27
建筑用辉长岩	Gabbro for Construction	4			26	10.84
安山岩	Andesite	247	76	66	3244	5856.35
建筑用安山岩	Andesite for Construction	1		1	6	12.60
水泥混合材用安山岩	Andesite for Cement Mixture	1		1	20	
耐酸碱用安山岩	Andesite for Acid and Alkali Resistance	11	1	2	85	5.86
闪长岩	Diorite	111	41	26	2318	3426.58
建筑用闪长岩	Diorite for Construction	1				
水泥混合材用闪长玢岩	Diorite Porphyrite for Cement Mixture	6			84	1.65

——按矿种分列（2021年） 续表4

and Utilization by Mineral（2021）Continued 4

实际采矿能力/（万吨·年$^{-1}$）Actual Mining Capacity/(10^4t·a^{-1})	工业总产值/万元 Gross Industrial Output Value/10^4 yuan	综合利用产值/万元 Output Value of Comprehensive Use/10^4 yuan	矿产品销售收入/万元 Sales Revenue of Mineral Commodity/10^4 yuan	利润总额/万元 Total Profit/10^4 yuan	年投资额/万元 Annual Investment/10^4 yuan
337.40	805.74		943.07	-87.86	14784.79
28.60					300.00
1018.18	147057.47	1481.07	176320.04	21539.30	73370.27
9294.23	260970.71	13519.70	254642.73	26830.12	663317.87
246.60	4455.88	59.30	4896.44	-66156.75	8250.90
1616.51	91703.16	476.00	90186.13	24980.03	43712.42
130.00	4099.38	27.32	4099.38	332.76	1017.86
176.36	1193.40		1193.40	157.56	420.00
623.10	6514.99		6504.61	2313.64	16076.60
					9380.00
					2300.00
18.91					300.00
19.00	1711.15	342.43	1711.15	36.96	5850.00
123.32	4254.60	2780.00	4098.70	482.16	9628.00
15.60	342.80	14.80	339.60	6.70	1038.00
50.00	260.00	68.00	260.00		200.00
73.05	683.30	15.00	720.00	90.26	3823.50
100.20	5032.70	22.17	4251.54	112.90	2435.00
42.00	451.95		451.95	-299.36	247.00
107.25	7742.65	2219.22	7464.31	1323.33	8591.80
10974.53	245861.78	7317.38	248307.54	33872.05	353999.67
9.15	1299.20	199.20	1171.23	200.20	11097.00
609.63	2840.28		2592.14	535.00	17937.68
22.84					33777.76
5.00	349.00		349.00	39.00	25.00
3.00					
487.72	33405.55	5013.56	32541.18	3935.71	62298.60
4205.86	131137.69	26870.88	115612.07	11950.43	123989.65
5.34	625.00		625.00	69.90	
101.00	1678.75	556.10	1374.60	230.60	6624.54
25.20	740.00		738.00	184.00	403.60
10661.65	172439.60	209.00	172185.92	43694.36	125948.18
20.96	260.00		260.00	120.00	10.00
29.00					500.00
25.11	313.11		490.58	79.45	3349.98
6362.89	169630.60	4731.76	168819.60	31292.21	130393.09
10.02					
32.43	1001.84	341.00	1021.84	110.18	7153.84

全国非油气矿产资源开发利用情况

National Non-petroleum Mineral Resources Exploitation

矿 种	Mineral	矿山企业数/个 Number of Mine Enterprise/number			从业人数/人 Employee/person	矿石产量/万吨 Ore Output/10^4 t
			大型 Large	中型 Medium		
饰面用闪长岩	Decorative Diorite	1		1	15	19.65
建筑用二长岩	Monzonite for Construction	1			2	
建筑用正长岩	Syenite for Construction	28	8	3	560	309.48
花岗岩	Granite	1433	565	353	28615	36350.76
建筑用花岗岩	Granite for Construction	748	112	77	19004	7495.86
饰面用花岗岩	Decorative Granite	10		2	51	
麦饭石	Maifanite	50	3	5	615	176.77
珍珠岩	Perlite	1			7	
建筑用流纹岩	Rhyolite for Construction	1			7	
黑耀岩	Obsidian	11		2	57	8.45
浮石	Pumice	1			12	
水泥用粗面岩	Trachyte for Cement	3	2		21	6.22
铸石用粗面岩	Trachyte for Cast Stone	10	5	1	340	53.38
霞石正长岩	Nepheline Syenite	8	3	3	115	48.00
凝灰岩	Tuff	14	1	2	178	63.22
水泥用凝灰岩	Tuff for Cement	730	311	89	16362	32787.88
建筑用凝灰岩	Tuff for Construction	2			7	
火山灰	Volcanic Ash	8	1		42	0.24
火山渣	Scoria	15	4	2	270	450.52
大理石	Marble	319	27	21	3879	1837.90
饰面用大理岩	Decorative Marble	186	41	44	2769	2986.22
建筑用大理岩	Marble for Construction	132	24	19	2539	3129.54
水泥用大理岩	Marble for Cement	22		1	336	36.46
玻璃用大理岩	Marble for Glass	30	11	1	541	884.39
板岩	Slate	66	3	5	1183	285.96
饰面用板岩	Decorative Slate	11	5	3	412	90.39
水泥配料用板岩	Slate for Cement Batching	9		2	83	17.79
片石	Schist	4	1		66	28.90
片麻岩	Gneiss	107	12	20	2015	1448.47
千枚岩	Phyllite	4	3		83	53.72
砚石	Ink Stone	1		1		
矿泉水	Mineral Water	641	127	95	19501	1238.06
地下水	Ground Water	8	2	4	94	26.20
二氧化碳气	Carbon Dioxide	3		1	123	58.56

注：①煤炭、铁矿石产量采用的是国家统计局公布的数据。
②、③采用国家统计局公布的数据。
Notes: ① The output of coal and iron ore is based on the data published by the National Bureau of Statistics.
② ③ Data published by the National Bureau of Statistics are adopted.

——按矿种分列（2021年） 续表5

and Utilization by Mineral（2021）Continued 5

实际采矿能力/（万吨·年$^{-1}$）Actual Mining Capacity/(10^4t·a^{-1})	工业总产值/万元 Gross Industrial Output Value/10^4 yuan	综合利用产值/万元 Output Value of Comprehensive Use/ 10^4 yuan	矿产品销售收入/万元 Sales Revenue of Mineral Commodity/ 10^4 yuan	利润总额/万元 Total Profit/10^4 yuan	年投资额/万元 Annual Investment/ 10^4 yuan
26.00	587.00	20.40	586.63	-212.08	1560.00
10.00					
650.41	18054.18	294.85	20525.05	390.17	18503.00
57592.73	1634605.94	64789.99	1537321.72	194758.77	2690685.92
14177.45	971962.42	65254.77	783111.04	114386.69	1062260.54
29.13					325.20
247.20	38449.06	688.49	37607.21	15153.06	8481.11
7.20					100.00
5.00					5180.00
45.63	1003.42		997.42	148.30	1000.00
					50.00
121.50	338.90		332.00	57.90	10.00
198.00	8658.51	200.00	10451.53	2520.36	6344.85
98.77	737.28	500.00	736.28	86.00	13682.00
247.50	4004.22	1100.00	3816.72	767.01	5992.42
64142.39	1775325.31	12746.41	1738699.86	300912.34	744063.46
5.70					31.00
66.90	6.05		6.05	0.60	1006.00
564.75	7876.58		7852.58	635.85	15156.50
4000.18	133342.52	5183.36	132295.20	13378.32	222142.88
5047.93	165841.09	22896.13	148183.42	26860.38	217392.94
6401.04	227381.24	21858.33	222394.67	24681.31	87758.09
127.73	3391.36	16.05	3439.26	84.51	8704.25
1391.44	16126.06	1150.00	13769.15	762.38	9647.54
509.07	17468.11	940.46	16864.50	2053.35	49591.25
229.80	3258.51		3356.17	1645.29	2478.85
74.25	540.00		632.50	173.13	3182.00
34.00	1540.00		1260.00	190.00	747.00
2043.38	56797.38	910.60	51683.40	5658.60	249487.19
88.75	4227.50		2027.50	640.00	200.00
0.30					
4223.71	840437.75		798074.18	74832.90	987908.00
104.60	638.60		637.80	-65.70	13467.00
58.93	12991.02		12991.02	1023.72	1668.80

全国非油气矿产资源开发利用情况

National Non-petroleum Mineral Resources Exploitation

企业经济类型	Economic Type of Enterprise	矿山企业数/个 Number of Mine Enterprise/number			从业人数/人 Employee/person	矿石产量/万吨 Ore Output Crude Ore/10^4 t
			大型 Large	中型 Medium		
总计	**Total**	**41137**	**9068**	**11373**	**3462388**	**1067305.67** **1146860.18**①
内资企业	**Domestic Funded Enterprise**	**40769**	**8882**	**11297**	**3411419**	**1038338.47**
国有企业	State-owned Enterprise	1880	774	491	790749	183919.38
集体企业	Collective-owned Enterprise	883	45	176	31438	5801.80
股份合作企业	Cooperative Stock Enterprise	305	64	76	22364	5715.32
联营企业	Joint Ownership Enterprise	156	34	50	17253	4545.18
有限责任公司	Limited Liability Corporation	18651	4843	5039	1543368	501355.36
股份有限公司	Share Holding Company Limited	2092	607	551	586848	147293.07
私营企业	Private Enterprise	15996	2394	4680	405871	181655.07
其他企业	Other Enterprise	806	121	234	13528	8053.28
港、澳、台商投资企业	**Enterprise with Fund from Hong Kong, Macao and Taiwan**	**193**	**93**	**32**	**14462**	**15034.99**
外商投资企业	**Foreign-funded Enterprise**	**175**	**93**	**44**	**36507**	**13932.20**

注：① 根据国家统计局已公布的煤炭和铁矿石产量调整数据。

Note：① The data are adjusted according to the data of coal and iron ore production published by the National Bureau of Statistics.

——按企业经济类型分列（2021年）
and Utilization by Economic Type of Enterprise（2021）

实际采矿能力/（万吨·年$^{-1}$）Actual Mining Capacity/(10^4t·a^{-1})	工业总产值/万元 Gross Industrial Output Value/10^4 yuan	综合利用产值/万元 Output Value of Comprehensive Use/10^4 yuan	矿产品销售收入/万元 Sales Revenue of Mineral Commodity/ 10^4 yuan	利润总额/万元 Total Profit/10^4 yuan	年投资额/万元 Annual Investment/ 10^4 yuan
1631203.73	**287225048.20**	**8507059.05**	**277257088.11**	**84929840.31**	**94570395.01**
1591324.42	**280971113.04**	**8248226.70**	**271480014.58**	**83058568.12**	**92548203.28**
247279.59	72560872.06	1732309.19	70527040.56	22109665.37	13394089.30
11186.45	1618869.10	77041.50	1555280.19	673557.00	819848.22
10681.78	2139673.48	3779.55	2140943.25	979222.41	680592.34
5231.93	1192137.62	57363.56	1159230.05	384942.44	432013.52
790820.72	127573891.94	3009935.03	123689037.74	37537248.56	50218981.18
195159.14	52864243.65	2621472.24	49686397.01	15404907.86	10082454.78
315483.49	22498638.40	689021.68	22228567.52	5864216.66	16387466.81
15481.31	522786.78	57303.96	493518.25	104807.83	532757.13
21766.29	**2001501.20**	**53197.68**	**1815223.02**	**506111.23**	**1276807.51**
18113.02	**4252433.95**	**205634.67**	**3961850.51**	**1365160.96**	**745384.22**

主要统计指标解释

勘查许可证数 指依法颁发的勘查许可证宗数或注销的勘查许可证宗数。

新立(勘查) 指在报告期内依法新批准的勘查许可证。

注销(勘查) 包括探矿权人申请注销、自然资源主管部门直接注销的勘查许可证。

探矿权出让 指在报告期内以申请在先、协议、招标、拍卖和挂牌等方式出让给探矿权申请人并新登记勘查许可证。

协议出让(探矿权) 指矿业权人以协议方式取得探矿权，并办理勘查许可证。

“招拍挂”出让(探矿权) 指矿业权人以招标、拍卖和挂牌方式取得探矿权，并办理勘查许可证。

招标(探矿权) 指主管部门发布招标公告，邀请特定或者不特定的投标人参加投标，根据投标结果确定探矿权中标人，探矿权人取得探矿权，并办理勘查许可证。

拍卖(探矿权) 指主管部门发布拍卖公告，由符合探矿权申请人资质条件的竞买人在指定时间、指定地点进行公开竞价，根据出价结果确定探矿权竞得人，探矿权人取得探矿权，并办理勘查许可证。

挂牌(探矿权) 指主管部门发布挂牌公告，在挂牌公告规定的期限和场所接受竞买人的报价申请并更新挂牌价格，根据挂牌期限截止时的出价结果，确定探矿权竞得人，探矿权人取得探矿权，并办理勘查许可证。

探矿权转让 指在报告期内经探矿权人申请将探矿权转让给另一主体，并经自然资源主管部门审查批准的行为。

转让金额 指在报告期内探矿权转让人与受让人之间签订的探矿权转让合同中约定的转让金额。

采矿许可证数 指依法颁发的采矿许可证个数或注销的采矿许可证个数。

新立(采矿) 指在报告期内依法新批准的采矿许可证。

注销(采矿) 包括采矿权人申请注销、自然资源主管部门直接注销的采矿许可证。

采矿权出让 指在报告期内矿业权人以探矿权转采矿权、协议、招标、拍卖和挂牌等方式取得采矿权，并办理采矿许可证。

探矿权转采矿权 指在报告期内探矿权人在其勘查许可证范围内，将探矿权申请转为采矿权，并获得采矿许可证。

“招拍挂”出让(采矿权) 指采矿权人通过招标、拍卖、挂牌三种出让方式获得采矿权并取得采矿许可证。

协议出让(采矿权) 指出让方（采矿权管理机关）按照法律法规的规定采取非竞争性的方式，以协议方式出让采矿权给特定对象，采矿权人取得采矿权，并办理采矿许可证。

招标出让(采矿权) 指主管部门发布招标公告，邀请特定或者不特定的投标人参加投标，根据投标结果确定采矿权中标人，采矿权人取得采矿权，并办理采矿许可证。

拍卖出让(采矿权) 指主管部门发布拍卖公告，由符合采矿权申请人资质条件的竞买人在指定时间、指定地点进行公开竞价，根据出价结果确定采矿权竞得人，采矿权人取得采矿权，并办理采矿许可证。

挂牌出让(采矿权) 指主管部门发布挂牌公告，在挂牌公告规定的期限和场所接受竞买人的报价申请并更新挂牌价格，根据挂牌期限截止时的出价结果，确定采矿权竞得人，采矿权人取得采矿权，并办理采矿许可证。

采矿权转让 指在报告期内经采矿权人申请将采矿权转让给另一主体，并经自然资源主管部门审查批准的行为。

转让金额 指在报告期内采矿权转让人与受让人之间签订的采矿权转让合同中约定的转让金额。

从业人数 指当年度企业中从事矿业（即油气勘查开采，下同）生产劳动并取得劳动报酬或经营收入的全部劳动力的年平均人数。包括职工、再从业的离退休人员以及在企业中工作的外方人员和港、澳、台方人员。当年度在企业中从事矿业活动的临时工、轮换工，应加入此项统计。年平均人数＝报告年内12个月平均人数之和/12 [月平均人数＝（月初人数＋月末人数）/2] 。非独立法人企业只填报本企业的从业人数。

矿石产量 指矿山当年度采矿作业实际生产的符合矿石产品质量要求的各类矿产数量的总和。盐湖矿、原地浸出和原地爆破浸出开采的矿产按其粗加工后的固态量计。

工业总产值 指以货币表现的矿山企业当年度生产的最终工业产品总价值量。包括当年度生产的成品价值、已完工的对外工业性作业价值和自制半成品、在产品期末期初差额价值。采用工厂法的计算原则。它是反映一定时间内工业生产总规模和总水平的重要指标，是计算工业生产发展速度和主要比例关系，计算工业产品销售率和其他经济指标的重要依据。

综合利用产值 指当年矿山综合利用共、伴生矿产及尾、残矿产的矿产品销售产值。

销售收入 指矿山企业当年度销售该矿产品（包括产成品、半成品及废品）所取得的收入。以销售实现为原则进行填报。

Explanatory Notes on Main Statistical Indicators

Number of Exploration License—the number of exploration licenses issued or cancelled in accordance with the law.

Newly Issued(Exploration License)—the exploration licenses newly approved in accordance with the law during the reporting period.

Cancelled(Exploration License)—the exploration license applied for cancellation by the exploration right owner and directly cancelled by the natural resources department.

Exploration Right Granted—various acts through which the mineral exploration right is granted by administration department to the applicant for the exploration right through the ways of first application, agreement, bidding, auction, and listing during the reporting period.

Granting through Agreement (Exploration Right)—the act through which the administration department grants the exploration right to the exploration right holder in the way of agreement, and the exploration right holder obtains the exploration license.

Granting through Bidding, Auction, and Listing (Exploration Right)—the acts through which the administration department grants the exploration right in the ways of bidding, auction, and listing, and the exploration right holder obtains the exploration license.

Granting through Bidding (Exploration Right)—the act through which the administrative authorities issue a notice of invitation for bid to invite specially or not specially designated bidders to participate in the bidding, and the warded bidder for the exploration right is determined according to the result of the bidding. The exploration right holder obtains the exploration license.

Granting through Auction (Exploration Right)—the act through which the administrative authorities issue a notice of invitation for auction, while the bidders qualified to be applicants for the exploration right may participate in open competition at the prescribed time and locality and the warded bidder for the exploration or mining right is determined according to the result of the price offer. The exploration right holder obtains the exploration license.

Granting through Listing (Exploration Right)—the act through which the administrative authorities issue a notice of listing, and receive the offer applications of the bidders and renew the listed prices in the time limit and locality prescribed by the notice, and the warded bidder for the exploration right is determined according to the price offer at the closing date of the listing time limit. The exploration right holder obtains the exploration license, and apply for exploration license.

Exploration Right Transferred—the act of transferring the exploration right to another subject upon the application of exploration right holder within the reporting period, and being examined and approved by natural resources authorities.

Amount of Exploration Right Transferred—the price of transfer agreed upon in the contract of exploration right transfer signed between the exploration right assignor and the exploration right assignee during the reporting period.

Number of Mining License—the number of mining licenses issued in accordance with the law or the number of cancelled mining licenses.

Newly Issued(Mining License)—the mining license newly approved according to law during the reporting period.

Cancelled(Mining License)—the mining license applied for cancellation by the exploration right owner and directly cancelled by the natural resources department.

Mining Right Granted—the royalty charged to the mining right holder according to relevant regulations, when the mineral resources administration department to the applicant for the mining right through the ways of change of the exploration right into the mining right, agreement, bidding, auction, and listing during the reporting period.

Change of Exploration Right to Mining Right—the exploration right holder applies for changing the exploration right into the mining right in his exploration license scope during the reporting period and obtains the mining license.

Granting through Bidding, Action, and Listing (Mining Right)—the acts through which the mining right holder obtains the mining right and the mining license in the ways of assigning through bidding, auction, and listing.

Granting through Agreement (Mining Right)—the act through which the assignor (mining right administration agency) grants the mining right to the particular individual or organization by adopting the noncompetitive way through agreement according to the provisions of law and the latter obtains the mining license.

Granting through Bidding (Mining Right)—the act through which the administrative authorities issue a notice of invitation for bid to invite specially or not specially designated bidders to participate in the bidding, and the warded bidder for the mining right is determined according to the result of the bidding. The mining right holder obtains the mining license.

Granting through Auction (Mining Right)—the act through which the administrative authorities issue a notice of invitation for auction, while the bidders qualified to be applicants for the mining right may participate in open competition at the prescribed time and locality and the warded bidder for the mining or mining right is determined according to the result of the price offer. The mining right holder obtains the mining license.

Granting through Listing (Mining Right)—the act through which the administrative authorities issue a notice of listing, and receive the offer applications of the bidders and renew the listed prices in the time limit and locality prescribed by the notice, and the warded bidder for the mining right is determined according to the price offer at the closing date of the listing time limit. The mining right holder obtains the mining license.

Mining Right Transferred—the act of transferring the mining right to another subject upon the application of the mining right holder and the approval of natural resources authorities within the reporting period.

Amount of Mining Right Transferred—the price of transfer agreed upon in the contract of mining right transfer signed between the mining right assignor and the mining right assignee during the reporting period.

Employee—the annual average number of all labors engaged in mining (i.e. oil and gas exploration and exploitation, the same hereinafter) and receiving remuneration for their labor or business income in the current year. It includes employees, reemployed retirees, foreign personnel working in the enterprise and personnel from Hong Kong, Macao, Taiwan. Temporary workers and shift workers engaged in mining in enterprises in the current year are included in the statistics. Annual average number = sum of 12–month average number reported in the year /12 [Monthly average number = (number at the beginning of the month + number at the end of the month) /2]. The enterprises with non–independent legal entity only report employees of the enterprise.

Ore Output—the sum of all kinds of minerals actually produced by mining operations in the current year that meet the quality requirements of ore products. Minerals mined by salt lake ore, in–situ leaching and in–situ blasting leaching are measured by the solid quantities after rough processing.

Gross Industrial Output Value—the total value of final industrial products produced by mining enterprises in monetary terms in the current year. It includes the value of finished products produced in the current year, the value of finished foreign industrial operations and self–made semi–finished products, and value difference at the beginning and end of the product. The factory method is adopted for calculation. It is an important indicator reflecting the total scale and level of industrial production in a certain period of time. It is also an important basis for calculating development speed and main proportion of industrial production, sales rate of industrial products and other economic indicators.

Output Value of Comprehensive Use—the total sum of the values of final industrial products in the gross value of mining output due to the comprehensive use of co–products, by–products and three wastes (waste slag, waste gas, waste liquid).

Sales Revenue—the revenue obtained by mining enterprises from selling the mineral products (including finished products, semi–finished products and waste products) in the current year. It should be reported according to the actual sales.

海洋资源

Ocean Resources

海域使用权出让情况——按地区分列（2021年）
Granting of Sea Area Use Rights by Region（2021）

地 区	Region	新增宗海数量/宗 Number of Newly-added Sea/plot	新增宗海面积/公顷 Newly-added Sea Area/hm^2	海域使用金应缴金额/万元 Payable Fee for Using Sea Area/10^{4}yuan	海域使用金减免金额/万元 Reduction and Exemption of Fee for Using Sea Area/10^{4}yuan
总 计	**Total**	**3491**	**225976.33**	**756093.04**	**187630.17**
辽 宁	Liaoning	287	71204.76	22005.46	164.57
河 北	Hebei	188	3256.92	136319.40	104456.36
天 津	Tianjin	37	455.99	44780.54	26484.04
山 东	Shandong	1761	49562.34	46923.18	9143.62
江 苏	Jiangsu	302	53142.72	46681.49	7155.86
上 海	Shanghai	3	76.59	1569.06	37.23
浙 江	Zhejiang	171	3087.61	127793.59	6550.56
福 建	Fujian	252	29353.61	135027.52	11705.27
广 东	Guangdong	302	7787.58	114903.89	4358.43
广 西	Guangxi	118	6207.59	21658.23	16500.35
海 南	Hainan	62	1147.96	15614.63	1073.87
上述省（自治区、直辖市）外	Excluding the Provinces (Autonomous Regions, Municipalities) above	8	692.68	42816.05	

注：海域使用权出让包括海域使用权申请审批、招标、拍卖、挂牌。

Note: The granting of sea area use right includes examination and approval of sea area use right application and, bidding, auction and listing of sea area use right.

海域使用权出让情况——按海域使用类型分列（2021年）
Granting of Sea Area Use Rights by Type of Sea Area Use（2021）

海域使用类型	Type of Sea Area Use	新增宗海数量/宗 Number of Newly-added Sea/plot	新增宗海面积/公顷 Newly-added Sea Area/hm^2	海域使用金应缴金额/万元 Payable Fee for Using Sea Area/10^4yuan	海域使用金减免金额/万元 Reduction and Exemption of Fee for Using Sea Area/10^4yuan
总 计	**Total**	**3491**	**225976.33**	**756093.04**	**187630.17**
渔业用海	Fishery Sea	2658	206162.56	87633.27	25171.57
工业用海	Industrial Sea	286	10107.73	340262.53	134.44
交通运输用海	Sea for Transportation	305	6522.64	131338.71	23855.79
旅游娱乐用海	Sea for Tourism and Entertainment	72	411.40	19101.25	129.94
海底工程用海	Sea for Submarine Engineering	38	797.82	9051.25	6.26
排污倾倒用海	Sea for Sewage Dumping	7	197.13	1318.07	4.75
造地工程用海	Sea for Land Engineering	14	104.06	145532.47	125756.83
特殊用海	Sea for Special Use	67	327.79	9348.37	8999.82
其他用海	Sea for Other Use	44	1345.21	12507.11	3570.78

注：海域使用权出让包括海域使用权申请审批、招标、拍卖、挂牌。

Note: Granting of sea area use right includes examination and approval of sea area use right application, bidding, auction and listing.

无居民海岛有偿使用情况（2021年）

Paid Use of Uninhabited Island（2021）

地区	Region	海岛数量/个 Number of Island/number	无居民海岛用岛面积/公顷 Area of Uninhabited Island/hm^2	无居民海岛使用金应缴金额/万元 Payable Fee for Using Uninhabited Island/10^4 yuan	无居民海岛使用金减免金额/万元 Reduction and Exemption of Fee for Using Uninhabited Island/10^4 yuan
总计	**Total**	**6**	**77.11**	**83681.26**	**83248.26**
辽宁	Liaoning				
河北	Hebei				
天津	Tianjin				
山东	Shandong				
江苏	Jiangsu	1	1.91	35.87	35.87
上海	Shanghai				
浙江	Zhejiang	2	3.35	433.00	
福建	Fujian	1	69.79	82838.21	82838.21
广东	Guangdong	1	1.81	374.19	374.19
广西	Guangxi	1	0.24		
海南	Hainan				
上述省（自治区、直辖市）外	Excluding the Provinces (Autonomous Regions, Municipalities) above				

围填海情况——按地区分列（2021年）
Reclamation By Region（2021）

地区	Region	合计 Total		新增围填海造地项目审批情况 Approval of New Reclamation Project		围填海历史遗留问题处理情况 Disposal of Problem Left over by Reclamation History	
		宗海数/宗 Number of Sea Plot/plot	宗海面积/公顷 Sea Area/hm²	宗海数/宗 Number of Sea Plot/plot	宗海面积/公顷 Sea Area/hm²	宗海数/宗 Number of Sea Plot/plot	宗海面积/公顷 Sea Area/hm²
总计	**Total**	**129**	**3769.49**	**5**	**822.96**	**124**	**2946.53**
辽宁	Liaoning	3	691.82			3	691.82
河北	Hebei	29	531.81			29	531.81
天津	Tianjin	21	292.5			21	292.5
山东	Shandong	5	86.07			5	86.07
江苏	Jiangsu	22	343.5			22	343.5
上海	Shanghai						
浙江	Zhejiang	32	292.39			32	292.39
福建	Fujian	12	1272.99	5	822.96	7	450.03
广东	Guangdong	3	256.36			3	256.36
广西	Guangxi	2	2.06			2	2.06
海南	Hainan						
上述省（自治区、直辖市）外	Excluding the Provinces（Autonomous Regions, Municipalities）above						

围填海情况——按海域使用类型分列（2021年）

Reclamation by Type of Sea Area Use（2021）

地　区	Region	合计 Total		新增围填海造地项目审批情况 Approval of New Reclamation Project		围填海历史遗留问题处理情况 Disposal of Reclamation Problem Left over by History	
		宗海数/宗 Number of Sea Plot/plot	宗海面积/公顷 Sea Area/hm^2	宗海数/宗 Number of Sea Plot/plot	宗海面积/公顷 Sea Area/hm^2	宗海数/宗 Number of Sea Plot/plot	宗海面积/公顷 Sea Area/hm^2
总 计	**Total**	**129**	**3769.49**	**5**	**822.96**	**124**	**2946.53**
渔业用海	Fishery Sea						
工业用海	Industrial Sea	58	2176.5	5	822.96	53	1353.54
交通运输用海	Sea for Transportation	54	1454.55			54	1454.55
旅游娱乐用海	Sea for Tourism and Entertainment	1	2.21			1	2.21
海底工程用海	Sea for Submarine Engineering						
排污倾倒用海	Sea for Sewage Dumping						
造地工程用海	Sea for Land Engineering	14	104.06			14	104.06
特殊用海	Sea for Special Use	1	30.91			1	30.91
其他用海	Sea for Other Use	1	1.26			1	1.26

全国海洋经济情况（2021年）
National Ocean Economy（2021）

指 标	Indicator	数值 Value
海洋生产总值①/亿元	Gross Ocean Product①/10^8 yuan	90385
海洋生产总值增长率②/%	Growth Rate of Gross Ocean Product②/%	8.3
海洋生产总值占国内生产总值比例/%	Proportion of Gross Ocean Product in GDP/%	15.0
海洋新兴产业增加值增速/%	Growth Rate of Added Value of Marine Emerging Industries/%	22.8
第三产业增加值增速/%	Growth Rate of Added Value of the Tertiary Industry/%	9.6

注：① 海洋生产总值为初步核算数，核算范围为沿海地区，具体包括辽宁省、河北省、天津市、山东省、江苏省、上海市、浙江省、福建省、广东省、广西壮族自治区和海南省，未包括香港特别行政区、澳门特别行政区和台湾省。

②海洋生产总值增长率按可比价格计算。

Notes: ① Gross ocean product is a preliminary accounting figure, accounting for coastal areas, including Liaoning, Hebei, Tianjin, Shandong, Jiangsu, Shanghai, Zhejiang, Fujian, Guangdong, Guangxi and Hainan, excluding Hong Kong, Macao and Taiwan.

② The growth rate of gross ocean product is calculated at comparable price.

全国海洋生产总值（2021年）

National Gross Ocean Product（2021）

指 标	Indicator	增加值/亿元 Added Value/10^8 yuan	增速/% Growth Rate/%
海洋生产总值	**Gross Ocean Product（GOP）**	**90385**	**8.3**
海洋产业	**Marine Industry**	**59488**	**8.4**
主要海洋产业	**Major Ocean Industries**	**34050**	**10.0**
海洋渔业	Marine Fishery Industry	5297	4.5
海洋油气业	Offshore Oil and Gas Industry	1618	6.4
海洋矿业	Marine Mining Industry	180	-3.4
海洋盐业	Sea Salt Industry	34	-12.2
海洋化工业	Marine Chemical Industry	617	6.0
海洋生物医药业	Marine Biomedicine Industry	494	18.7
海洋电力业	Marine Electric Power Industry	329	30.5
海水利用业	Seawater Utilization Industry	24	16.4
海洋船舶工业	Marine Shipbuilding Industry	1264	7.7
海洋工程建筑业	Marine Engineering Architecture Industry	1432	2.6
海洋交通运输业	Marine Communications and Transportation Industry	7466	10.3
滨海旅游业	Coastal Tourism	15297	12.8
海洋科研教育管理服务业	**Ocean Scientific Research, Education, Management and Service Industry**	**25438**	**6.4**
海洋相关产业	**Ocean-related Industry**	**30897**	**8.0**

注：1.海洋生产总值、各海洋产业增加值按现价计算，增长速度按可比价格计算。

2.部分数据因四舍五入的原因，存在着总计与分项合计不等的情况。

3.数据均为初步核算数。各项数据来自沿海地区自然资源（海洋）行政主管部门、统计机构和国务院有关部门。其中，沿海地区包括辽宁省、河北省、天津市、山东省、江苏省、上海市、浙江省、福建省、广东省、广西壮族自治区和海南省，未包括香港特别行政区、澳门特别行政区和台湾省。

Notes: 1. The gross ocean product, and the added value of each marine industry are calculated according to the current price, and the growth rate is comparable price calculation.

2. Some data are not equal to the total and itemized due to rounding.

3. The data are preliminary accounting figure. The data come from the natural resources (Marine) administrative departments in coastal areas, statistical institutions and relevant departments of the State Council. The coastal areas include Liaoning, Hebei, Tianjin, Shandong, Jiangsu, Shanghai, Zhejiang, Fujian, Guangdong, Guangxi and Hainan, excluding Hong Kong, Macao and Taiwan.

主要统计指标解释

新增宗海数量 指统计报告期内由国务院或有批准权的人民政府首次批准的海域使用宗海数量，以用海批准时间为准。不包括由于海域使用权续期、转让、变更而重新批准的宗海数量。

新增宗海面积 指统计报告期内由国务院或有批准权的人民政府首次批准的海域使用宗海面积，以用海批准时间为准。不包括由于海域使用权续期、转让、变更而重新批准的宗海面积。

海域使用金应缴金额 指统计报告期内按各级自然资源（海洋）主管部门开具缴款通知书或海域使用权招标、拍卖、挂牌合同（方案），用海单位或个人应当缴纳的海域使用金数额。海域使用金逐年缴纳或分期缴纳的，应缴金额应分年或分期统计。

海域使用金减免金额 指统计报告期内按规定经财政部门、自然资源（海洋）主管部门批准减缴和免缴的海域使用金金额。

无居民海岛用岛面积 指统计报告期内由国务院或省级人民政府批准的无居民海岛用岛面积。

无居民海岛使用金应缴金额 指统计报告期内按各级自然资源（海洋）主管部门开具缴款通知书要求用岛单位或个人应当缴纳的无居民使用金数额。

无居民海岛使用金减免金额 指统计报告期内按规定经财政部门、自然资源（海洋）主管部门批准减免的无居民海岛使用金金额。

海洋生产总值 是海洋经济生产总值的简称，指按市场价格计算的沿海地区常住单位在一定时期内海洋经济活动的最终成果，是海洋产业和海洋相关产业增加值之和。

海洋生产总值增长率 以不变价格计算，海洋生产总值增长率=（报告期的海洋生产总值-上一年的海洋生产总值）/上一年的海洋生产总值×100%。

海洋生产总值占国内生产总值比例 海洋生产总值占国内生产总值比例=全国海洋生产总值/国内生产总值×100%。

海洋新兴产业增加值增速 以不变价格计算，海洋新兴产业增加值增速=（报告期的海洋新兴产业增加值-上一年的海洋新兴产业增加值）/上一年的海洋新兴产业增加值×100%。

Explanatory Notes on Main Statistical Indicators

Number of Newly-added Sea—the quantity of seas firstly approved by the State Council or the people' s government with the right of approval during the statistical period, which is subject to the time of approval. It does not include the quantity of seas re–approved due to renewal, transfer or change of the sea area use right.

Newly-added Sea Area—the area of seas firstly approved by the State Council or the people' s government with the right of approval during the statistical period, which is subject to the time of approval. It does not include the area of seas re–approved due to renewal, transfer or change of the sea area use right.

Payable Fee for Using Sea Area—the amount required to be paid by units and individuals who use sea areas according to the payment notice issued by natural resources (ocean) authorities at all levels or determined in the contract (scheme) on bidding, auction, listing of the sea area use right during the statistical period. If the fee for using sea area is paid annually or by installments, the payable amount shall be counted annually or by installments.

Reduction and Exemption of Fee for Using Sea Area—the amount of deduction and exemption for using sea areas approved by financial and natural resources (ocean) authorities within the statistical period.

Area of Uninhabited Island—the area of uninhabited islands approved by the State Council or provincial people's government during the statistical period.

Payable Fee for Using Uninhabited Island—the amount required to be paid by units and individuals who use uninhabited islands according to the payment notice issued by natural resources (ocean) authorities at all levels during the statistical period.

Reduction and Exemption of Fee for Using Uninhabited Island—the amount of deduction or exemption for using uninhabited islands approved by financial and natural resources (ocean) authorities within the statistical period.

Gross Ocean Product（GOP）—the abbreviation of gross ocean economic production. It refers to the final gains from ocean economic activities of permanent residents in coastal areas at market price in a certain period， and it is the sum of added values of ocean and ocean related industries.

Growth Rate of Gross Ocean Product—calculated at constant price. Grouth rate of Gross Ocean Product = (Gross Ocean Product of the reporting period – Gross Ocean Product of the previous year)/ Gross Ocean Product of the previous year × 100%.

Proportion of Gross Ocean Product in GDP—Proportion of Gross Ocean Product in GDP=national Gross Ocean Product/ GDP × 100%.

Growth Rate of Added Value of Marine Emerging Industry—calculated at constant price. Growth rate of added value of ocean emerging industries= (added value of ocean emerging industries in the reporting period – added value of ocean emerging industries of the previous year) / added value of ocean emerging industries of the previous year × 100%.

地质勘查投入及成果

Investment and Achievements of Geological Exploration

全国地质勘查企业单位

National Revenue and Expenditure of

单位：万元

地 区	Region	总收入 Total Income							
			地质勘查收入 Income for Geological Exploration				矿业权转让收入 Income from Mining Right Transfer	工程勘察与施工收入 Income from Project Investigation and Construction	矿产开发收入 Income from Mining Exploration
				中央财政 Central Finance	地方财政 Local Finance	非财政 Non-financial			
总 计	**Total**	**31410601.16**	**3033235.39**	**132797.53**	**663697.64**	**2236740.22**	**85254.66**	**19416217.42**	**1022046.88**
北 京	Beijing	2884193.02	205807.63	13401.13	27931.59	164474.91	588.83	1903587.93	38472.25
天 津	Tianjin	184318.08	4399.11			4399.11		40363.10	
河 北	Hebei	2005028.89	305847.61	31701.78	10062.91	264082.92	110.04	1066566.39	13780.00
山 西	Shanxi	359533.04	139315.89	5271.12	14617.06	119427.71		96723.92	10433.13
内蒙古	Inner Mongolia	407196.68	145614.21	8767.00	29916.72	106930.49		96698.94	17791.66
辽 宁	Liaoning	699604.23	89978.24	145.90	16585.65	73246.69	76.00	393985.42	125470.95
吉 林	Jilin	535167.49	51085.18	4451.81	15449.22	31184.15		457613.25	463.59
黑龙江	Heilongjiang	102134.32	2578.67		662.67	1916.00	2222.00	61140.79	
上 海	Shanghai	365961.86	53136.64		90.00	53046.64		203792.39	
江 苏	Jiangsu	1101518.03	134843.28	5408.64	38038.21	91396.43		655025.87	
浙 江	Zhejiang	4013369.88	276605.51	1388.37	153764.93	121452.21		2982481.63	32404.82
安 徽	Anhui	467115.52	13799.72		1523.91	12275.81		326716.33	6792.99
福 建	Fujian	34449.25	33166.60			33166.60			
江 西	Jiangxi	4328634.45	170041.35	6930.60	35283.61	127827.14	12.00	3874477.17	28.00
山 东	Shandong	852915.49	160512.41		36122.96	124389.45	5997.09	456115.18	32.98
河 南	Henan	309600.93	102506.36	1125.00	100.80	101280.56	216.66	138786.18	
湖 北	Hubei	1578780.59	94816.29	10603.04	18468.57	65744.68		1107110.20	43.30
湖 南	Hunan	116546.53	17049.12	220.34	254.14	16574.64		96298.36	
广 东	Guangdong	131505.03	43463.19	3643.00	21321.51	18498.68		77580.09	17.25
广 西	Guangxi	522216.27	33453.46	1666.18	936.06	30851.22		138073.94	26802.56
海 南	Hainan	20407.63	6422.88			6422.88		13532.66	
重 庆	Chongqing	213065.42	81634.40	747.26	64798.08	16089.06		120932.75	2203.56
四 川	Sichuan	766410.29	136288.39	2622.00	40501.08	93165.31	9.00	517716.92	63443.98
贵 州	Guizhou	141370.81	61729.72		15952.15	45777.57		41949.36	391.39
云 南	Yunnan	2277694.59	113551.11	6211.16	17273.43	90066.52	999.04	234405.51	366912.13
西 藏	Tibet	3514.77	3211.79		1613.73	1598.06		280.00	
陕 西	Shaanxi	6663848.66	435116.83	24944.53	78203.31	331968.99	75024.00	4160951.41	298864.34
甘 肃	Gansu	112474.05	34844.29	659.82		34184.47		74514.87	
青 海	Qinghai	84624.70	47696.67	817.85	3703.28	43175.54		21844.33	
宁 夏	Ningxia	4679.43	3259.46			3259.46		206.12	
新 疆	Xinjiang	122721.23	31459.38	2071.00	20522.06	8866.32		56746.41	17698.00

经费收支情况（2021年）

Geological Exploration Enterprise Agency（2021）

Unit：10^4 yuan

					成本总额 Total Cost		
营业外收入 Non-operating Income			投资收益 Income from Investment	其他收入 Other Income		地质勘查成本 Cost of Geological Exploration	矿产开发成本 Cost of Mining Exploration
	中央财政补助收入 Subsidy Income from Central Finance	地方财政补助收入 Subsidy Income from Local Finance					
165429.35	**10521.55**	**22330.41**	**371837.82**	**7316579.64**	**29305318.39**	**2555512.88**	**745985.57**
18888.64	1734.18	324.44	21695.82	695151.92	2731888.32	175397.88	23859.61
2701.63			88.87	136765.37	70876.63	3354.73	
7547.87	821.91	113.03	4758.54	606418.44	1800517.53	256499.60	12165.30
1880.22	1467.21	9.42	4392.14	106787.74	335844.59	137512.36	9176.30
4652.37	142.37	995.83	122515.24	19924.26	424195.31	109283.41	19156.84
6214.64	1432.21	1415.79	494.76	83384.22	643287.48	75658.71	70058.26
106.77			2314.70	23584.00	478525.48	33717.21	539.49
2080.25	1103.39	439.83	11.88	34100.73	86361.33	5884.87	10.00
1624.81		4.77	1814.29	105593.73	330702.66	40241.78	
3052.67		847.57	8604.49	299991.72	1037761.65	96324.40	
17127.02	1605.10	1697.87	9634.63	695116.27	3800059.13	211050.46	17033.50
220.84		96.24	3626.81	115958.83	442692.26	20547.86	6602.12
973.82	726.82		209.44	99.39	31865.60	24899.42	
2185.11	60.00	275.52	7002.27	274888.55	4161351.79	151103.53	165.00
2886.86	0.24	121.91	1590.04	225780.93	810134.73	154458.62	330.63
56323.59		2446.29	3691.47	8076.67	250443.50	86637.86	
1783.00	73.34	76.84	943.13	374084.67	1247911.03	75278.40	4.00
118.15			1303.91	1776.99	109504.61	14452.33	
58.00	2.00			10386.50	128801.18	26322.12	693.36
2011.18	1276.99		4542.91	317332.22	503553.99	28273.74	22467.14
220.47			145.80	85.82	20591.69	6391.31	
468.78	0.34	50.00	-3094.13	10920.06	206465.93	69286.74	2051.83
14283.02		7632.80	2982.80	31686.18	739608.79	110932.36	21351.89
3714.31		12.52	1383.13	32202.90	140305.02	56434.64	291.22
1904.45	1.45	448.93	6993.15	1552929.20	2208186.54	87697.88	251528.09
22.98					68430.73	531.69	38462.58
10530.62	74.00	4985.81	154812.67	1528548.79	6203465.26	408523.96	245015.10
880.32			1743.41	491.16	114114.11	30544.77	
576.25		335.00	-946.33	15453.78	72844.41	37662.72	276.22
190.87				1022.98	5186.72	2520.11	
199.84			8581.98	8035.62	99840.39	18087.41	4747.09

全国地质勘查事业单位

National Revenue and Expenditure of

单位：万元

地 区	Region	总收入 Total Income					
			事业收入 Unit income	经营收入 Operating Income	地质勘查业收入 Income from Geological Exploration		
					小 计 Subtotal	地质专项拨款 Geological Special Fund	
						中央财政 Central Finance	地方财政 Local Finance
总 计	**Total**	**9061794.00**	**2340590.34**	**2612960.95**	**6035564.31**	**358915.44**	**616546.80**
北 京	Beijing	375480.97	63201.96	22903.07	324721.34	77169.31	4963.94
天 津	Tianjin	105586.64	27706.53	9132.38	91960.77	13249.18	1229.50
河 北	Hebei	474910.83	96081.54	45024.49	434067.82	24141.72	52841.23
山 西	Shanxi	275946.59	101866.20	91882.16	219557.96	142.15	9610.09
内蒙古	Inner Mongolia	59769.47	25399.20	21951.93	42663.20	22631.66	2117.46
辽 宁	Liaoning	24350.38	14965.56	7089.75	21046.36	8590.39	2048.54
吉 林	Jilin	139543.99	64338.77	13660.51	131856.45	2456.74	4051.58
黑龙江	Heilongjiang	206178.02	78574.35	40655.78	183795.52	1454.00	30007.45
上 海	Shanghai	27762.00	9433.00	8464.00	20401.00	233.00	5765.00
江 苏	Jiangsu	305527.39	59489.55	132441.14	188841.30	14028.38	44392.27
浙 江	Zhejiang	319280.43	51637.54	208519.55	137543.10	1533.80	17732.11
安 徽	Anhui	658974.29	94734.86	166427.27	247298.32	489.54	17164.55
福 建	Fujian	154175.18	45827.81	20909.82	106333.73	2033.88	17625.26
江 西	Jiangxi	538770.85	194879.06	333645.30	290086.55	787.00	13620.87
山 东	Shandong	609184.67	297638.45	36687.58	515767.13	2410.70	36853.12
河 南	Henan	365367.62	132848.31	162844.14	273322.28	5518.81	14688.93
湖 北	Hubei	481916.62	100675.62	135225.31	241383.11	10031.11	45887.94
湖 南	Hunan	439397.56	130819.92	196591.97	255430.31	9566.03	22782.19
广 东	Guangdong	847315.28	94903.22	83128.50	419887.21	69315.52	15812.71
广 西	Guangxi	207297.07	42107.03	15199.30	144806.80	5137.86	20799.94
海 南	Hainan	31496.61	20011.01	137.47	29228.71	31.64	285.18
重 庆	Chongqing	111814.77	43397.92	52641.56	88916.30		23383.99
四 川	Sichuan	568705.56	126478.31	190079.62	387506.53	26645.61	22505.47
贵 州	Guizhou	331934.70	114906.10	77928.09	255062.39	289.10	49973.20
云 南	Yunnan	119352.76	33483.41	36222.89	85006.47	10197.02	9823.52
西 藏	Xizang	58415.67	12479.96	24356.38	53542.76		8569.14
陕 西	Shaanxi	128826.69	25950.29	54879.69	76262.18	18347.26	10690.50
甘 肃	Gansu	395071.17	75780.12	152249.89	226280.70	2356.00	36036.54
青 海	Qinghai	296859.13	94622.03	66057.92	216341.88	16897.67	45788.74
宁 夏	Ningxia	66346.27	12529.74	7893.03	62743.52	42.25	13007.84
新 疆	Xinjiang	336234.82	53822.97	198130.46	263902.61	13188.11	16488.00

经费收支情况（2021年）

Geological Exploration Agency（2021）

Unit：10^4 yuan

地质勘探费 Geological Exploration Fee		矿产勘查劳务收入 Income from Mineral Exploration Service	矿业权转让收入 Income from Mining Right Transfer	工程勘察与施工收入 Income from Project Investigation and Construction	矿产开发收入 Income from Mining Exploration	其他收入 Other Income	总支出 Total Cost		
中央 Central Finance	地方 Local Finance						小计 Subtotal	地质勘查费用 Cost of Geological Exploration	矿产开发费用 Cost of Mining Exploration
699939.68	**2627192.56**	**1732969.83**	**39248.07**	**1868909.97**	**108596.05**	**1009475.60**	**8336656.68**	**2761074.21**	**103282.41**
182519.26	31922.25	28146.58		22468.02		28291.61	333801.04	156990.83	
42116.60	20024.70	15340.79		11858.00		1767.87	95768.06	55825.52	
61318.35	230306.68	65459.84		16418.69		24424.32	386029.57	169211.97	
8851.24	139292.85	61661.63		41711.39		14677.24	262451.68	112139.46	12.91
7576.69	5271.28	5066.11		11581.33	158.00	5366.94	60070.05	30599.51	68.00
8266.44	993.83	1147.16				3304.02	25219.07	20529.97	
7648.54	103299.12	14400.47		4462.92		3224.62	133094.41	28626.84	
25811.38	93049.09	33473.60	1289.55	10956.21		10136.74	183595.08	73958.39	
	6901.00	7502.00				7361.00	28858.00	13390.00	
7503.19	72849.28	50068.18		91798.62	7654.00	17233.47	274209.37	101311.75	5475.00
1411.00	72639.92	44226.27	65.00	162728.10		18944.23	296596.18	65269.15	2814.00
9640.24	161213.25	58790.74	24932.71	318434.26		68309.00	630503.65	101742.50	
15310.14	40562.69	30801.76		22059.94		25781.51	134959.00	54197.53	
	189579.13	86099.55		206081.62		42602.68	501605.92	102418.10	
81856.55	161243.24	233403.52		15818.97		77598.57	577281.15	235102.44	
10116.45	149979.30	93018.79		54284.13		37761.21	343773.79	151025.36	
23453.47	73274.42	88736.17		222956.52	2348.11	15228.88	431211.33	134407.16	5543.40
25904.21	114550.31	82627.57	12130.43	116506.29	18651.97	36678.56	406067.54	109737.47	13885.14
22535.28	233861.49	78362.21		164355.48	12216.09	250856.50	802721.21	168838.62	10692.95
20417.83	72693.44	25757.73	116.81	42458.21		19915.25	203545.91	50723.69	
15522.14	7298.68	6091.07		338.24		1929.66	24601.51	10732.12	
	29610.85	35921.46		16791.21		6107.26	109915.76	53567.09	
33741.32	175689.66	128924.47		112175.73		69023.30	550425.22	147372.29	180.00
20804.68	107105.91	76889.50		45980.02	3590.88	27301.41	304146.69	143984.87	1799.01
11176.40	20038.75	33770.78	669.11	12458.64		21218.54	108304.59	56066.55	
	31008.81	13964.81		2849.59		2023.32	52271.90	17845.63	
21630.31	18336.92	7257.19		29700.00		22864.51	127326.92	49712.85	
12678.02	95556.30	79653.84	44.46	47833.72	63192.00	57720.29	381430.63	109044.50	61974.00
12871.02	67571.88	73212.57		33067.52		47449.73	233191.70	92077.59	
457.00	41119.27	8117.16		639.00		2963.75	66113.09	15142.12	
8801.93	60348.26	165076.31		30137.60	785.00	41409.61	267566.66	129482.34	838.00

全国地质勘查单位人员

National Employees and Assets of

地区	Region	年末在职职工/人 On-the-job Employee at the Year End/person	地质勘查人员 Geological Exploration Personnel	技术人员 Technical Personnel	高级 Senior	中级 Inter-mediate	工程勘察与施工人员 Personnel Engaging in Project Investigation and Construction	矿产开发人员 Personnel Engaging in Mining Exploration	其他人员 Other Personnel	平均从业人员/人 Average Employee/person	劳动者报酬/万元 Remuneration of Labor/10^4 yuan
总 计	**Total**	**428310**	**170436**	**141600**	**46536**	**67294**	**86490**	**17286**	**154098**	**433171**	**4913976.71**
北 京	Beijing	21171	7521	6449	2920	2651	3277	576	9797	21991	341521.61
天 津	Tianjin	3609	1532	1451	605	704	613	147	1317	3784	67453.23
河 北	Hebei	35408	15346	12480	3602	5625	7316	805	11941	35924	360268.65
山 西	Shanxi	14467	5604	4635	1464	2405	2572	1524	4767	15184	133629.41
内蒙古	Inner Mongolia	11729	5601	4707	1276	2204	1596	651	3881	12605	107511.01
辽 宁	Liaoning	12859	4348	3506	1185	1903	2577	2298	3636	12558	112544.73
吉 林	Jilin	8703	3387	2896	1154	1232	1109	309	3898	8749	64978.45
黑龙江	Heilongjiang	9122	5220	3492	1508	1547	903	203	2796	9213	69781.27
上 海	Shanghai	3948	1066	886	320	327	799	615	1468	3917	57080.28
江 苏	Jiangsu	13286	4805	4004	1588	1822	2808	142	5531	13066	204337.63
浙 江	Zhejiang	35865	6939	5605	1707	2888	16812	379	11735	36308	393082.01
安 徽	Anhui	16072	7488	5439	1734	2804	2823	406	5355	17293	188329.29
福 建	Fujian	3911	1951	1766	558	855	558	98	1304	3962	55523.21
江 西	Jiangxi	30560	9613	7959	2084	3863	9336	309	11302	30791	337245.34
山 东	Shandong	18474	10128	6947	2378	3253	1838	193	6315	18053	248747.79
河 南	Henan	14841	8420	7499	2189	3468	2017	486	3918	15203	161299.05
湖 北	Hubei	17451	5922	5308	1600	2649	6033	366	5130	17149	207238.49
湖 南	Hunan	14042	4056	3829	1433	2265	2750	542	6694	14174	130409.49
广 东	Guangdong	8554	4458	4295	1508	1869	1400	151	2545	8789	201034.76
广 西	Guangxi	11922	4242	3574	1105	1815	1481	335	5864	11890	143702.57
海 南	Hainan	1248	840	596	274	240	76	8	324	1252	15108.57
重 庆	Chongqing	4363	2576	2230	1013	966	621	178	988	4341	55335.02
四 川	Sichuan	22722	12000	10187	2963	4613	3207	1093	6422	22622	255632.74
贵 州	Guizhou	8460	4206	3808	1423	1640	1092	320	2842	8417	96659.35
云 南	Yunnan	12695	5481	4129	1678	1801	2186	2141	2887	12969	142105.15
西 藏	Xizang	1394	708	559	132	298	33	108	545	1385	27702.41
陕 西	Shaanxi	45998	13170	11328	3784	5923	8577	2100	22151	45219	438134.50
甘 肃	Gansu	10838	5084	4860	1111	2218	997	501	4256	11187	108471.83
青 海	Qinghai	4942	2973	2593	672	1319	369	79	1521	5220	63191.08
宁 夏	Ningxia	2183	1482	837	245	456	36	8	657	2192	35739.40
新 疆	Xinjiang	7473	4269	3746	1323	1671	678	215	2311	7764	90178.39

及资产情况（2021年）

Geological Exploration Agency（2021）

离退休人员 Retiree		总资产/万元 Total Asset/10⁴ yuan			总负债/万元 Total Debt/ 10⁴ yuan	净资产/万元 Net Asset/ 10⁴ yuan	存货/万元 Stock/ 10⁴ yuan	固定资产原价/万元 Fixed Asset Cost/ 10⁴ yuan	累计折旧/万元 Accumulated Depreciation/10⁴ yuan	
年末人数/人 Number of Retirees at the Year End/ person	总费用/万元 Total Expenditure/ 10⁴ yuan		地勘专用仪器设备原值 Original Value of Special Instrument and Equipment for Geological Exploration	地勘专用仪器设备净值 Net Value of Special Instrument and Equipment for Geological Exploration						本年折旧/万元 Depreciation in This Year/10⁴ yuan
366947	**986491.88**	**75557771.28**	**2852981.29**	**1231305.93**	**39703453.36**	**35854317.92**	**5031463.55**	**14550669.89**	**4328288.92**	**832428.04**
9138	17456.51	6919511.55	226292.96	105626.18	3419069.01	3500442.54	615670.19	1344701.73	497985.49	61941.47
2873	5508.48	554168.44	56116.11	17800.03	95748.11	458420.33	8269.42	165694.10	14582.77	3016.99
24035	66251.60	3554638.95	216445.09	72859.47	1917335.42	1637303.53	425092.08	685861.89	303030.76	78012.92
10867	13425.52	1203665.15	83870.97	25659.24	682473.14	521192.01	22692.09	207273.56	71026.15	7628.74
15201	22464.47	4704608.89	59788.05	21540.59	2675220.26	2029388.63	151057.04	406960.17	299872.72	81806.26
18166	18756.64	1472942.73	179117.07	81839.18	1001033.32	471909.41	60410.21	488037.77	238241.82	30849.96
12455	49950.13	2305942.93	217539.63	135577.33	447226.91	1858716.02	33315.06	1166142.59	141433.67	5732.77
13003	57306.12	743801.19	88951.38	24644.79	271492.67	472308.52	35810.10	321939.12	115647.93	15277.89
1101	1550.68	649880.25	24501.72	13923.71	381048.01	268832.24	44967.55	156537.49	54694.93	11709.96
8156	24038.29	2996468.44	94243.88	45763.20	1385079.62	1611388.82	169352.22	229739.08	136354.65	48190.96
9781	47288.40	4872495.43	80393.17	40428.15	2994482.09	1878013.34	465650.76	497882.62	277294.23	69586.97
18088	44873.74	2469436.68	66595.69	21933.33	1004438.10	1464998.58	100759.71	761875.22	40461.60	18137.88
5618	14285.13	598401.73	35822.47	12523.73	183723.02	414678.71	5100.16	123315.89	1495.73	31.75
23294	49792.52	6397953.20	62170.32	25621.39	4369522.31	2028430.89	537833.29	471787.36	431164.93	51283.90
13560	42800.45	3325578.66	210726.87	107158.26	1348458.70	1977119.96	120865.28	805019.61	73007.18	15328.92
13944	18558.24	1054795.46	123309.70	32139.80	719769.81	335025.65	75121.08	296623.76	43378.59	17840.72
13848	12793.11	2736344.06	61585.37	21898.36	1651009.88	1085334.18	218737.02	342483.28	129507.41	36586.18
18064	63570.81	921403.32	44760.55	13387.28	404264.10	517139.22	39911.85	230082.03	6892.11	1354.42
12077	107651.93	1123339.12	199569.79	99760.13	294895.09	828444.03	31705.54	320040.57	14254.46	4931.38
12683	13695.47	964102.55	43379.08	16134.53	566524.44	397578.11	69119.41	214161.53	72024.03	30529.94
704	3109.31	79510.51	5603.67	803.53	22247.39	57263.12	1079.41	27158.04	2005.89	200.07
3953	5578.09	432064.64	30387.51	17764.12	170288.93	261775.71	18689.91	99263.53	16190.88	6300.72
20581	38270.60	2528654.24	133331.75	59725.26	1672327.53	856326.71	319671.19	457499.37	103772.31	23787.63
13724	37399.84	1566293.01	45476.59	15754.89	628269.14	938023.87	82943.62	420640.63	32643.53	11923.43
14636	60135.58	2775228.66	32996.21	11228.80	1400690.11	1374538.55	255369.07	784818.71	334656.72	48371.37
21	16.79	1220124.85	4823.64	2370.01	221121.59	999003.26	950.63	63714.21	2074.37	117.39
22940	40807.75	13068052.65	218662.86	94197.90	8327202.73	4740849.92	834475.78	1680939.50	763547.62	113587.41
13461	45725.45	1428901.11	53707.42	21005.75	600751.47	828149.64	60486.50	1143178.45	21675.69	15529.05
8157	50567.44	977163.55	66504.56	44867.39	250835.33	726328.22	186513.38	246435.27	19898.21	4649.05
3658	1570.37	129726.19	15786.80	5192.87	23384.52	106341.67	5198.55	58748.53	21245.25	8355.37
9160	11292.42	1782573.14	70520.41	22176.73	573520.61	1209052.53	34645.45	332114.28	48227.29	9826.57

地质勘查投入和新发现矿产

Input in Geological Exploration and Newly

地 区	Region	地质勘查经费/万元 Geological Exploration Fund/10^4 yuan				
		合计 Total	中央财政 Central Finance	地方财政 Local Finance		
					小计 Subtotal	国内企事业 Fund from Domestic Enterprise and Institution
	2019	**9941655.18**	**836433.95**	**530715.80**	**8574505.43**	**8548249.84**
	2020	**8718585.05**	**644383.00**	**638691.82**	**7435510.23**	**7288915.52**
	2021	**9728648.61**	**499528.73**	**764364.70**	**8464755.18**	**8437009.43**
北 京	Beijing	29129.69	4698.90	8613.68	15817.11	15817.11
天 津	Tianjin	518785.88	1677.55	3150.96	513957.37	513957.37
河 北	Hebei	268252.02	22514.50	42421.88	203315.64	202110.64
山 西	Shanxi	236253.84	2180.48	60597.28	173476.08	170856.25
内蒙古	Inner Mongolia	347555.26	40248.51	70835.89	236470.86	233539.09
辽 宁	Liaoning	137933.00	8338.50	12390.65	117203.85	117203.85
吉 林	Jilin	187349.58	7197.64	6858.19	173293.75	173293.75
黑龙江	Heilongjiang	284337.75	10005.84	36401.53	237930.38	237930.38
上 海	Shanghai	165851.30	499.06	1759.05	163593.19	163593.19
江 苏	Jiangsu	129295.92	3637.60	20106.15	105552.17	105299.17
浙 江	Zhejiang	57402.94	11049.52	31240.93	15112.49	15112.49
安 徽	Anhui	43376.43	17217.76	8700.93	17457.74	17227.12
福 建	Fujian	37847.92	8186.33	24637.48	5024.11	4924.11
江 西	Jiangxi	66919.14	15125.72	27124.89	24668.53	24092.87
山 东	Shandong	749937.69	11314.16	29128.71	709494.82	709059.82
河 南	Henan	271858.45	7888.75	23524.21	240445.49	240445.49
湖 北	Hubei	155097.78	15230.08	36811.56	103056.14	103025.54
湖 南	Hunan	61753.71	17838.43	27309.43	16605.85	15778.17
广 东	Guangdong	1090382.12	11250.04	36171.47	1042960.61	1042960.61
广 西	Guangxi	63066.88	12339.46	34276.98	16450.44	15310.07
海 南	Hainan	86535.10	64665.10	3201.30	18668.70	18668.70
重 庆	Chongqing	364140.08	3342.88	14182.89	346614.31	346614.31
四 川	Sichuan	902921.54	15850.82	27174.87	859895.85	859895.85
贵 州	Guizhou	83345.26	7039.45	21965.74	54340.07	44356.17
云 南	Yunnan	68883.21	13546.89	25001.28	30335.04	29013.14
西 藏	Tibet	55308.09	26719.23	10076.89	18511.97	18446.63
陕 西	Shaanxi	466024.22	11132.51	23639.06	431252.65	429937.76
甘 肃	Gansu	469208.62	20349.08	30546.15	418313.39	418136.94
青 海	Qinghai	249279.37	24197.37	30972.83	194109.17	192211.89
宁 夏	Ningxia	153088.67	1565.39	11014.75	140508.53	140508.53
新 疆	Xinjiang	1881792.18	36946.21	24527.09	1820318.88	1817682.42
全国及跨省勘查项目	Whole Country and Over Regions	45734.97	45734.97			

地情况——按地区分列（2021年）

Discovered Mineral Prospect by Region（2021）

企事业资金 Fund from Enterprise and Institution			机械岩芯钻探工作量/米 Footage of Core Drilling/m	坑探工作量/米 Footage of Pitting/m	新发现矿产地/个 Newly Discovered Mineral Prospect/ number
港、澳、台商投资 Investment from Hong Kong, Macao and Taiwan	外商投资 Foreign Investment	其他投资 Other Investment			
179.00	**585.30**	**25491.29**	**5717256.49**	**132447.20**	**94**
179.00		**146415.71**	**5280506.24**	**118884.70**	**96**
193.00		**27552.75**	**6366909.10**	**139546.30**	**95**
		1205.00	164393.80		
		2619.83	302628.80		
		2931.77	1123391.10	23712.20	
			133970.10	860.00	2
			101450.10	1938.00	1
			394437.70		1
193.00		60.00	57743.30	224.00	2
			111604.30	2411.40	
		230.62	226813.20	628.60	1
		100.00	146170.10	14300.30	2
		575.66	410248.10	1348.70	26
		435.00	181561.90		5
			107257.20	305.00	1
		30.60	96104.50		8
		827.68	188509.70	3394.30	16
			169481.70	1531.00	4
		1140.37	259669.00	660.60	6
			3034.90		1
			13726.50		
			177322.00	2100.50	
		9983.90	369865.10	1336.00	2
		1321.90	224752.10	25638.90	1
		65.34	92515.40		3
		1314.89	192307.40	14898.70	
		176.45	167554.80	34984.60	3
		1897.28	159688.00		2
			67410.30		
		2636.46	723298.00	9273.50	8

地质勘查投入和新发现矿产地

Input in Geological Exploration and Newly

矿种	Mineral	地质勘查经费/万元 Geological Exploration Fund/10^4 yuan				
			中央财政 Central Finance	地方财政 Local Finance		
					小计 Subtotal	国内企事业资金 Fund from Domestic Enterprise and Institution
总计	**Total**	**9728648.61**	**499528.73**	**764364.70**	**8464755.18**	**8437009.43**
煤炭	Coal	134938.64		33199.49	101739.15	92223.60
石油天然气	Oil and Gas	7990596.36	78935.00		7911661.36	7911661.36
油页岩	Oil Shale	73.12		73.12		
石煤	Bone Coal	30469.96		13042.74	17427.22	15531.62
铀矿	Uranium	71400.00	71400.00			
地热	Geotherm	22538.60	120.00	15690.89	6727.71	5770.91
铁矿	Iron	43371.59	402.75	13931.09	29037.75	28801.75
锰矿	Manganese	7998.43	554.02	5435.30	2009.11	1903.78
铬矿	Chromium	1739.90		280.00	1459.90	1459.90
钒矿	Vanadium	3181.68		899.20	2282.48	2282.48
钛矿	Titanium	2507.42		765.82	1741.60	1741.60
铜矿	Copper	65470.71	3280.00	26142.53	36048.18	34724.91
铅锌矿	Lead and Zinc	59536.47		13643.36	45893.11	43447.59
铝土矿	Bauxite	30408.87		21091.23	9317.64	6731.75
镍矿	Nickel	4459.97	728.18	1192.91	2538.88	2538.88
钴矿	Cobalt	1452.09		825.30	626.79	626.79
钨矿	Tungsten	15811.32	129.00	2428.59	13253.73	13253.73
锡矿	Tin	3770.31	28.78	1466.26	2275.27	2222.50
钼矿	Molybdenum	5471.11	98.91	3055.10	2317.10	2317.10
锑矿	Antimony	2735.78		428.40	2307.38	2307.38
铋矿	Bismuth	146.00			146.00	146.00
金矿	Gold	108959.84	5127.09	49387.72	54445.03	51922.64
银矿	Silver	11154.50		6408.42	4746.08	4706.08
铌钽矿	Niobium - Tantalum	3199.41		2207.38	992.03	992.03
铍矿	Beryllium	3397.47		3023.47	374.00	374.00
锂矿	Lithium	15641.95	1221.71	3802.30	10617.94	8720.66
锶矿	Strontium	230.00		230.00		
铷矿	Rubidium	788.37		788.37		
稀土矿	Rare Earth Elements	10167.54	1970.00	6932.82	1264.72	1209.72
硒矿	Selenium	166.59		166.59		
蓝晶石	Kyanite	0.50		0.50		

情况——按矿种分列（2021年）

Discovered Mineral Prospects by Mineral（2021）

企事业资金 Fund from Enterprise and Institution			机械岩芯钻探工作量/米 Footage of Core Drilling/m	坑探工作量/米 Footage of Pitting/m	新发现矿产地/个 Newly Discovered Mineral Prospect/ number
港、澳、台商投资 Investment from Hong Kong, Macao and Taiwan	外商投资 Foreign Investment	其他投资 Other Investment			
193.00		**27552.75**	**6366909.10**	**139546.30**	**95**
		9515.55	1303323.70	9338.20	4
		1895.60	167611.40		
			550000.00		
		956.80	89536.70		7
		236.00	350632.50	12671.80	
		105.33	42990.00		1
			13103.80		
			14465.30	2260.00	
			23355.10		
		1323.27	329501.20	10163.10	2
		2445.52	597555.30	35932.50	1
		2585.89	293719.70		1
			10376.90	296.00	
			2125.60		
			151860.80	5143.70	
		52.77	41645.30		1
			48580.10		1
			22093.80	2305.90	
		2522.39	764406.70	39530.70	2
		40.00	79442.80	5088.20	
			28880.30		
			14003.90		1
		1897.28	81022.50		2
			5477.80		
		55.00	61873.00	7021.50	3

地质勘查投入和新发现矿产地情况

Input in Geological Exploration and Newly Discovered

矿 种	Mineral		地质勘查经费/万元 Geological Exploration Fund/10^4 yuan			
			中央财政 Central Finance	地方财政 Local Finance	小计 Subtotal	国内企事业资金 Fund from Domestic Enterprise and Institution
矽线石	Sillimanite	132.21		132.21		
红柱石	Andalusite	582.91		19.57	563.34	563.34
菱镁矿	Magnesite	891.20			891.20	891.20
普通萤石	Common Fluorite	12809.68	266.55	7285.37	5257.76	5257.76
熔剂用灰岩	Limestone for Flux	6282.17		5082.45	1199.72	560.72
冶金用白云岩	Metallurgical Dolomite	1193.70		840.05	353.65	353.65
冶金用石英岩	Metallurgical Quartzite	946.99		141.09	805.90	714.45
冶金用砂岩	Metallurgical Sandstone	86.00		86.00		
冶金用脉石英	Metallurgical Vein Quartz	307.70		29.00	278.70	278.70
耐火黏土	Refractory Clay	641.18		631.18	10.00	10.00
铸型用黏土	Foundry Clay	42.00			42.00	42.00
硫铁矿	Pyrite	91.54			91.54	91.54
磷矿	Phosphate Rock	14603.58		6880.87	7722.71	7722.71
伴生磷	Associated Phosphorus	65.50			65.50	65.50
钾盐	Potash	10207.01	1000.00	1415.60	7791.41	7791.41
钠硝石	Nitratine	863.83			863.83	863.83
明矾石	Alunite	90.00		75.00	15.00	15.00
重晶石	Barite	713.16		337.80	375.36	171.56
电石用灰岩	Limestone for Calcium Carbide	26.00		26.00		
制碱用灰岩	Limestone for Alkali Production	161.10			161.10	161.10
化工用白云岩	Dolomite for Chemical Industry	262.79		89.19	173.60	
含钾砂页岩	Potassium-bearing Sandy Shale	29.24		29.24		
含钾岩石	Potassium-bearing Rock	30.00			30.00	30.00
泥炭	Peat	1191.54			1191.54	1191.54
矿盐	Mineral Salt	7513.75		1315.74	6198.01	6198.01
金刚石原生矿	Natural Diamond	181.27	20.00	149.27	12.00	12.00
方解石	Calcite	2244.64		1523.67	720.97	686.17
冰洲石	Iceland Spar	29.00			29.00	29.00
光学萤石	Optical Fluorite	356.87	266.55	90.32		
高纯石英	High Purity Quartz	55.00			55.00	55.00
石墨	Graphite	18003.95	152.65	15416.39	2434.91	2434.91
碎云母	Scrap Mica	385.20		385.20		

——按矿种分列（2021年）续表1

Mineral Prospects by Mineral （2021） Continued 1

企事业资金 Fund from Enterprise and Institution			机械岩芯钻探工作量/米 Footage of Core Drilling/m	坑探工作量/米 Footage of Pitting/m	新发现矿产地/个 Newly Discovered Mineral Prospect/ number
港、澳、台商投资 Investment from Hong Kong, Macao and Taiwan	外商投资 Foreign Investment	其他投资 Other Investment			
			2596.30		
			11828.20		
			111459.20	2564.50	3
		639.00	45444.40		1
			11824.00		1
		91.45	3039.90		1
			1805.00		
			2208.20		2
			4178.30		
			193.90		
				860.00	
			94791.40	1243.60	2
			805.50		
			33870.60	94.80	
				1838.40	
		203.80	6307.10	888.40	
			1064.30		
			1566.80		
		173.60	780.60		
			600.00		
			17165.90		
			42409.50		1
		34.80	27479.80	20.00	1
			182.00		
			601.30		
					1
			147932.30		4
			964.10		

地质勘查投入和新发现矿产地情况

Input in Geological Exploration and Newly Discovered

矿 种	Mineral	地质勘查经费/万元 Geological Exploration Fund/10^4 yuan				
			中央财政 Central Finance	地方财政 Local Finance		
					小计 Subtotal	国内企事业资金 Fund from Domestic Enterprise and Institution
绢云母	Sericite	55.00		55.00		
石膏	Gypsum	946.72		724.58	222.14	222.14
玉石	Jade	39.91		39.91		
玛瑙	Agate	87.16		87.16		
硅灰石	Wollastonite	1307.71		980.00	327.71	327.71
滑石	Talc	1431.70		887.70	544.00	544.00
石棉（超基性岩型）	Asbestos	298.00			298.00	298.00
长石	Feldspar	877.84		328.36	549.48	498.48
叶蜡石	Pyrophyllite	1404.24		241.74	1162.50	1162.50
高岭土	Kaolin	1668.26		969.66	698.60	683.60
陶瓷用砂岩	Sandstone for Ceramics	243.69		228.16	15.53	15.53
陶瓷土	Ceramic Clay	2394.19		709.52	1684.67	1644.67
玻璃用石英岩	Quartzite for Glass	3548.26		1705.78	1842.48	1842.48
玻璃用砂岩	Sandstone for Glass	457.31		179.90	277.41	277.41
玻璃用砂	Sand for Glass	418.70		202.61	216.09	216.09
玻璃用脉石英	Vein Quartz for Glass	2105.84		1324.50	781.34	766.34
粉石英	Powder Quartz	124.00		91.00	33.00	33.00
水泥用灰岩	Limestone for Cement	18783.02		12425.85	6357.17	6124.17
制灰用灰岩	Limestone for Ash Making	912.54		643.98	268.56	268.56
泥灰岩	Marl	9.80		9.80		
水泥配料用砂岩	Sandstone for Cement Batching	433.60		288.20	145.40	114.80
水泥配料用砂	Sand for Cement Batching	88.00		40.00	48.00	
水泥配料用脉石英	Vein Quartz for Cement Batching	96.88		96.88		
水泥配料用页岩	Shale for Cement Batching	232.00		144.00	88.00	
水泥配料用黏土	Clay for Cement Batching	322.83		231.97	90.86	58.86
水泥配料用红土	Laterite for Cement Batching	19.50		19.50		
水泥配料用泥岩	Mudstone for Cement Batching	247.25		102.25	145.00	145.00
水泥混合材用安山玢岩	Andesitic Porphyrite for Cement Mixture					
水泥混合材用玄武岩	Basalt for Cement Mixture	75.00			75.00	
水泥用大理岩	Marble for Cement	765.03		386.05	378.98	378.98
砖瓦用页岩	Shale for Brick and Tile	133.74		86.00	47.74	47.74
砖瓦用黏土	Clay for Brick and Tile	257.11		87.11	170.00	170.00

——按矿种分列（2021年）续表2
Mineral Prospects by Mineral （2021） Continued 2

企事业资金 Fund from Enterprise and Institution			机械岩芯钻探工作量/米 Footage of Core Drilling/m	坑探工作量/米 Footage of Pitting/m	新发现矿产地/个 Newly Discovered Mineral Prospect/ number
港、澳、台商投资 Investment from Hong Kong, Macao and Taiwan	外商投资 Foreign Investment	其他投资 Other Investment			
			432.10		
			7125.40	194.40	
			535.60		
			6475.40		
			5256.20		2
			1948.60		
		51.00	8230.60		1
			17107.80	100.00	
		15.00	11531.80		1
			1071.00		5
		40.00	73806.00		1
			24413.00		
			3156.10		1
			5055.00		2
		15.00	17360.70		1
			1513.80		
193.00		40.00	181633.70	1990.60	6
			4560.60		1
		30.60	2031.10		
		48.00	1017.00		
			200.00		
		88.00	1416.90		
		32.00	2186.80		
			255.80		
			1513.70		
			100.00		
		75.00	520.00		
			4850.00		
			2461.00		
			6531.60		

地质勘查投入和新发现矿产地情况

Input in Geological Exploration and Newly Discovered

矿 种	Mineral	地质勘查经费/万元 Geological Exploration Fund/10^4 yuan				
			中央财政 Central Finance	地方财政 Local Finance	小计 Subtotal	国内企事业资金 Fund from Domestic Enterprise and Institution
砖瓦用砂岩	Sandstone for Brick and Tile	31.63		31.63		
伊利石黏土	Illite Clay	30.00			30.00	30.00
膨润土	Bentonite	137.64		89.64	48.00	48.00
硅藻土	Diatomite	276.24		140.65	135.59	135.59
建筑用砂	Sand for Construction	4632.02		4232.52	399.50	399.50
建筑用灰岩	Limestone for Construction	11028.20		9243.27	1784.93	1470.93
建筑用角闪岩	Amphibolite for Construction	205.00		205.00		
建筑用辉绿岩	Diabase for Construction	665.33		494.00	171.33	171.33
建筑用凝灰岩	Tuff for Construction	379.81		379.81		
建筑用玄武岩	Basalt for Construction	565.05		540.05	25.00	25.00
建筑用花岗岩	Granite for Construction	5332.52		4567.89	764.63	714.63
建筑用大理岩	Marble for Construction	141.00		58.00	83.00	
建筑用白云岩	Dolomite for Construction	982.05		591.85	390.20	390.20
建筑用砂岩	Sandstone for Construction	4242.93	48.00	3177.67	1017.26	667.26
建筑用页岩	Shale for Construction	34.80			34.80	34.80
建筑用片麻岩	Gneiss for Construction					
饰面用石材	Decorative Stone	296.30		296.30		
饰面用花岗岩	Decorative Granite	9439.36		5807.75	3631.61	3631.61
饰面用灰岩	Decorative Limestone	1914.87		1373.66	541.21	103.00
饰面用大理岩	Decorative Marble	1132.95		356.00	776.95	666.95
饰面用蛇纹岩	Decorative Serpentinite	239.00			239.00	239.00
饰面用板岩	Decorative Slate	1003.02		896.72	106.30	106.30
火山渣	Scoria	60.00			60.00	60.00
片麻岩	Gneiss	412.16		328.28	83.88	83.88
陶粒用黏土	Clay for Ceramsite	250.00		250.00		
岩棉用玄武岩	Basalt for Rock Wool	346.09		277.59	68.50	68.50
矿泉水	Mineral Water	2533.76		1304.29	1229.47	1229.47
地下水	Ground Water	2887.91		1154.37	1733.54	734.65
其他矿种	Other Minerals	27317.27	26805.47	431.80	80.00	80.00
基础地质、科技、水环及地灾调查、信息化等	Basic Geology, Science and Technology, Water and Disaster Investigation, Information, etc.	879541.67	306974.08	436298.68	136268.91	136268.91

——按矿种分列（2021年）续表3

Mineral Prospects by Mineral （2021） Continued 3

企事业资金 Fund from Enterprise and Institution			机械岩芯钻探工作量/米 Footage of Core Drilling/m	坑探工作量/米 Footage of Pitting/m	新发现矿产地/个 Newly Discovered Mineral Prospect/ number
港、澳、台商投资 Investment from Hong Kong, Macao and Taiwan	外商投资 Foreign Investment	其他投资 Other Investment			
			264.80		
			1001.50		
			1045.20		
			17169.90		1
		314.00	70534.90		6
			1600.00		1
			5360.80		1
			3567.60		
			5975.90		
		50.00	35326.10		5
		83.00	715.40		
			9144.90		1
		350.00	28946.60		2
			1338.80		
					1
			2613.10		
			65393.90		7
		438.21	7558.00		1
		110.00	6920.90		
			6100.00		
			8255.70		
			160.00		
			3901.10		
			2767.10		1
			857.70		
			15452.60		4
		998.89	11956.50		

全国非油气地质勘查

Completion of National Non–petroleum

地　区	Region	区域地质调查 Regional Geological Survey	区域地球物理调查 Regional Geophysical Survey		
		1：5万区域地质调查/平方千米 1：50000 Regional Geological Survey/km²	1：25万区域重力测量/平方千米 1：250000 Regional Measurement/km²	1：5万重力测量/平方千米 1：50000 Gravity Measurement/km²	航空物探/测线千米 Aerogeophysical Prospecting/line km
总　计	**Total**	**38789.70**	**52200.00**	**2429.00**	**85315.00**
北　京	Beijing				
天　津	Tianjin				
河　北	Hebei	1892.00			
山　西	Shanxi	4530.40			
内蒙古	Inner Mongolia	4018.00	42100.00		13822.10
辽　宁	Liaoning	200.00			
吉　林	Jilin	250.00			
黑龙江	Heilongjiang		2100.00		
上　海	Shanghai				
江　苏	Jiangsu	50.00			
浙　江	Zhejiang	450.00			
安　徽	Anhui				
福　建	Fujian	3343.00			
江　西	Jiangxi	62.00			
山　东	Shandong	1651.30		1890.00	
河　南	Henan				
湖　北	Hubei	600.00			
湖　南	Hunan	275.00			
广　东	Guangdong				
广　西	Guangxi	300.00			
海　南	Hainan				59099.00
重　庆	Chongqing	7445.00			
四　川	Sichuan	745.00	4000.00		
贵　州	Guizhou	530.00	4000.00		
云　南	Yunnan	2025.00		222.00	
西　藏	Tibet	4650.00			5168.00
陕　西	Shaanxi	2098.00		217.00	
甘　肃	Gansu	2473.00			5760.00
青　海	Qinghai	200.00			1465.90
宁　夏	Ningxia	400.00			
新　疆	Xinjiang	87.00		100.00	
其　他	Other	515.00			

工作完成情况（2021年）
Geological Exploration（2021）

区域地球化学调查 Regional Geochemical Survey				矿产地质调查 Mineral Geological Survey
1：25万地球化学调查/平方千米 1：250000 Geochemical Survey/km^2	1：5万地球化学调查/平方千米 1：50000 Geochemical Survey/km^2	1：5万土地质量化学调查/平方千米 1：50000 Land Quality Chemical Survey/km^2	1：25万土地质量化学调查/平方千米 1：250000 Land Quality Chemical Survey/km^2	1：5万矿产地质调查/平方千米 1：50000 Mineral Geological Survey/km^2
	27763.50	**20522.30**	**18161.00**	**27470.70**
		110.00		
	2329.70			838.90
	50.00	260.00	4000.00	1100.00
		445.00		1502.00
		245.00		1024.00
				563.00
	7157.70			
	1904.00	2464.70		2696.00
		650.00		300.00
	1115.00	2981.30		1455.00
	1120.00	4996.70	850.00	
		348.00	3130.00	250.00
	1686.60			200.00
		946.00		
		390.00		
	5842.40			
		245.00		2601.00
		73.00		200.00
		653.00	10181.00	225.00
		200.00		1395.00
	2123.00	3485.00		2486.00
	1875.60	263.60		6762.80
		466.00		1600.00
	481.50			
	2078.00	1300.00		2272.00

全国油气地质勘查

Completion of National Oil and Natural

地 区	Region	探井/口 Exploratory/well
总 计	**Total**	**2787**
北 京	Beijing	
天 津	Tianjin	121
河 北	Hebei	86
山 西	Shanxi	210
内蒙古	Inner Mongolia	100
辽 宁	Liaoning	45
吉 林	Jilin	56
黑龙江	Heilongjiang	203
上 海	Shanghai	16
江 苏	Jiangsu	54
浙 江	Zhejiang	
安 徽	Anhui	3
福 建	Fujian	
江 西	Jiangxi	
山 东	Shandong	236
河 南	Henan	90
湖 北	Hubei	29
湖 南	Hunan	
广 东	Guangdong	95
广 西	Guangxi	
海 南	Hainan	22
重 庆	Chongqing	40
四 川	Sichuan	73
贵 州	Guizhou	16
云 南	Yunnan	2
西 藏	Tibet	
陕 西	Shaanxi	427
甘 肃	Gansu	314
青 海	Qinghai	33
宁 夏	Ningxia	151
新 疆	Xinjiang	365

工作完成情况（2021年）
Gas Geological Exploration（2021）

工作量 Workload		
进尺/千米 Footage/km	二维地震/千米 2D Earthquake/km	三维地震/平方千米 3D Earthquake/km^2
8355.18	**12897.41**	**37691.31**
287.34	1120.00	3351.70
305.45	294.00	
309.49	951.51	604.13
280.22	96.00	405.59
135.84	500.00	470.00
183.90	209.00	318.00
448.96		242.00
61.92	1046.80	2223.75
150.00		609.00
4.28	55.00	
847.21		1637.00
277.73	357.00	980.00
94.32		587.00
300.69	1229.70	9109.14
44.95		22.00
190.28	475.00	1285.00
390.92	1303.00	4107.00
14.43	360.00	108.00
2.04		
1062.55	297.00	400.00
882.41		2762.00
148.22	1800.00	567.00
475.00		500.00
1457.06	2803.40	7403.00

主要统计指标解释

总收入 指报告期内填报单位从事各种经济活动所取得的收入总额。

矿业权转让收入 指报告期内填报单位通过矿业权转让取得的收入，包括通过合资、合作方式成立矿业公司获得的矿产资源开发收入。

工程勘察与施工收入 指报告期内填报单位凭建设主管部门发放的建设工程勘察设计、岩土施工、建筑施工企业等专业资质，从事建设工程勘察、工程设计、工程施工等经营活动取得的各项收入。

矿产开发收入 指报告期内填报单位从事矿产资源开发活动所取得的收入，包括通过合资、合作方式成立矿业公司获得的矿产资源开发收入。

其他收入 指报告期内填报单位在总收入中除去从事地质勘查、矿业权转让、矿产开发、工程勘察施工等经济活动收入以外的收入。

地质勘查业收入 指报告期内填报单位从事地质勘查经济活动所取得的各种收入总和，包括地质勘探费、地质专项拨款、矿产勘查劳务收入等。

地质专项拨款 指报告期内地勘单位取得的中央和地方地质专项拨款费用，包括自然资源大调查项目、矿产资源补偿费项目、财政补贴项目、危机矿山项目、地勘基金项目等，也包括市、县政府设立的各类地质勘查专项项目，按中央和地方的各类专项分别统计。

地质勘探费 指以1998年为基数，由中央财政划转给省财政单列，继续用于地质勘查单位离退休人员、地质勘查工作和经常性费用支出，该指标按照中央财政投入和地方财政投入分别统计。

总费用 指报告期内填报单位为开展业务活动和其他活动所发生的各项资金耗费及损失，以及用于基本建设项目的开支。

矿产开发费用 指报告期内填报单位从事矿产资源开发活动而发生的各项成本、费用支出总额。

年末在职职工 指事业单位在编人员，企业在册人员，与单位签订聘用合同、劳动合同或符合劳动保障部门关于认定形成事实劳动关系条件的人员，不含外方及港澳台人员、实习在校生、参军人员以及未经聘用、留用的离退休人员。

地质勘查人员 指年末在职职工中从事地质勘查工作的人员，包括从事基础地质调查、矿产资源调查、资源潜力评价、水文地质、工程地质、环境地质、物探、化探、遥感、岩矿鉴定测试、地质测量等工作的在职职工。

技术人员 指在地勘单位中从事工作并取得劳动报酬的，具有初级及初级以上地质勘查专业技术职称的在职职工，包括已取得专业技术职称，现从事技术管理和行政管理工作的行政人员。

工程勘察与施工人员 指填报单位中专业从事建筑工程勘察、设计、施工工作的人员。

矿产开发人员 指填报单位中从事矿产资源开发利用的人员。

劳动者报酬 指报告期内直接支付给本单位使用的全部劳动报酬（生活费）总额。包括职工工资总额，聘用人员报酬，聘用、留用的离退休人员劳动报酬，外籍及港澳台人员的劳动报酬以及人事档案保留在原单位人员的劳动报酬。

地质勘查经费 指报告期内完成的来自各方面的地质勘查资金，包括完成的中央财政、地方财政地质勘查拨款，企事业单位、港澳台商、外商投入的地质勘查工作的资金以及其他资金。

中央财政 指报告期内实际完成的由国家预算收支科目安排的直接用于地质勘查的经费。

地方财政 指报告期内实际完成的地方财政拨付的地质勘查经费。

企事业资金 指报告期内完成的各类企事业单位投入的地质勘查工作的资金，包括内资企事业资金、港澳台商投资和外商投资。

国内企事业资金 指报告期内完成的国有、集体企事业单位和私营企业投入地质勘查工作的资金。

港、澳、台商投资 指港、澳、台企业和经济组织或个人按我国有关政策、法规，用现汇、实物（折资）和技术等投入地质勘查工作资金。

外商投资 指报告期内完成境外投入地质勘查工作的资金，包括外商直接投资、对外借贷（外国政府贷款、国际金融组织贷款、出口信贷、外国银行商业贷款、对外发行债券和股票）及外商其他投资（包括补偿贸易和加工装配由外商提供的设备价款、国际租赁）。不包括我国自有外汇资金（包括国家外汇、地方外汇、流程外汇、调剂外汇和中国银行自有资金发行的外汇贷款等）。

机械岩芯钻探工作量 指用动力机械带动，回转或冲击回转钻进，并以取出岩芯了解和研究地下地质情况为目的的钻探工作的工作量。如手轮给进钻机、油压钻机、石油钻机、海洋石油钻机、水文水井钻机以及汽车钻等。以米计量，取整数。

新发现矿产地 指报告期内通过各类地质调查工作，或者根据群众报矿、群众采矿线索新发现的，并经过矿产调查工作证实为有进一步工作意义或具有工业价值，具有一定规模，作出初步评价的矿区。

二维地震 指在地面上布置一条条测线，沿各条测线进行地震勘探施工，采集地下地层反射回地面的地震波信息。

三维地震 指一种面积地震勘探方法。野外的观测系统有多种形式，如用48个激发点和48道检波器，构成互相垂直的观测系统，对每个反射面可得到2000多个均匀分布的深度点。

Explanatory Notes on Main Statistical Indicators

Total Income—the total amount of income obtained by the reporting unit engaged in various economic activities during the reporting period.

Income from Mining Right Transfer—the income obtained by the reporting unit through mining right transfer during the reporting period, including mineral resources development income from establishing mining companies through joint ventures or cooperation.

Income from Project Investigation and Construction—the income derived by the reporting unit from project investigating, designing and constructing with professional qualifications issued by construction authorities such as construction project investigation and design, geotechnical construction and construction enterprises, etc.

Income from Mining Exploration—the income derived by the reporting unit from mineral resources development during the reporting period, including mineral resources development income from establishing mining companies through joint ventures or cooperation.

Other Income—the income of the reporting unit during the reporting period excluding the income from geological exploration, mining right transfer, mineral development, project exploration and construction, etc.

Income from Geological Exploration—the sum of all kinds of income obtained by the reporting unit engaged in geological exploration activities during the reporting period, including geological exploration fee, geological special fund, income from mineral exploration service etc.

Geological Special Fund—the central and local geological special funds obtained by the geological exploration units during the reporting period, including large-scale natural resources investigation projects, mineral resources compensation projects, financial subsidy projects, crisis mine projects, geological exploration fund projects, etc., as well as all kinds of special geological exploration projects set up by the municipal and county governments, which are respectively counted according to special projects of central and local governments.

Geological Exploration Fee—the expenses transferred from central finance to provincial finance separately based on 1998, which continue to be used for retired personnel, geological exploration work and recurrent expenses of geological exploration units. This index is calculated separately according to the central and local financial inputs.

Total Cost—expenses and losses of various funds spent by the reporting unit in carrying out business activities and other activities, as well as expenditure for basic construction projects during the reporting period.

Cost of Mining Exploration—the total amount of costs and expenses spent by the reporting unit in mineral resources development during the reporting period.

On-the-job Employee at the Year End—the employees in the public institutions, the registered employees in the enterprises, the employees who sign employment contracts or labor contracts with the units or meet the requirements of the labor and social security department for determining the formation of a factual labor relationship, excluding the foreign party, Hong Kong, Macao and Taiwan personnel, interns, military personnel and retirees who have not been employed or retained.

Geological Exploration Personnel—those who are engaged in geological exploration among the on–the–job staff at the end of the year, including those who are engaged in basic geological survey, mineral resources survey, resource potential assessment, hydrogeology, engineering geology, environmental geology, geophysical exploration, geochemical exploration, remote sensing, rock and mineral identification test, geological survey, etc.

Technical Personnel—the on–the–job workers who are engaged in work and get remuneration in geological exploration units and have professional and technical titles of primary or above, including administrative personnel who have obtained professional and technical titles and are now engaged in technical management and administrative management.

Personnel Engaging in Project Investigation and Construction—those who are specialized in construction engineering investigation, design and construction in the reporting unit.

Personnel Engaging in Mining Exploration—the personnel engaged in the development and utilization of mineral resources in the reporting unit.

Remuneration of Labor—the total amount of labor remuneration (living expenses) directly paid to the unit during the reporting period, including total wages of employees, remuneration of employed personnel, remuneration of employed and retained retirees, remuneration of foreign, Hong Kong, Macao and Taiwan personnel and remuneration of personnel whose files retain in the original unit.

Geological Exploration Fund—the geological exploration funds from all sides completed during the reporting period, including the funds allocated by the central and local governments for geological exploration, the funds invested by enterprises and institutions, Hong Kong, Macao and Taiwan businessmen, and foreign businessmen, as well as other funds.

Central Finance—expenditures directly used for geological exploration and arranged by the state budgeted revenue and expenditure account, which are actually completed during the reporting period.

Local Finance—expenditures for geological exploration and allocated by local finance, which are actually completed during the reporting period.

Fund from Enterprise and Institution—the funds invested in geological exploration by all kinds of enterprises and institutions during the reporting period, including investment from domestic enterprises and institutions, Hong Kong, Macao and Taiwan businessmen as well as foreign investment.

Fund from Domestic Enterprise and Institution—the funds invested in geological exploration by state–owned, collective enterprises and institutions and private enterprises in the reporting period.

Investment from Hong Kong, Macao and Taiwan—the investment of Hong Kong, Macao and Taiwan enterprises, economic organizations or individuals in geological exploration in cash, in kind (capital converted) and technology in accordance with relevant policies and regulations of China.

Foreign Investment—the funds invested abroad in geological exploration during the reporting period, including foreign direct investment, foreign loans (foreign government loans, loans from international financial organizations, export credits, commercial loans from foreign banks, foreign issuance of bonds and stocks) and other foreign investments (including compensation trade and equipment price and international lease provided by foreign investors for processing and assembling). It excludes China's own foreign exchange funds (including national foreign exchange, local foreign exchange, process foreign exchange, foreign exchange adjustment and foreign exchange loans issued by the Bank of China's own funds).

Footage of Core Drilling—the penetration of rotary or percussive drilling driven by power machinery that recovers the core in order to study the underground geology. The drills include hand–lever feed drills, hydraulic feed drills, oil drills, marine oil drills, hydrological water well drills, and truck–mounted drills. It is calculated in meters and rounded off.

Newly Discovered Mineral Prospect—mineral occurrences that are newly found through all kinds of geological survey or on the basis of the ore information and clues reported by the broad masses of people, demonstrated through mineral surveys to be of value for further work or of industrial value and have certain sizes, and evaluated preliminarily during the reporting period.

2D Earthquake—arrange a line on the ground, carry out seismic exploration along each line, and collect seismic wave information reflected from underground strata back to the ground.

3D Earthquake—a kind of area seismic exploration method. There are many forms of field observation system, such as using 48 excitation points and 48 geophones to form a mutually perpendicular observation system. For each reflector, more than 2000 uniform depth points can be obtained.

测绘与地理信息

Surveying and Mapping and Geographic Information

测绘资质单位数量

Number and Total Service Value of Surveying

地区	Region	合计 Total	
		单位数量/个 Number of Unit/number	服务总值/万元 Total Service Value/10^4 yuan
总计	**Total**	**15402**	**15086227.70**
北京	Beijing	464	2228559.20
天津	Tianjin	207	314618.45
河北	Hebei	812	477783.07
山西	Shanxi	417	205332.67
内蒙古	Inner Mongolia	462	178260.32
辽宁	Liaoning	428	319383.43
吉林	Jilin	401	167720.80
黑龙江	Heilongjiang	257	192472.59
上海	Shanghai	197	520736.78
江苏	Jiangsu	1081	850493.81
浙江	Zhejiang	687	916741.98
安徽	Anhui	560	304696.65
福建	Fujian	471	378456.99
江西	Jiangxi	482	296535.53
山东	Shandong	904	769811.02
河南	Henan	670	446109.58
湖北	Hubei	785	1001316.52
湖南	Hunan	584	499407.49
广东	Guangdong	1013	1654312.80
广西	Guangxi	572	353056.38
海南	Hainan	200	86967.50
重庆	Chongqing	291	363161.19
四川	Sichuan	1272	891080.55
贵州	Guizhou	429	243412.33
云南	Yunnan	583	357731.75
西藏	Tibet	33	28125.48
陕西	Shaanxi	424	578908.34
甘肃	Gansu	175	157535.68
青海	Qinghai	122	87739.10
宁夏	Ningxia	112	56729.56
新疆	Xinjiang	307	159030.16

和服务总值（2021年）

and Mapping Qualification Agency（2021）

按测绘资质等级分 Grouped by Surveying and Mapping Qualification Grade			
甲级 Grade A		乙级 Grade B	
单位数量/个 Number of Unit/number	服务总值/万元 Total Service Value/10^4 yuan	单位数量/个 Number of Unit/number	服务总值/万元 Total Service Value/10^4 yuan
1538	**9230391.80**	**13864**	**5855835.90**
155	1945018.39	309	283540.81
33	247163.07	174	67455.38
83	268294.17	729	209488.90
29	90644.18	388	114688.49
34	60027.03	428	118233.29
39	209162.14	389	110221.29
35	82361.60	366	85359.20
37	122625.95	220	69846.64
45	307479.36	152	213257.42
103	531748.98	978	318744.83
51	486185.85	636	430556.13
50	142444.98	510	162251.67
53	248315.71	418	130141.28
49	169954.61	433	126580.92
65	400822.49	839	368988.53
76	204718.90	594	241390.68
93	640757.06	692	360559.46
62	281609.95	522	217797.54
133	1126342.22	880	527970.58
26	161746.80	546	191309.58
9	23530.33	191	63437.17
11	143240.51	280	219920.68
75	471371.87	1197	419708.68
19	96483.77	410	146928.56
33	156016.71	550	201715.04
2	5656.16	31	22469.32
65	364028.56	359	214879.78
33	107995.60	142	49540.08
15	50430.42	107	37308.68
5	17466.21	107	39263.35
20	66748.22	287	92281.94

测绘资质单位

Employees of Surveying and

地区	Region	测绘从业人员年末人数/人 Employee of Surveying and Mapping Qualification Unit at the End of the Year/ person					测绘从业人员年平均人数/人 Annual Average Employee of Surveying and Mapping/person		
		合计 Total	按资质等级分 Grouped by Qualification Grade		#测绘作业证持证人数 Person with Surveying and Mapping Operation Certificate	#年内录用应届毕业生 Employment of Fresh Graduates During the Year		合计 Total	
			甲级 Grade A	乙级 Grade B					小计 Subtotal
总 计	**Total**	**411255**	**175547**	**235708**	**155865**	**16285**	**400638**	**333502**	**209408**
北 京	Beijing	31591	23840	7751	5497	1432	30926	20700	11418
天 津	Tianjin	6605	3548	3057	2737	277	6433	5501	3968
河 北	Hebei	20161	9103	11058	5947	671	19555	15527	9313
山 西	Shanxi	10159	3519	6640	3761	313	9903	7866	5257
内蒙古	Inner Mongolia	8490	2765	5725	2682	218	8291	7526	4786
辽 宁	Liaoning	8967	3557	5410	3905	260	8973	7577	4864
吉 林	Jilin	7440	2739	4701	3286	157	7321	6696	4397
黑龙江	Heilongjiang	7497	3854	3643	3091	171	7407	6695	4377
上 海	Shanghai	8172	4407	3765	1806	340	7660	6487	3542
江 苏	Jiangsu	25067	10587	14480	10846	903	24447	20461	13100
浙 江	Zhejiang	19006	6186	12820	8543	743	18574	15116	10265
安 徽	Anhui	13057	4581	8476	5953	746	12693	10887	6631
福 建	Fujian	10636	4735	5901	4487	513	10344	9233	5778
江 西	Jiangxi	8860	3819	5041	3776	349	8512	7651	4821
山 东	Shandong	22570	8262	14308	9504	844	22158	18595	11723
河 南	Henan	17562	6026	11536	7719	612	17541	14782	10266
湖 北	Hubei	27476	12715	14761	7102	1169	26771	22660	12516
湖 南	Hunan	14310	5686	8624	6479	354	13688	12140	7577
广 东	Guangdong	32418	17996	14422	10101	1720	31598	23468	13762
广 西	Guangxi	13237	4433	8804	4997	514	12729	11653	7071
海 南	Hainan	3294	586	2708	1491	82	3217	2808	1800
重 庆	Chongqing	8405	2315	6090	2913	340	8156	6811	4262
四 川	Sichuan	28365	8989	19376	14071	997	27974	23712	15633
贵 州	Guizhou	8352	2009	6343	3733	376	7991	7206	4380
云 南	Yunnan	13768	3338	10430	6993	726	13295	11895	7874
西 藏	Tibet	723	140	583	349	41	717	676	426
陕 西	Shaanxi	17238	8595	8643	6053	920	16617	13738	9351
甘 肃	Gansu	6092	3424	2668	2841	185	5817	5238	3428
青 海	Qinghai	3348	1574	1774	1503	96	3181	2861	1973
宁 夏	Ningxia	2019	366	1653	1044	62	1950	1818	1057
新 疆	Xinjiang	6370	1853	4517	2655	154	6199	5518	3792

从业人员数量（2021年）
Mapping Qualification Agency（2021）

专业技术人员年末人数/人 Number of Professional and Technical Personnel at the End of the Year/person									技能人才/人 Skilled Personnel/person
测绘专业技术人员 Surveying and Mapping Professional and Technical Personnel				测绘相关专业技术人员 Surveying and Mapping Related Professional and Technical Personnel					
高级 Senior	中级 Intermediate	初级 Junior	其他 Other	小计 Subtotal	高级 Senior	中级 Intermediate	初级 Junior	其他 Other	
32367	**79749**	**80042**	**17250**	**113393**	**20230**	**31838**	**32040**	**29285**	**25625**
2169	3915	4019	1315	7728	1189	1567	2019	2953	1231
916	1652	1226	174	1478	335	440	359	344	402
1447	3936	3575	355	5907	910	1554	1551	1892	1943
656	2116	2116	369	2326	355	714	669	588	1198
668	2005	1812	301	2598	381	712	718	787	404
876	2268	1461	259	2529	522	756	628	623	329
835	1553	1805	204	2096	491	617	618	370	334
1024	1413	1359	581	2126	625	556	433	512	607
698	1198	1436	210	2727	584	736	944	463	830
1971	4741	5107	1281	7070	1205	1953	2394	1518	1503
1451	4055	3969	790	4604	691	1290	1626	997	745
922	2664	2594	451	3964	633	987	1167	1177	890
807	2316	2229	426	3250	450	805	991	1004	481
668	1854	2015	284	2633	448	832	829	524	467
1720	4753	4505	745	6355	1102	1866	2046	1341	906
1210	3607	4777	672	4221	790	1416	1298	717	1086
2143	4721	4512	1140	9073	1707	2680	2295	2391	2076
1104	3100	2856	517	4149	793	1661	1071	624	1107
1942	4830	5092	1898	8796	1334	1712	2063	3687	1494
1034	3109	2244	684	4236	827	1276	977	1156	447
191	697	773	139	939	146	241	368	184	203
888	1601	1529	244	2326	485	764	608	469	721
1866	5421	7030	1316	7381	1203	2148	2643	1387	2019
681	1851	1548	300	2466	447	703	624	692	539
1228	2846	2823	977	3494	751	953	812	978	651
47	135	172	72	245	54	79	69	43	49
1448	3125	4022	756	3957	788	1276	1048	845	1708
534	1308	1355	231	1602	343	551	449	259	683
283	828	651	211	841	158	290	213	180	168
137	424	444	52	653	100	193	236	124	120
803	1707	986	296	1623	383	510	274	456	284

测绘基准
Surveying and Mapping

地 区	Region	本年卫星定位连续运行基准站建设/座 Construction of Satellite Navigation and Position Continuous Operation Reference Base Station in This Year/unit	#自建/座 Self Built/unit	GNSS大地控制点测量/点 GNSS Geodetic Control Point Surveying/spot
总 计	**Total**	**343**	**239**	**6336**
北 京	Beijing			
天 津	Tianjin	24	14	144
河 北	Hebei	3	3	68
山 西	Shanxi			187
内蒙古	Inner Mongolia	19	4	220
辽 宁	Liaoning			51
吉 林	Jilin	3	3	43
黑龙江	Heilongjiang	7	7	57
上 海	Shanghai			
江 苏	Jiangsu	6	5	257
浙 江	Zhejiang			1430
安 徽	Anhui	4	4	26
福 建	Fujian			78
江 西	Jiangxi	7	7	148
山 东	Shandong			8
河 南	Henan	3	2	140
湖 北	Hubei	2	2	136
湖 南	Hunan	6	6	
广 东	Guangdong	27	25	35
广 西	Guangxi	6	6	39
海 南	Hainan	4	4	100
重 庆	Chongqing			471
四 川	Sichuan	94	86	524
贵 州	Guizhou	6	2	44
云 南	Yunnan	51	24	542
西 藏	Tibet			
陕 西	Shaanxi	3	2	258
甘 肃	Gansu	14	4	162
青 海	Qinghai			
宁 夏	Ningxia			
新 疆	Xinjiang	54	29	1168

注：统计范围包括县级以上自然资源主管部门数据。其中陕西省、黑龙江省、四川省、海南省数据由自然资源部派出机构陕西测绘

Note: The range of statistics include the data of the departments in charge of natural resources at county level. The data of Shaanxi, Heilongjiang, Geographic Information, Sichuan Bureau of Surveying, Mapping and Geoinformation, Hainan Administration of Surveying and Mapping Geoinformation.

建设情况（2021年）
Datum Construction（2021）

水准测量 Leveling		重力测量/点 Gravity Measurement/spot	本地似大地水准面精化/平方千米 Local Quasi Geoid Refinement/km²
点数/点 Point/spot	观测长度/千米 Observation Length /km		
13972	**56384.68**	**198**	**376091.63**
1252	7000.00		12000.00
70	822.58		
73	609.43		10700.00
10	4345.77		
30	357.00		
111	324.00		
830	3872.70		13923.60
564	2611.40		
36	69.00	9	
49	123.80		
100	238.00		7195.00
1835	102.00		160000.00
			332.00
148	3087.47	1	
12	2067.45		150000.00
85	4.00		
1039	3419.35		2941.00
333	885.00		
26	10.00		
6149	20955.20	188	0.03
1194	2292.40		9000.00
26	81.93		
	3106.20		10000.00

地理信息局、黑龙江测绘地理信息局、四川测绘地理信息局和海南测绘地理信息局负责。
Sichuan and Hainan provinces are handled by Shaanxi Bureau of Surveying, Mapping and Geoinformation, Heilongjiang Bureau of Surveying and Mapping

航空摄影
Aerial Photography

单位：平方千米

地　区	Region	合计 Total	按航摄类型分 Grouped by Aerial Photography Type			
			数码航空摄影 Digital Aerial Photography	机载Lidar Airborne Lidar	机载雷达SAR Airborne Radar SAR	倾斜摄影 Tilt Photography
总　计	**Total**	**2752170.34**	**2062628.57**	**304459.29**	**11916.80**	**154526.83**
北　京	Beijing	191348.94	131728.71	35172.94	4010.00	17612.57
天　津	Tianjin	160137.50	86006.50	71010.72	130.00	2832.15
河　北	Hebei	42327.24	39309.75	20.00		2543.83
山　西	Shanxi	16123.75	11855.52	1028.22	155.00	2273.09
内蒙古	Inner Mongolia	26513.19	6889.21	18232.81	20.00	828.92
辽　宁	Liaoning	4642.30	2236.19	237.50		1611.36
吉　林	Jilin	46132.07	25648.80	18513.50		730.77
黑龙江	Heilongjiang	42192.74	21812.89	11030.20	2837.00	1847.20
上　海	Shanghai	27029.91	22542.87	21.66		2804.58
江　苏	Jiangsu	85542.38	74591.53	1276.17		6437.04
浙　江	Zhejiang	159901.09	136051.50	947.36	53.37	20025.56
安　徽	Anhui	24776.20	22029.93	1368.53		919.61
福　建	Fujian	13595.64	10420.88	1012.55	6.00	1618.42
江　西	Jiangxi	15045.37	13309.21	129.91	72.28	1510.47
山　东	Shandong	87044.88	57861.89	22305.78	35.64	5855.69
河　南	Henan	124612.90	48168.38	1925.36	282.49	8635.24
湖　北	Hubei	214445.47	151765.89	38927.16	610.00	15335.52
湖　南	Hunan	81138.35	11326.81	716.85		4423.35
广　东	Guangdong	98589.15	56179.16	22974.21	6.00	18276.45
广　西	Guangxi	66714.23	60673.81	499.15	559.20	3979.59
海　南	Hainan	2340.96	2026.26	56.00		236.48
重　庆	Chongqing	14052.09	7464.80	374.00	500.00	5052.29
四　川	Sichuan	89530.60	71774.10	9759.38	938.82	3945.01
贵　州	Guizhou	872697.20	863838.68	4069.78	170.00	4609.89
云　南	Yunnan	75924.62	46777.61	22041.80	1261.00	4916.78
西　藏	Tibet	345.81	223.98			111.83
陕　西	Shaanxi	120635.46	50443.37	12708.35		6970.26
甘　肃	Gansu	18809.39	11394.28	2276.50		4235.42
青　海	Qinghai	6616.45	4552.96	339.17		710.45
宁　夏	Ningxia	2523.38	1573.77			945.99
新　疆	Xinjiang	20841.08	12149.33	5483.73	270.00	2691.02

注：统计范围为具有航空摄影资质的测绘单位。

Note: The range of statistics is surveying and mapping units with aerial photography qualification.

获取情况（2021年）
Acquisition（2021）

Unit：km²

	按分辨率分 Grouped by Resolution			按飞行器类型分 Grouped by Aircraft Type	
其他 Other	0.2米以内（含） Within 0.2m （Including）	0.2～0.5米（含） 0.2～0.5m （Including）	0.5米以上 above 0.5m	一般航摄 General Aerial Photography	无人飞行器航摄 UAV Aerial Photography
218638.85	**2208270.08**	**394201.16**	**149699.10**	**1976313.46**	**775856.88**
2824.72	142034.64	38025.48	11288.82	156669.40	34679.54
158.13	130996.65	28860.50	280.35	146838.20	13299.30
453.66	14334.49	26703.42	1289.33	34506.53	7820.71
811.92	10655.10	2627.94	2840.71	3444.77	12678.98
542.25	7928.29	1202.91	17381.99	17833.75	8679.44
557.25	3100.31	1528.94	13.05	378.40	4263.90
1239.00	28161.96	1026.39	16943.72	40530.40	5601.67
4665.45	27474.24	14658.50	60.00	30523.90	11668.84
1660.80	25377.91	32.00	1620.00	24970.00	2059.91
3237.64	82442.00	2329.56	770.82	63958.41	21583.97
2823.30	147034.30	4549.49	8317.30	108551.56	51349.53
458.13	14899.23	9514.97	362.00	11806.68	12969.52
537.79	10888.69	2053.79	653.16	5097.05	8498.59
23.50	9176.98	355.61	5512.78	1469.28	13576.09
985.88	63151.51	4032.10	19861.27	66133.56	20911.32
65601.43	55670.46	68527.41	415.03	66069.00	58543.90
7806.90	152365.34	10126.27	51953.86	156925.71	57519.76
64671.34	14570.54	66372.76	195.05	67190.06	13948.29
1153.33	83995.76	13977.67	615.72	43561.01	55028.14
1002.48	65748.47	653.09	312.67	774.94	65939.29
22.22	2169.13	121.00	50.83	28.23	2312.73
661.00	9895.99	3588.30	567.80	1375.50	12676.59
3113.29	81516.58	7294.45	719.57	7573.99	81956.61
8.85	868455.74	3786.26	455.20	842127.23	30569.97
927.43	57786.65	15435.65	2702.32	20491.19	55433.43
10.00	270.01	65.80	10.00	50.03	295.78
50513.48	56596.28	62870.24	1168.94	47771.76	72863.70
903.19	14324.60	1581.66	2903.13	4168.53	14640.86
1013.87	5516.62	907.77	192.06	102.77	6513.68
3.62	2209.76	250.00	63.62	529.62	1993.76
247.00	19521.85	1141.23	178.00	4862.00	15979.08

卫星影像获取

Satellite Image

单位：平方千米

地区 / 单位	Region/Unit	合计 Total	按影像类型分 Grouped by Image Type			
			全色影像 Panchromatic Image	多光谱影像 Multispectral Image	雷达影像 Radar Image	其他 Other
总　计	**Total**	**3442013664.06**	**790841623.70**	**2583278849.19**	**1347319.01**	**66545872.16**
北　京	Beijing					
天　津	Tianjin	233399.80	28329.40	28329.40	176741.00	
河　北	Hebei	14294.30	99.00	510.30		13685.00
山　西	Shanxi	564300.69	220.69	557042.00		7038.00
内蒙古	Inner Mongolia	2685583.94	138.94	1404705.00		1280740.00
辽　宁	Liaoning	201237.00	166275.00	23415.00	11547.00	
吉　林	Jilin	106058.00	57400.00	48658.00		
黑龙江	Heilongjiang	477709.06		277468.67	200240.39	
上　海	Shanghai	8000.00		8000.00		
江　苏	Jiangsu	433008.60	55187.47	363297.58		14523.55
浙　江	Zhejiang	297177.50	146796.00	136400.50		13981.00
安　徽	Anhui	156652.78	152338.78	974.00	2372.00	968.00
福　建	Fujian	532038.73	10126.61	272168.12	124000.00	125744.00
江　西	Jiangxi	5580746.84	5490469.91	79996.83	234.70	10045.40
山　东	Shandong	169234.36	19731.76	134319.80	1616.00	13566.80
河　南	Henan	30135.51	22304.51	4022.00		3809.00
湖　北	Hubei	109382.91	35887.90	73495.01		
湖　南	Hunan	1790802.63	51215.63	882756.00	470300.00	386531.00
广　东	Guangdong	235614.11	33627.81	193517.00	3286.00	5183.30
广　西	Guangxi	1739460.66	33550.94	1689351.29	4552.70	12005.73
海　南	Hainan	37920.00	1920.00	36000.00		
重　庆	Chongqing	107544.36	211.96	103200.00		4132.40
四　川	Sichuan	70818.11	24299.89	34089.00	429.22	12000.00
贵　州	Guizhou	770589.93	211887.22	205001.73	352000.00	1700.98
云　南	Yunnan	691012.72	158782.76	528913.96		3316.00
西　藏	Tibet	79000.00		79000.00		
陕　西	Shaanxi	63946.00	27300.00	36320.00		326.00
甘　肃	Gansu	27717.42	3791.42	3750.00		20176.00
青　海	Qinghai	40000.00		40000.00		
宁　夏	Ningxia	207600.00		207600.00		
新　疆	Xinjiang	15110.10	15110.10			
自然资源部国土卫星遥感应用中心	Land Satellite Remote Sensing Application Center, MNR	3424537568.00	784094620.00	2575826548.00		64616400.00

注：统计范围为县级及以上自然资源主管部门（其中陕西省、黑龙江省、四川省、海南省数据由自然资源部派出机构陕西测绘地理

Note: The statistic range covers the management departments of natural resources at or above the county level (the data of Shaanxi Province, Heilongjiang Bureau of Surveying and Mapping Geographic Information, Sichuan Bureau of Surveying, Mapping and Geoinformation and Hainan

情况（2021年）
Acquisition（2021）

Unit：km²

按分辨率分 Grouped by Resolution				
0.5 米以内（含） within 0.5m（Including）	0.5 ~ 1 米（含） 0.5 ~ 1m （Including）	1 ~ 2.5 米（含） 1 ~ 2.5m （Including）	2.5 ~ 10 米（含） 2.5 ~ 10m （Including）	10 米以上 above 10m
1920154.66	**105399592.76**	**651286104.21**	**692331702.03**	**1991076110.40**
28329.40		28329.40	176741.00	
240.30	14006.00	48.00		
270.69	7042.00	6988.00	550000.00	
1241.50	1399612.00	3990.44	1280740.00	
28046.00	151229.00	21962.00		
44600.00	61458.00			
3750.00	152219.88	121498.79	200240.39	
	8000.00			
149752.51	117788.30	155872.79	6587.00	3008.00
158899.00	32778.50	105500.00		
141358.00	15294.78			
32884.60	125355.30	124000.00	125798.83	124000.00
11815.00	1071159.80	4497537.34		234.70
143846.26	16719.70	8668.40		
4299.50	11568.00	2182.00	12086.01	
3928.78	37396.13	13907.00	54151.00	
252169.60	674844.83	5573.20	642300.00	215915.00
197688.11	20811.00	15592.00	1523.00	
380195.98	168865.14	25720.60	1160126.24	4552.70
37920.00				
6579.96	44064.40	2200.00	54700.00	
20086.02	15832.79	17721.30	17178.00	
19341.95	198372.56	22894.01	529981.41	
148482.08	437801.65	35727.84	37001.15	32000.00
	79000.00			
10424.00	28601.00	24921.00		
2033.42	3508.00	22176.00		
40000.00				
51900.00	155700.00			
72.00	644.00	14394.10		
	100349920.00	646008700.00	687482548.00	1990696400.00

信息局、黑龙江测绘地理信息局、四川测绘地理信息局和海南测绘地理信息局负责）、自然资源部国土卫星遥感应用中心。
Heilongjiang Province, Sichuan Province and Hainan Province are in the charge of Shaanxi Bureau of Surveying, Mapping and Geoinformation, Surveying Mapping and Geoinformation Bureau）, and the Land Satellite Remote Sensing Application Center of the Ministry of Natural Resources.

1∶1万基础地理信息
1∶10000 Basic Geographic Information

地 区	Region	数字线划地图（DLG） Digital Line Graphic			
		累计覆盖面积/平方千米 Cumulative Coverage Area/km^2		累计覆盖图幅数/幅 Cumulative Number of Covered Maps/sheet	
			本年更新 Updated This Year		本年更新 Updated This Year
总 计	**Total**	**6185437**	**2132018**	**247913**	**89705**
北 京	Beijing	16410	9180	933	459
天 津	Tianjin	11900		714	
河 北	Hebei	188000	76650	8108	3066
山 西	Shanxi	156700	39575	6319	1583
内蒙古	Inner Mongolia	713525	8550	28541	342
辽 宁	Liaoning	148000	15297	6516	2184
吉 林	Jilin	187400	119466	8636	5076
黑龙江	Heilongjiang	454000	454000	21644	21644
上 海	Shanghai	6341	6341	390	390
江 苏	Jiangsu	103200	103200	4157	4157
浙 江	Zhejiang	105000	105000	4336	4336
安 徽	Anhui	140139	140139	5474	5474
福 建	Fujian	124000	52900	4689	1946
江 西	Jiangxi	166900	163393	6197	5763
山 东	Shandong	157900	116858	6432	4744
河 南	Henan	167000	53000	6562	2120
湖 北	Hubei	176800		6824	
湖 南	Hunan	211800	211800	7834	7834
广 东	Guangdong	179800	179800	6599	6599
广 西	Guangxi	236700	74598	8502	3589
海 南	Hainan	34000	34000	1854	1854
重 庆	Chongqing	82400	82400	3263	3263
四 川	Sichuan	350645		13162	
贵 州	Guizhou	133638		4739	
云 南	Yunnan	394000	36396	13878	1282
西 藏	Tibet	107126		3694	
陕 西	Shaanxi	205600	3125	8300	125
甘 肃	Gansu	349160	13525	14453	562
青 海	Qinghai	86253	225	3346	9
宁 夏	Ningxia	51900		2249	
新 疆	Xinjiang	739200	32600	29568	1304

数据覆盖与更新情况（2021年）
Data Coverage and Update（2021）

数字高程模型（DEM） Digital Elevation Model				数字正射影像（DOM） Digital Orthophoto Map			
累计覆盖面积/平方千米 Cumulative Coverage Area/km²		累计覆盖图幅数/幅 Cumulative Number of Covered Maps/sheet		累计覆盖面积/平方千米 Cumulative Coverage Area/km²		累计覆盖图幅数/幅 Cumulative Number of Covered Maps/sheet	
	本年更新 Updated This Year		本年更新 Updated This Year		本年更新 Updated This Year		本年更新 Updated This Year
5989772	**842839**	**238452**	**33514**	**6201615**	**2080502**	**248268**	**85758**
16410		933		16410		933	
11900		700		11900		553	
138100		5524	0	188000	71075	8108	2843
156700	39575	6319	1583	156025		6241	
619050	8550	24762	342	619050	8550	24762	342
148000	1199	6516	50	148000	148000	6516	6516
162875	136385	8489	6313	187400	119466	8695	5076
305192	59057	13762	2773	454000	454000	21644	21644
103200		4157		103200	103200	4157	4157
105000	105000	4336	4336	105000	105000	4336	4336
140139	3709	5474	148	140139	140139	5474	5474
124000	124000	4689	4689	124000	123700	4689	4689
166900	163393	6197	5763	166900	163393	6197	5763
157900		6432		157900	116858	6432	4744
167000		6562		167000	53000	6562	2120
185900	7200	7434	264	185900		7170	
211800	116868	7834	4115	211800	211800	7834	7834
179800		6600		179800	179800	6599	6599
236700		8502		236700		8502	
34000	15980	1854	591	34000	34000	1854	1854
82400		3263		82400		3263	
350645		13162		350646		13185	
176167		6545		176167		6545	
394000		13878		394000	36396	13878	1282
131109		4521		130413		4497	
205600	4825	8300	193	205600	6675	8300	267
413348	45148	17174	1876	425800		17693	
187562	225	7245	9	190890	225	7373	9
51900		2249		51900		2249	
626475	11725	25039	469	600675	5225	24027	209

地形图

Provision of

单位：张

单 位	Department	总数 Total
总 计	**Total**	**230060**
北京市规划和自然资源委员会	Beijing Municipal Commission of Planning and Natural Resources	1167
天津市规划和自然资源局	Tianjin Municipal Bureau of Planning and Natural Resources	
河北省自然资源厅	Department of Natural Resources of Hebei Province	1282
山西省自然资源厅	Department of Natural Resources of Shanxi Province	
内蒙古自治区自然资源厅	Department of Natural Resources of Inner Mongolia Autonomous Region	357
辽宁省自然资源厅	Department of Natural Resources of Liaoning Province	1478
吉林省自然资源厅	Department of Natural Resources of Jilin Province	372
黑龙江测绘地理信息局	Heilongjiang Bureau of Surveying and Mapping Geographic Information	1371
上海市规划和自然资源局	Shanghai Municipal Bureau of Planning and Natural Resources	184018
江苏省自然资源厅	Department of Natural Resources of Jiangsu Province	194
浙江省自然资源厅	Department of Natural Resources of Zhejiang Province	62
安徽省自然资源厅	Department of Natural Resources of Anhui Province	668
福建省自然资源厅	Department of Natural Resources of Fujian Province	
江西省自然资源厅	Department of Natural Resources of Jiangxi Province	945
山东省自然资源厅	Department of Natural Resources of Shandong Province	313
河南省自然资源厅	Department of Natural Resources of Henan Province	419
湖北省自然资源厅	Department of Natural Resources of Hubei Province	6
湖南省自然资源厅	Department of Natural Resources of Hunan Province	
广东省自然资源厅	Department of Natural Resources of Guangdong Province	4583
广西壮族自治区自然资源厅	Department of Natural Resources of Guangxi Zhuang Autonomous Region	147
海南测绘地理信息局	Hainan Administration of Surveying Mapping and Geoinformation	
重庆市规划和自然资源局	Chongqing Municipal Bureau of Planning and Natural Resources	746
四川测绘地理信息局	Sichuan Bureau of Surveying, Mapping and Geoinformation	191
贵州省自然资源厅	Department of Natural Resources of Guizhou Province	
云南省自然资源厅	Department of Natural Resources of Yunnan Province	3563
西藏自治区自然资源厅	Department of Natural Resources of Tibet Autonomous Region	797
陕西测绘地理信息局	Shaanxi Bureau of Surveying, Mapping and Geoinformation	311
甘肃省自然资源厅	Department of Natural Resources of Gansu Province	6693
青海省自然资源厅	Department of Natural Resources of Qinghai Province	60
宁夏回族自治区自然资源厅	Department of Natural Resources of Ningxia Hui Autonomous Region	855
新疆维吾尔自治区自然资源厅	Department of Natural Resources of Xinjiang Uygur Autonomous Region	2929
新疆生产建设兵团自然资源局	Natural Resources Bureau of Xinjiang Production and Construction Corps	2056
青岛市自然资源和规划局	Qingdao Natural Resources and Planning Bureau	3358
大连市自然资源局	Bureau of Natural Resources, Dalian	
宁波市自然资源和规划局	Ningbo Bureau of Natural Resources and Planning	1121
深圳市规划和自然资源局	Shenzhen Municipal Bureau of Planning and Natural Resources	1742
厦门市自然资源和规划局	Xiamen Municipal Natural Resources and Planning Bureau	5652
国家基础地理信息中心	National Geomatics Center of China	2604

提供情况（2021年）
Topographic Maps（2021）

Unit：sheet

地形图 Topographic Map	
#1：10000	#1：50000
20041	**8766**
28	
1184	98
112	245
40	
	372
1134	237
176	8
	62
320	346
693	231
	313
297	122
	6
4208	367
53	94
82	21
1	190
3132	230
	797
30	281
5311	1364
	60
732	123
2438	491
70	186
	2522

数字测绘成果

Provision of Digital Surveying and

单 位	Department	数字线划地图(DLG) Digital Line Graphic					
		合计 Total		#1：10000		#1：50000	
		图幅数/幅 Number of Sheet/sheet	数据量/GB Data Volume/GB	图幅数/幅 Number of Sheet/sheet	数据量/GB Data Volume/GB	图幅数/幅 Number of Sheet/sheet	数据量/GB Data Volume/GB
总 计	**Total**	**2111322**	**9650.63**	**329338**	**6840.22**	**219991**	**1094.23**
北京市规划和自然资源委员会	Beijing Municipal Commission of Planning and Natural Resources	7119	7.75	1463	2.86		
天津市规划和自然资源局	Tianjin Municipal Bureau of Planning and Natural Resources	2120	23.42	285	3.34		
河北省自然资源厅	Department of Natural Resources of Hebei Province	6421	669.55	6212	666.18	209	3.37
山西省自然资源厅	Department of Natural Resources of Shanxi Province	2499	73.28	2308	65.36	191	7.92
内蒙古自治区自然资源厅	Department of Natural Resources of Inner Mongolia Autonomous Region	13808	61.43	5771	37.75	8033	23.54
辽宁省自然资源厅	Department of Natural Resources of Liaoning Province	21313	373.31	20745	371.21	551	1.81
吉林省自然资源厅	Department of Natural Resources of Jilin Province	4417	33.90	4036	28.31	354	4.37
黑龙江测绘地理信息局	Heilongjiang Bureau of Surveying and Mapping Geographic Information	7006	70.59	5566	55.13	720	7.73
上海市规划和自然资源局	Shanghai Municipal Bureau of Planning and Natural Resources	36595	51.81				
江苏省自然资源厅	Department of Natural Resources of Jiangsu Province	1293	31.06	1252	29.25	39	0.20
浙江省自然资源厅	Department of Natural Resources of Zhejiang Province	37895	734.22	33010	689.80	973	2.15
安徽省自然资源厅	Department of Natural Resources of Anhui Province	7534	83.13	7534	83.13		
福建省自然资源厅	Department of Natural Resources of Fujian Province	28732	780.14	27292	745.07	1440	35.07
江西省自然资源厅	Department of Natural Resources of Jiangxi Province	12201	166.66	11356	145.35	845	21.31
山东省自然资源厅	Department of Natural Resources of Shandong Province	8391	119.54	7593	88.16	798	31.38
河南省自然资源厅	Department of Natural Resources of Henan Province	13780	119.38	12903	108.03	875	11.32
湖北省自然资源厅	Department of Natural Resources of Hubei Province	619	6.04	619	6.04		
湖南省自然资源厅	Department of Natural Resources of Hunan Province	1355185	1200.84	26368	151.35	2031	48.08
广东省自然资源厅	Department of Natural Resources of Guangdong Province	10979	212.22	9843	207.68	561	3.14
广西壮族自治区自然资源厅	Department of Natural Resources of Guangxi Zhuang Autonomous Region	50802	569.80	48890	506.16	1831	44.95
海南测绘地理信息局	Hainan Administration of Surveying Mapping and Geoinformation	4944	36.05	4630	27.20	297	8.10
重庆市规划和自然资源局	Chongqing Municipal Bureau of Planning and Natural Resources	13407	43.45	2628	14.79	157	0.73
四川测绘地理信息局	Sichuan Bureau of Surveying, Mapping and Geoinformation	8531	502.40	7090	484.46	1441	17.94
贵州省自然资源厅	Department of Natural Resources of Guizhou Province	12231	1078.28	11372	799.56	859	278.72
云南省自然资源厅	Department of Natural Resources of Yunnan Province	6732	192.01	5730	178.62	839	10.47
西藏自治区自然资源厅	Department of Natural Resources of Tibet Autonomous Region	5623	289.10	1044	234.19	4579	54.91
陕西测绘地理信息局	Department of Natural Resources of Shaanxi Province	34595	446.34	32513	391.91	2082	54.42
甘肃省自然资源厅	Department of Natural Resources of Gansu Province	14966	500.04	13334	481.79	1502	17.60
青海省自然资源厅	Department of Natural Resources of Qinghai Province	2030	40.32	906	17.44	1051	18.35
宁夏回族自治区自然资源厅	Department of Natural Resources of Ningxia Hui Autonomous Region	2024	291.32	214	9.18		
新疆维吾尔自治区自然资源厅	Department of Natural Resources of Xinjiang Uygur Autonomous Region	22219	263.52	16729	210.10	5490	53.42
新疆生产建设兵团自然资源局	Natural Resources Bureau of Xinjiang Production and Construction Corps	2230	7.51	68	0.79	1138	6.32
青岛市自然资源和规划局	Qingdao Natural Resources and Planning Bureau	3358	3.93				
大连市自然资源局	Bureau of Natural Resources, Dalian	2	0.001				
宁波市自然资源和规划局	Ningbo Bureau of Natural Resources and Planning	130547	42.50	34	0.01		
深圳市规划和自然资源局	Shenzhen Municipal Bureau of Planning and Natural Resources	24893	15.81				
厦门市自然资源和规划局	Xiamen Municipal Natural Resources and Planning Bureau	9004	17.59				
国家基础地理信息中心	National Geomatics Center of China	185277	492.39			181105	326.89

提供情况（2021年）
Mapping Achievement（2021）

数字高程模型(DEM) Digital Elevation Model						数字栅格地图(DRG) Digital Raster Graphic					
合计 Total		#1：10000		#1：50000		合计 Total		#1：10000		#1：50000	
图幅数/幅 Number of Sheet/sheet	数据量/GB Data Volume/GB	图幅数/幅 Number of Sheet/sheet	数据量/GB Data Volume/GB	图幅数/幅 Number of Sheet/sheet	数据量/GB Data Volume/GB	图幅数/幅 Number of Sheet/sheet	数据量/GB Data Volume/GB	图幅数/幅 Number of Sheet/sheet	数据量/GB Data Volume/GB	图幅数/幅 Number of Sheet/sheet	数据量/GB Data Volume/GB
627372	**11774.56**	**256836**	**7250.60**	**207272**	**3442.77**	**43801**	**5312.63**	**20520**	**496.48**	**1049**	**21.79**
5879	58.31	5255	37.21	624	21.10						
118	0.35	86	0.25	32	0.09						
26292	83.25	17680	39.19	8612	44.06						
10079	77.06	9861	76.39	218	0.67						
1554	353.49	1554	353.49								
27311	395.41	16552	233.93	10723	160.89						
						20954	4788.32				
17	0.57	17	0.57			21	5.22	21	5.22		
161846	969.68	6609	52.68								
23144	2400.00	23144	2400.00								
11117	89.06	11117	89.06			62	1.70			62	1.70
6549	75.58	6107	66.85	442	8.73	110	0.61	110	0.61		
6122	200.93	6006	172.18	116	28.75						
427	5.36	409	5.05	18	0.30						
7170	224.61	7170	224.61								
29440	821.10	29142	816.32	244	4.54	417	160.78	348	159.52	69	1.26
19041	533.05	18942	530.71	99	2.34	481	5.42	481	5.42		
14142	234.48	13338	221.11	804	13.37	287	3.88	241	3.61	46	0.27
1020	36.22	885	31.01	135	5.21	272	7.50	1	0.004	222	4.77
732	2.37	732	2.37			14	0.04	14	0.04		
239	1.97	191	1.82	48	0.15	4575	130.77	3925	116.97	650	13.80
17376	1396.71	16768	1385.28	608	11.43	3268	109.09	3268	109.09		
1258	15.98	1258	15.98			12723	86.62	12026	84.42		
3048	19.48	458	6.26	2590	13.22	22	9.66	22	9.66		
25788	139.12	25085	136.84	703	2.28						
21118	237.77	19698	230.84	1420	6.93						
4324	13.91	2737	8.23	1504	5.45	58	1.10	58	1.10		
1236	136.54	1	0.01								
18247	80.33	13800	66.81	4447	13.52	5	0.81	5	0.81		
40	0.12			40	0.12						
1078	27.34	1078	27.34								
						4	0.06				
6008	31.82	1109	17.87								
57	0.36	47	0.36			528	1.04				
78	0.23										
175477	3112.04			173845	3099.63						

数字测绘成果

Provision of Digital Surveying and

单 位	Department	数字正射影像 (DOM)			
		合计 Total		#1 : 10000	
		图幅数/幅 Number of Sheet/ sheet	数据量/GB Data Volume/GB	图幅数/幅 Number of Sheet/ sheet	数据量/GB Data Volume/GB
总 计	**Total**	**1579882**	**548463.03**	**290265**	**59050.78**
北京市规划和自然资源委员会	Beijing Municipal Commission of Planning and Natural Resources	319	31.32	79	17.96
天津市规划和自然资源局	Tianjin Municipal Bureau of Planning and Natural Resources	20436	620.02	225	29.80
河北省自然资源厅	Department of Natural Resources of Hebei Province	6896	795.58	6301	563.58
山西省自然资源厅	Department of Natural Resources of Shanxi Province	7	2.77		
内蒙古自治区自然资源厅	Department of Natural Resources of Inner Mongolia Autonomous Region	32840	2099.96	29213	1108.67
辽宁省自然资源厅	Department of Natural Resources of Liaoning Province	14086	1932.64	13782	1823.25
吉林省自然资源厅	Department of Natural Resources of Jilin Province	12894	35607.15	9059	2492.89
黑龙江测绘地理信息局	Heilongjiang Bureau of Surveying and Mapping Geographic Information	12203	5527.00	600	165.00
上海市规划和自然资源局	Shanghai Municipal Bureau of Planning and Natural Resources	20954	4788.32		
江苏省自然资源厅	Department of Natural Resources of Jiangsu Province	447	151.65	447	151.65
浙江省自然资源厅	Department of Natural Resources of Zhejiang Province	384006	47539.92	7885	994.24
安徽省自然资源厅	Department of Natural Resources of Anhui Province	43547	7765.34	31766	6355.19
福建省自然资源厅	Department of Natural Resources of Fujian Province	4065	1415.33	4065	1415.33
江西省自然资源厅	Department of Natural Resources of Jiangxi Province	6635	2352.64	6202	2160.64
山东省自然资源厅	Department of Natural Resources of Shandong Province	69342	10330.78	20045	6176.15
河南省自然资源厅	Department of Natural Resources of Henan Province	289	40.00	289	40.00
湖北省自然资源厅	Department of Natural Resources of Hubei Province				
湖南省自然资源厅	Department of Natural Resources of Hunan Province	408661	49730.75	67657	14890.71
广东省自然资源厅	Department of Natural Resources of Guangdong Province	167383	21729.14	27849	7647.69
广西壮族自治区自然资源厅	Department of Natural Resources of Guangxi Zhuang Autonomous Region	32162	4642.17	1085	374.20
海南测绘地理信息局	Hainan Administration of Surveying Mapping and Geoinformation	2077	131.33	2076	131.33
重庆市规划和自然资源局	Chongqing Municipal Bureau of Planning and Natural Resources	115	0.93		
四川测绘地理信息局	Sichuan Bureau of Surveying, Mapping and Geoinformation	5750	6919.69	4730	1353.49
贵州省自然资源厅	Department of Natural Resources of Guizhou Province	1445	324.95	1445	324.95
云南省自然资源厅	Department of Natural Resources of Yunnan Province	19348	2715.05	17661	2664.85
西藏自治区自然资源厅	Department of Natural Resources of Tibet Autonomous Region	4594	151574.30	80	21.43
陕西测绘地理信息局	Department of Natural Resources of Shaanxi Province	13294	1673.13	13294	1673.13
甘肃省自然资源厅	Department of Natural Resources of Gansu Province	19579	5891.30	18429	5579.09
青海省自然资源厅	Department of Natural Resources of Qinghai Province	2882	7183.51	340	37.50
宁夏回族自治区自然资源厅	Department of Natural Resources of Ningxia Hui Autonomous Region	20126	12052.04		
新疆维吾尔自治区自然资源厅	Department of Natural Resources of Xinjiang Uygur Autonomous Region	4527	212.34	4527	212.34
新疆生产建设兵团自然资源局	Natural Resources Bureau of Xinjiang Production and Construction Corps	1885	2778.32		
青岛市自然资源和规划局	Qingdao Natural Resources and Planning Bureau	1078	615.23	1078	615.23
大连市自然资源局	Bureau of Natural Resources, Dalian	2	0.002		
宁波市自然资源和规划局	Ningbo Bureau of Natural Resources and Planning	840	23.41	32	18.00
深圳市规划和自然资源局	Shenzhen Municipal Bureau of Planning and Natural Resources	1174	176.50	24	12.53
厦门市自然资源和规划局	Xiamen Municipal Natural Resources and Planning Bureau	398	1.17		
国家基础地理信息中心	National Geomatics Center of China	243596	159087.38		

提供情况（2021年）续表

Mapping Achievement（2021） Continued

Digital Orthophoto Map		其他地理信息数据 Other Geographic Information Data					
#1：50000		合计 Total		#1：10000		#1：50000	
图幅数/幅 Number of Sheet/sheet	数据量/GB Data Volume/GB	图幅数/幅 Number of Sheet/sheet	数据量/GB Data Volume/GB	图幅数/幅 Number of Sheet/sheet	数据量/GB Data Volume/GB	图幅数/幅 Number of Sheet/sheet	数据量/GB Data Volume/GB
277911	**384114.75**	**476955**	**79991.97**	**5232**	**125.25**		
		15746	15.70				
595	232.00						
7	2.77						
3627	991.29						
304	109.40						
3835	33114.26						
11603	5362.00						
		235	4.64				
3416	18652.14						
		10686	116.39	4758	114.63		
433	192.00						
30	28.29						
		315	3.24	314	2.75		
53	23.90	1026	1552.88				
		95127	29696.85				
79	26.05	179116	27987.29				
1	0.001	20	0.71				
997	5562.50						
4514	151552.88						
1150	312.21						
2504	7145.37	2645	68.75				
		6	2.56				
1167	1720.32	1	0.02				
		31651	10.30				
		15840	24.73	160	7.87		
243596	159087.38	124541	20507.91				

测绘基准成果

Provision of Surveying and Mapping

单位：点

单 位	Department	合计 Total
总 计	**Total**	**289980**
北京市规划和自然资源委员会	Beijing Municipal Commission of Planning and Natural Resources	4888
天津市规划和自然资源局	Tianjin Municipal Bureau of Planning and Natural Resources	3419
河北省自然资源厅	Department of Natural Resources of Hebei Province	1964
山西省自然资源厅	Department of Natural Resources of Shanxi Province	2240
内蒙古自治区自然资源厅	Department of Natural Resources of Inner Mongolia Autonomous Region	5463
辽宁省自然资源厅	Department of Natural Resources of Liaoning Province	1399
吉林省自然资源厅	Department of Natural Resources of Jilin Province	2276
黑龙江测绘地理信息局	Heilongjiang Bureau of Surveying and Mapping Geographic Information	24411
上海市规划和自然资源局	Shanghai Municipal Bureau of Planning and Natural Resources	8981
江苏省自然资源厅	Department of Natural Resources of Jiangsu Province	708
浙江省自然资源厅	Department of Natural Resources of Zhejiang Province	4411
安徽省自然资源厅	Department of Natural Resources of Anhui Province	3711
福建省自然资源厅	Department of Natural Resources of Fujian Province	1201
江西省自然资源厅	Department of Natural Resources of Jiangxi Province	730
山东省自然资源厅	Department of Natural Resources of Shandong Province	1099
河南省自然资源厅	Department of Natural Resources of Henan Province	1178
湖北省自然资源厅	Department of Natural Resources of Hubei Province	558
湖南省自然资源厅	Department of Natural Resources of Hunan Province	276
广东省自然资源厅	Department of Natural Resources of Guangdong Province	8588
广西壮族自治区自然资源厅	Department of Natural Resources of Guangxi Zhuang Autonomous Region	16074
海南测绘地理信息局	Hainan Administration of Surveying Mapping and Geoinformation	446
重庆市规划和自然资源局	Chongqing Municipal Bureau of Planning and Natural Resources	3875
四川测绘地理信息局	Sichuan Bureau of Surveying, Mapping and Geoinformation	8176
贵州省自然资源厅	Department of Natural Resources of Guizhou Province	6640
云南省自然资源厅	Department of Natural Resources of Yunnan Province	7080
西藏自治区自然资源厅	Department of Natural Resources of Tibet Autonomous Region	11718
陕西测绘地理信息局	Department of Natural Resources of Shaanxi Province	11719
甘肃省自然资源厅	Department of Natural Resources of Gansu Province	29085
青海省自然资源厅	Department of Natural Resources of Qinghai Province	818
宁夏回族自治区自然资源厅	Department of Natural Resources of Ningxia Hui Autonomous Region	287
新疆维吾尔自治区自然资源厅	Department of Natural Resources of Xinjiang Uygur Autonomous Region	24825
新疆生产建设兵团自然资源局	Natural Resources Bureau of Xinjiang Production and Construction Corps	229
青岛市自然资源和规划局	Qingdao Natural Resources and Planning Bureau	67
大连市自然资源局	Bureau of Natural Resources, Dalian	
宁波市自然资源和规划局	Ningbo Bureau of Natural Resources and Planning	315
深圳市规划和自然资源局	Shenzhen Municipal Bureau of Planning and Natural Resources	240
厦门市自然资源和规划局	Xiamen Municipal Natural Resources and Planning Bureau	135
国家基础地理信息中心	National Geomatics Center of China	90750

提供情况（2021年）

Benchmark Achievement（2021）

Unit：point

测绘基准成果 Measuring Basis						
GPS点 Global Position System Point						
小计 Subtotal	卫星定位连续运行基准站点 Satellite Positioning Continuous Operation Reference Station	三角点 Triangular Point	导线点 Traverse Point	水准点 Benchmark	高程异常点 Elevation Anomaly	其他 Other
95100	**50420**	**54741**	**3775**	**131416**	**744**	**4204**
441	441		3740	707		
		149		3270		
571		24		1369		
915		2		1323		
748		3440		1275		
794		88		517		
501		775		1000		
831		13511		10069		
921				8060		
423		3		282		
1644	24	66		2701		
1763	41			1948		
832		84		285		
324		38		368		
634	3			465		
322		399		208		249
466	399			92		
126	4			150		
4146				4442		
4284	1051			11790		
172	62			271		3
582				3293		
1735				6441		
6215				425		
3166		76		3838		
2981		4340		4397		
1690				10029		
661		17480		10944		
87		565		166		
100		6		181		
4700		13691		6434		
218	2	4		7		
47	4			20		
106			35	174		
134				106		
135						
51685	48389			34369	744	3952

航摄成果
Provision of Aerial

单 位	Department	底片 Negative	
		片 sheet	平方千米 km^2
总 计	**Total**		
北京市规划和自然资源委员会	Beijing Municipal Commission of Planning and Natural Resources		
天津市规划和自然资源局	Tianjin Municipal Bureau of Planning and Natural Resources		
河北省自然资源厅	Department of Natural Resources of Hebei Province		
山西省自然资源厅	Department of Natural Resources of Shanxi Province		
内蒙古自治区自然资源厅	Department of Natural Resources of Inner Mongolia Autonomous Region		
辽宁省自然资源厅	Department of Natural Resources of Liaoning Province		
吉林省自然资源厅	Department of Natural Resources of Jilin Province		
黑龙江测绘地理信息局	Heilongjiang Bureau of Surveying and Mapping Geographic Information		
上海市规划和自然资源局	Shanghai Municipal Bureau of Planning and Natural Resources		
江苏省自然资源厅	Department of Natural Resources of Jiangsu Province		
浙江省自然资源厅	Department of Natural Resources of Zhejiang Province		
安徽省自然资源厅	Department of Natural Resources of Anhui Province		
福建省自然资源厅	Department of Natural Resources of Fujian Province		
江西省自然资源厅	Department of Natural Resources of Jiangxi Province		
山东省自然资源厅	Department of Natural Resources of Shandong Province		
河南省自然资源厅	Department of Natural Resources of Henan Province		
湖北省自然资源厅	Department of Natural Resources of Hubei Province		
湖南省自然资源厅	Department of Natural Resources of Hunan Province		
广东省自然资源厅	Department of Natural Resources of Guangdong Province		
广西壮族自治区自然资源厅	Department of Natural Resources of Guangxi Zhuang Autonomous Region		
海南测绘地理信息局	Hainan Administration of Surveying Mapping and Geoinformation		
重庆市规划和自然资源局	Chongqing Municipal Bureau of Planning and Natural Resources		
四川测绘地理信息局	Sichuan Bureau of Surveying, Mapping and Geoinformation		
贵州省自然资源厅	Department of Natural Resources of Guizhou Province		
云南省自然资源厅	Department of Natural Resources of Yunnan Province		
西藏自治区自然资源厅	Department of Natural Resources of Tibet Autonomous Region		
陕西测绘地理信息局	Department of Natural Resources of Shaanxi Province		
甘肃省自然资源厅	Department of Natural Resources of Gansu Province		
青海省自然资源厅	Department of Natural Resources of Qinghai Province		
宁夏回族自治区自然资源厅	Department of Natural Resources of Ningxia Hui Autonomous Region		
新疆维吾尔自治区自然资源厅	Department of Natural Resources of Xinjiang Uygur Autonomous Region		
新疆生产建设兵团自然资源局	Natural Resources Bureau of Xinjiang Production and Construction Corps		
青岛市自然资源和规划局	Qingdao Natural Resources and Planning Bureau		
大连市自然资源局	Bureau of Natural Resources, Dalian		
宁波市自然资源和规划局	Ningbo Bureau of Natural Resources and Planning		
深圳市规划和自然资源局	Shenzhen Municipal Bureau of Planning and Natural Resources		
厦门市自然资源和规划局	Xiamen Municipal Natural Resources and Planning Bureau		
国家基础地理信息中心	National Geomatics Center of China		

提供情况（2021年）

Photography Achievement（2021）

像片 Photograph		拷贝片 Copy Film		航摄数据 Aerial Photography Data	
片 sheet	平方千米 km^2	片 sheet	平方千米 km^2	GB	平方千米 km^2
207619	**98210.77**	**32032**	**112394.00**	**819931.58**	**1307369.89**
222	0.17			10.99	0.17
				5733.88	134149.00
				344.90	5731.00
				20195.60	29488.00
				66.31	1276.00
				14848.00	5817.70
				24.12	440.00
				237957.12	204761.00
42	1230.60			24623.57	5221.52
				3.06	8.00
206350	95380.00				
				43.50	464.00
1005	1600.00			220.00	1600.00
				36618.24	88840.00
		32032	112394.00	112.00	760.00
				615.23	11282.00
				10.09	14638.00
				478504.96	802893.50

卫星影像

Provision of

单 位	Department	合计 Total	
		GB	平方千米 km^2
总 计	**Total**	**3366806.77**	**4278503261.21**
北京市规划和自然资源委员会	Beijing Municipal Commission of Planning and Natural Resources		
天津市规划和自然资源局	Tianjin Municipal Bureau of Planning and Natural Resources	1646.50	163370.00
河北省自然资源厅	Department of Natural Resources of Hebei Province		
山西省自然资源厅	Department of Natural Resources of Shanxi Province	29875.00	4982100.00
内蒙古自治区自然资源厅	Department of Natural Resources of Inner Mongolia Autonomous Region	92711.73	5101055.00
辽宁省自然资源厅	Department of Natural Resources of Liaoning Province	47331.13	70383819.00
吉林省自然资源厅	Department of Natural Resources of Jilin Province	0.30	4712.00
黑龙江测绘地理信息局	Heilongjiang Bureau of Surveying and Mapping Geographic Information	124938.29	34366385.32
上海市规划和自然资源局	Shanghai Municipal Bureau of Planning and Natural Resources		
江苏省自然资源厅	Department of Natural Resources of Jiangsu Province		
浙江省自然资源厅	Department of Natural Resources of Zhejiang Province	10424.68	2492847.00
安徽省自然资源厅	Department of Natural Resources of Anhui Province	13533.00	6952354.00
福建省自然资源厅	Department of Natural Resources of Fujian Province	208811.44	8103935.41
江西省自然资源厅	Department of Natural Resources of Jiangxi Province	80592.79	5481534.25
山东省自然资源厅	Department of Natural Resources of Shandong Province	3356.50	498163.99
河南省自然资源厅	Department of Natural Resources of Henan Province	43964.83	4078594.45
湖北省自然资源厅	Department of Natural Resources of Hubei Province	788.10	66059.21
湖南省自然资源厅	Department of Natural Resources of Hunan Province	25427.56	4431266.00
广东省自然资源厅	Department of Natural Resources of Guangdong Province		
广西壮族自治区自然资源厅	Department of Natural Resources of Guangxi Zhuang Autonomous Region	165460.16	46755480.30
海南测绘地理信息局	Hainan Administration of Surveying Mapping and Geoinformation	45376.38	821280.89
重庆市规划和自然资源局	Chongqing Municipal Bureau of Planning and Natural Resources	4656.62	93613.00
四川测绘地理信息局	Sichuan Bureau of Surveying, Mapping and Geoinformation		
贵州省自然资源厅	Department of Natural Resources of Guizhou Province	128734.61	15895436.00
云南省自然资源厅	Department of Natural Resources of Yunnan Province	6461.44	156998.51
西藏自治区自然资源厅	Department of Natural Resources of Tibet Autonomous Region		
陕西测绘地理信息局	Department of Natural Resources of Shaanxi Province	1951.61	939000.00
甘肃省自然资源厅	Department of Natural Resources of Gansu Province	51053.72	16870864.00
青海省自然资源厅	Department of Natural Resources of Qinghai Province	23308.23	5381893.10
宁夏回族自治区自然资源厅	Department of Natural Resources of Ningxia Hui Autonomous Region	990.37	215303.78
新疆维吾尔自治区自然资源厅	Department of Natural Resources of Xinjiang Uygur Autonomous Region	197.76	1675820.00
新疆生产建设兵团自然资源局	Natural Resources Bureau of Xinjiang Production and Construction Corps		
青岛市自然资源和规划局	Qingdao Natural Resources and Planning Bureau	255.86	99180.00
大连市自然资源局	Bureau of Natural Resources, Dalian		
宁波市自然资源和规划局	Ningbo Bureau of Natural Resources and Planning	9.50	30857.00
深圳市规划和自然资源局	Shenzhen Municipal Bureau of Planning and Natural Resources	129.18	4327.00
厦门市自然资源和规划局	Xiamen Municipal Natural Resources and Planning Bureau		
国家基础地理信息中心	National Geomatics Center of China		
自然资源部国土卫星遥感应用中心	Land Satellite Remote Sensing Application Center, MNR	2254819.50	4042457012.00

提供情况（2021年）

Satellite Image（2021）

1米(含)以内 within 1m (Including)		1~2.5米(含) 1 ~ 2.5m (Including)		2.5~10米(含) 2.5 ~ 10m (Including)		10米以上 above 10m	
GB	平方千米 km^2	GB	平方千米 km^2	GB	平方千米 km^2	GB	平方千米 km^2
1092081.31	**194712758.53**	**2087069.34**	**3689097596.75**	**5409.48**	**2889832.11**	**182246.64**	**391803073.82**
1546.00	84870.00	100.50	78500.00				
18437.50	458100.00	11437.50	4524000.00				
22475.57	2085693.00	70236.16	3015362.00				
25021.49	14200019.00	22309.64	56183800.00				
		0.30	4712.00				
27933.00	3217353.60	91813.61	6982786.00			5191.68	24166245.72
8527.23	1454720.00	1897.45	1038127.00				
9365.39	4634854.00	4167.61	2317500.00				
194709.02	2804542.50	7839.20	3664395.01	3079.04	442040.10	3184.18	1192957.80
14081.74	992072.40	66511.05	4489461.85				
		3356.50	498163.99				
16260.08	1133938.54	26873.25	2902063.91	831.50	42592.00		
		786.15	53659.21			1.95	12400.00
8071.52	4213600.00	17356.04	217666.00				
93526.88	6913095.42	69431.74	30978918.02	1494.30	2405052.01	1007.25	6458414.85
41572.77	710042.31	3039.78	100383.13			763.83	10855.45
8.08	1760.00	4648.54	91853.00				
21134.86	7837763.00	107599.75	8057673.00				
6461.44	156998.51						
		1951.61	939000.00				
20882.04	3339364.00	30171.68	13531500.00				
12819.99	629863.61	10488.24	4752029.49				
653.37	163356.64	337.00	51947.14				
188.45	15820.00	9.31	1660000.00				
		255.86	99180.00				
9.40	28000.00	0.10	2857.00				
124.53	4178.00	0.001	1.00	4.64	148.00		
548270.96	139632754.00	1534450.79	3542862058.00			172097.75	359962200.00

地理国情数据
Provision of Geographic

单位：GB

单 位	Department	合计 Total
总 计	**Total**	**462384.28**
北京市规划和自然资源委员会	Beijing Municipal Commission of Planning and Natural Resources	
天津市规划和自然资源局	Tianjin Municipal Bureau of Planning and Natural Resources	6.35
河北省自然资源厅	Department of Natural Resources of Hebei Province	34156.17
山西省自然资源厅	Department of Natural Resources of Shanxi Province	
内蒙古自治区自然资源厅	Department of Natural Resources of Inner Mongolia Autonomous Region	36272.31
辽宁省自然资源厅	Department of Natural Resources of Liaoning Province	16343.27
吉林省自然资源厅	Department of Natural Resources of Jilin Province	0.12
黑龙江测绘地理信息局	Heilongjiang Bureau of Surveying and Mapping Geographic Information	17397.35
上海市规划和自然资源局	Shanghai Municipal Bureau of Planning and Natural Resources	
江苏省自然资源厅	Department of Natural Resources of Jiangsu Province	0.02
浙江省自然资源厅	Department of Natural Resources of Zhejiang Province	6.91
安徽省自然资源厅	Department of Natural Resources of Anhui Province	55.45
福建省自然资源厅	Department of Natural Resources of Fujian Province	25.80
江西省自然资源厅	Department of Natural Resources of Jiangxi Province	5607.68
山东省自然资源厅	Department of Natural Resources of Shandong Province	18.26
河南省自然资源厅	Department of Natural Resources of Henan Province	4775.65
湖北省自然资源厅	Department of Natural Resources of Hubei Province	12018.19
湖南省自然资源厅	Department of Natural Resources of Hunan Province	109.76
广东省自然资源厅	Department of Natural Resources of Guangdong Province	7383.00
广西壮族自治区自然资源厅	Department of Natural Resources of Guangxi Zhuang Autonomous Region	129235.04
海南测绘地理信息局	Hainan Administration of Surveying Mapping and Geoinformation	5005.58
重庆市规划和自然资源局	Chongqing Municipal Bureau of Planning and Natural Resources	
四川测绘地理信息局	Sichuan Bureau of Surveying, Mapping and Geoinformation	52986.36
贵州省自然资源厅	Department of Natural Resources of Guizhou Province	835.00
云南省自然资源厅	Department of Natural Resources of Yunnan Province	5968.69
西藏自治区自然资源厅	Department of Natural Resources of Tibet Autonomous Region	0.13
陕西测绘地理信息局	Department of Natural Resources of Shaanxi Province	116244.48
甘肃省自然资源厅	Department of Natural Resources of Gansu Province	7784.73
青海省自然资源厅	Department of Natural Resources of Qinghai Province	9182.94
宁夏回族自治区自然资源厅	Department of Natural Resources of Ningxia Hui Autonomous Region	
新疆维吾尔自治区自然资源厅	Department of Natural Resources of Xinjiang Uygur Autonomous Region	896.28
新疆生产建设兵团自然资源局	Natural Resources Bureau of Xinjiang Production and Construction Corps	
青岛市自然资源和规划局	Qingdao Natural Resources and Planning Bureau	14.99
大连市自然资源局	Bureau of Natural Resources, Dalian	
宁波市自然资源和规划局	Ningbo Bureau of Natural Resources and Planning	
深圳市规划和自然资源局	Shenzhen Municipal Bureau of Planning and Natural Resources	1.17
厦门市自然资源和规划局	Xiamen Municipal Natural Resources and Planning Bureau	
国家基础地理信息中心	National Geomatics Center of China	52.61

提供情况（2021年）

Conditions Data（2021）

Unit：GB

地形地貌数据 Topographic Data	遥感影像数据 Remote Sensing Image Data	遥感影像解译样本数据 Remote Sensing Image Interpretation Sample Data	地表覆盖数据 Surface Coverage Data	地理国情要素数据 Geographic Element Data	专题数据 Thematic Data	地理国情统计分析数据 Statistical Analysis Data of Geographical Conditions
51.13	**452337.85**	**1747.08**	**4093.57**	**3198.49**	**946.27**	**9.88**
			2.51	3.83		
	31057.92	1415.02	1662.63	14.37	6.22	
27.90	36079.98	52.97	34.24	77.20		
	15592.02	74.02	338.61	338.61		
			0.06	0.06		
	17317.20		13.79	66.36		
				0.02		
			6.91			
		35.24	8.67	1.95		9.60
					25.80	
	5468.16	111.00	1.17	27.27	0.08	
			18.26			
0.02	4775.13		0.49			
	11901.64		106.29	10.27		
22.72				87.04		
	7262.86	28.60		91.54		
	128894.32	0.02	95.10	244.79	0.72	0.09
	4988.48		0.53	16.57		
	52802.18		103.26	80.91		
					835.00	
0.48	5905.86	0.01	20.66	41.68		
	0.10			0.04		
	112640.00		1597.44	2007.04		
	7622.12	30.20	3.88	50.09	78.45	
	9134.87		25.88	22.19		
	895.00			1.28		
				14.99		
			0.59	0.39		0.20
			52.61			

地图审核情况（2021年）

Map Review（2021）

地 区	Region	地图审核/件 Map Review/number			地图内容审查 Map Content Review							
		收到送审数 Number of Received for Approval	受理审核数 Number of Accepted Audit	批准通过数 Number of Approvals	地图（集/册/幅）/幅 Map (set/book/sheet)	教学教辅地图/幅 Teaching Assistant Map/sheet	图书报纸期刊插附地图/幅 Maps in Book, Newspaper and Periodical/sheet	进口地图/幅 Import Map/sheet	地球仪/种 Globe/kind	导航电子地图/件 Navigation Electronic Map/number	互联网地图/件 Internet Map/number	其他地图/幅 Other Map/sheet
总 计	**Total**	**13119**	**13093**	**11496**	**170425**	**1816**	**630147**	**16637**	**222**	**264**	**712**	**3453**
北 京	Beijing	92	83	83	28	9	1504			3	4	100
天 津	Tianjin	44	44	44			52					20
河 北	Hebei	12	12	9	47		64				39	
山 西	Shanxi	10	10	7	339		60					147
内蒙古	Inner Mongolia	35	35	35	35							
辽 宁	Liaoning	6	6	6	186		4					
吉 林	Jilin	49	49	48	275		27					
黑龙江	Heilongjiang	128	128	116	116							
上 海	Shanghai	146	146	146	415	112	236					
江 苏	Jiangsu	24	24	24	188		89				4	2
浙 江	Zhejiang	59	59	52	693	86	67				1	
安 徽	Anhui	41	41	40	164	44	115				6	
福 建	Fujian	270	270	267	8						259	
江 西	Jiangxi	160	160	157	1139		342				4	
山 东	Shandong	28	28	28	86		258				1	11
河 南	Henan	46	46	46	342						1	
湖 北	Hubei	21	21	20	482		217				1	1
湖 南	Hunan	177	174	174	1526							
广 东	Guangdong	220	220	214	664						3	
广 西	Guangxi	71	71	62	86		131				1	130
海 南	Hainan	146	146	134	170	397	283	7			1	
重 庆	Chongqing	77	77	77	808		135					
四 川	Sichuan	120	113	113	769	54	41				49	
贵 州	Guizhou	11	11	11	11							
云 南	Yunnan	269	269	240	397		656					
西 藏	Tibet	48	48	35	58		361					2
陕 西	Shaanxi	36	32	29	1152		129					
甘 肃	Gansu	19	19	9	816	1					1	
青 海	Qinghai	90	90	90	90							
宁 夏	Ningxia	43	43	43	208		244			1		
新 疆	Xinjiang	244	241	229	777		578				4	
自然资源部	MNR	10377	10377	8908	158350	1113	624554	16630	222	260	333	3040

注：表中数据包括国家、省级和新疆生产建设兵团自然资源主管部门数据。其中陕西省、黑龙江省、四川省、海南省数据由自然资源部派出机构陕西测绘地理信息局、黑龙江测绘地理信息局、四川测绘地理信息局和海南测绘地理信息局负责，自然资源部地图内容审查数据来源于自然资源部地图技术审查中心。

Note: The data in the table include the data of national, provincial and Xinjiang Production and Construction Corps natural resources authorities. Among them, the data of Shaanxi Province, Heilongjiang Province, Sichuan Province and Hainan Province are in the charge of Shaanxi Bureau of Surveying, Mapping and Geographic information, Heilongjiang Bureau of Surveying and Mapping Geographic Information, Sichuan Bureau of Surveying Mapping and Geoinformation and Hainan Administration of Surveying Mapping and Geoinformation, which are dispatched by the Ministry of Natural Resources. The map content review data of the Ministry of Natural Resources come from the Map Technology Review Center of the Ministry of Natural Resources.

主要统计指标解释

测绘资质单位数量 指报告期末持有经自然资源部或者省级自然资源主管部门颁发《测绘资质证书》的单位总数。

服务总值 指从事测绘及相关活动的单位报告期内完成各种测绘项目或提供各种测绘服务实现的总值（总产出），根据单位财务统计数据计算得出。

测绘从业人员年末人数 指年末测绘资质单位实有的测绘从业人员数。从业人员指在本单位工作，并取得工资或其他形式的劳动报酬的全部人员。对于专门从事测绘活动的单位，填报整个单位年末从业人员总数；对于除从事测绘活动外还从事其他活动（如规划、勘察、设计、施工等）的单位，填报具有相对独立建制的测绘生产机构的年末从业人员总数。

GNSS大地控制点测量 GNSS（Global Navigation Satellite System）即全球导航卫星系统，包括GPS、GLONASS、GALILEO、北斗等。统计报告期内完成观测成果的各等级网点数。

水准测量 指观测的各等级网点数与观测长度。

重力测量 指观测的重力基准点和基本点数。

本地似大地水准面精化 指由GNSS、水准、重力等综合技术精化的本地高精度、高分辨率似大地水准面。

数字线划地图（DLG） 指以点、线、面形式或地图特定图形符号形式，表达地形要素的地理信息矢量数据集。点要素在矢量数据中表示为一组坐标及相应的属性值；线要素表示为一串坐标组及相应的属性值；面要素表示为首尾点重合的一串坐标组及相应的属性值。数字线划图是国家基础地理信息数字成果的主要组成部分之一。

数字高程模型（DEM） 指在一定范围内通过规则格网点描述地面高程信息的数据集。用于反映区域地貌形态的空间分布，数字高程模型是国家基础地理信息数字成果的主要组成部分。

数字正射影像（DOM） 指将地表航空航天影像经垂直投影而生成的影像数据集。参照地形图要求对正射影像数据按图幅范围进行裁剪，配以图廓整饰，即成为数字正射影像图，它具有相片的影像特征和地图的几何精度，是国家基础地理信息数字成果的主要组成部分。

地形图 指地表起伏形态和地物位置、形状在水平面上的投影图。该指标统计纸质形式的地形图，包括模拟地形图和用地形图制图数据喷绘的纸图，按1∶500、1∶1000、1∶2000、1∶5000、1∶1万、1∶2.5万、1∶5万、1∶10万、1∶25万、1∶50万、1∶100万和其他比例尺分别进行统计。

数字测绘成果 包括数字线划地图（DLG）、数字高程模型（DEM）、数字栅格地图（DRG）、数字正射影像（DOM）和其他地理信息数据。

Explanatory Notes on Main Statistical Indicators

Number of Surveying and Mapping Qualification Units—the total number of units holding the Surveying and mapping qualification issued by the Ministry of Natural Resources or the provincial natural resources departments at the end of the reporting period.

Total Service Value—the total value （total output） of various mapping projects or various mapping services provided by units engaged in surveying and mapping and related activities during the reporting period, which is calculated based on their financial statistics.

Employee of Surveying and Mapping Qualification Unit at the End of the Year—the actual number of employees working in qualified surveying and mapping units at the end of the year. Employees refer to all personnel who work in their own units and receive wages or other forms of labor remuneration. Units specialized in surveying and mapping should fill in the total number of employees at the end of the year; Units engaged in other activities （such as planning, investigation, design, construction, etc.） besides surveying mapping should fill in the total number of employees working in surveying and mapping institutions with relatively independent system at the end of the year.

GNSS Geodetic Control Point Surveying—GNSS（Global Navigation Satellite System）is a global navigation satellite system, including GPS, GLONASS, GALILEO, Beidou, etc. the point number at all levels of networks that have completed observations in the reporting period should be counted.

Leveling—the number of observation points and observation length.

Gravity Measurement—the observed gravity datum and basic points.

Local Quasi Geoid Refinement—the local high-precision and high-resolution quasi geoid refined by GNSS, leveling, gravity and other comprehensive technologies.

Digital Line Graphic （DLG）—the geographic information vector data set that expresses terrain features in the form of point, line, surface or specific graphic symbols of map. In vector data points are represented as a set of coordinates and corresponding attribute values; lines are represented as a set of coordinate groups and corresponding attribute values; surfaces are represented as a series of coordinate groups with coincident heads and tails and corresponding attribute values. DLG is one of the main component of digital achievements of national basic geographic information.

Digital Elevation Model （DEM）—the data set that describes the ground elevation information through regular grid points in a certain range. It is used to reflect the spatial distribution of regional geomorphology. DEM is one of the main component of digital achievements of national basic geographic information.

Digital Orthophoto Map （DOM）—the image data set generated by vertical projection of surface aerospace images. According to the requirements of topographic map, the orthophoto data are cropped according to the scope of map and decorated with the map outline, and that is a digital orthophoto map. It has the image feature of the photo and the geometric accuracy of the map, and is one of the main component of digital achievements of national basic geographic information.

Topographic Map—the projection map with surface relief, location and shape on the horizontal plane. This index is used to count paper-based topographic maps, including simulated topographic maps and paper maps painted with topographic mapping data. The statistics are carried out at 1：500, 1：1000, 1：2000, 1：5000, 1：10000, 1：25000, 1：50000, 1：100000, 1：250000, 1：500000, 1：1000000 and other scales.

Digital Surveying and Mapping Achievement—includes Digital Line Graph （DLG）, Digital Elevation Model （DEM）, Digital Raster Graph （DRG）, Digital Orthophoto Map （DOM） and other geographic data.

三、国土空间规划和用途管制情况

Chapter 3 Planning and Use Control of Land Space

农用地转用

Approval of Agricultural

单位：公顷

年份/地区	Year/Region	批准建设用地面积合计 Total Area of Approved Construction-use Land	农用地转用 Conversion of Agricultural Land	耕地 Cultivated Land
	2019	**327245.61**	**229767.43**	**124243.26**
	2020	**420631.33**	**295479.71**	**167461.85**
	2021	**375464.72**	**282151.81**	**155234.43**
北　京	Beijing	747.16	391.19	199.05
天　津	Tianjin	1081.94	712.63	380.36
河　北	Hebei	9498.69	7694.57	6020.8
山　西	Shanxi	8396.52	5771.22	4300.98
内蒙古	Inner Mongolia	31083.74	25506.54	6455.53
辽　宁	Liaoning	5996.65	4743.93	3414.42
吉　林	Jilin	11111.28	9050.14	6418.61
黑龙江	Heilongjiang	5989.29	5674.77	4232.13
上　海	Shanghai	2274.95	1211.67	987.27
江　苏	Jiangsu	14150.01	10597.78	7601.21
浙　江	Zhejiang	16603.97	12857.74	8002.21
安　徽	Anhui	14782.08	11433.02	7446.52
福　建	Fujian	6792.79	5387.56	2310.84
江　西	Jiangxi	5585.12	4739.75	2046.28
山　东	Shandong	37098.73	28992.81	20662.83
河　南	Henan	16640.58	13286.16	10965.25
湖　北	Hubei	9370.28	7906.73	4417.45
湖　南	Hunan	12798.66	11614.3	4609.13
广　东	Guangdong	13638.58	11182.13	2517.08
广　西	Guangxi	8646.92	7731.85	3445.31
海　南	Hainan	949.31	836.64	226.19
重　庆	Chongqing	8314.61	6898.32	3860.06
四　川	Sichuan	27790.93	19934.59	10282.56
贵　州	Guizhou	10387.89	8830.1	5161.19
云　南	Yunnan	26253.39	18430.73	8085.52
西　藏	Tibet	303.38	494.81	132.16
陕　西	Shaanxi	23009.97	19455.2	9978.08
甘　肃	Gansu	14147.95	7063.68	5512.06
青　海	Qinghai	2011.4	1449.65	769.17
宁　夏	Ningxia	1311.2	696.73	202.36
新　疆	Xinjiang	28696.77	11574.88	4591.84

批准情况
Land Conversion

Unit：hm^2

国务院批准用地 Land Approved by the State Council	农用地转用 Conversion of Agricultural Land	耕地 Cultivated Land	省级政府批准用地 Land Approved by Provincial Government	农用地转用 Conversion of Agricultural Land	耕地 Cultivated Land
138315.18	**103818.50**	**52865.00**	**188930.43**	**125948.93**	**71378.26**
190286.19	**141866.39**	**78403.53**	**230345.14**	**153613.32**	**89058.33**
143200.41	**117828.33**	**59863.91**	**232264.31**	**164323.48**	**95370.52**
			747.16	391.19	199.05
			1081.94	712.63	380.36
3290.43	2793.16	2152.85	6208.26	4901.4	3867.95
7.16	7.16	6.26	8389.36	5764.06	4294.72
19063.18	17023.6	4112.74	12020.56	8482.94	2342.79
1201.48	833.06	502.36	4795.17	3910.87	2912.06
5718.35	5031.88	3295.58	5392.94	4018.26	3123.03
3536.23	3523.67	2756.95	2453.06	2151.1	1475.18
			2274.95	1211.67	987.27
			14150.01	10597.78	7601.21
			16603.97	12857.74	8002.21
			14782.08	11433.02	7446.52
1178.01	1050.52	488.51	5614.78	4337.04	1822.33
1674.46	1508.63	551.73	3910.66	3231.12	1494.55
19197.58	16993.1	11715.2	17901.15	11999.7	8947.63
6834.45	6281.01	4945.06	9806.14	7005.15	6020.2
3011.79	2638.83	1757.53	6358.48	5267.91	2659.93
6093.04	5569.96	2052.28	6705.62	6044.33	2556.85
			13638.58	11182.13	2517.08
1945.19	1844.97	708.39	6701.73	5886.89	2736.92
			949.31	836.64	226.19
			8314.61	6898.32	3860.06
16656.74	11229.44	4809.34	11134.19	8705.15	5473.22
4553.31	3861.8	1888.33	5834.57	4968.29	3272.85
23903.53	16543.63	7359.62	2349.86	1887.09	725.9
296.41	487.87	132.16	6.97	6.94	
15608.51	14897.62	7137.8	7401.46	4557.58	2840.28
4570.18	3534.07	2646.1	9577.77	3529.61	2865.96
921.26	779.8	559.04	1090.15	669.84	210.13
			1311.2	696.73	202.36
3939.13	1394.54	286.1	24757.64	10180.34	4305.75

农用地转用

Approval of Agricultural

单位：公顷

年份/地区	Year/Region	城镇村建设用地面积 Area of Land for Construction in City, Town and Village				
			商服用地 Land for Commercial and Service Uses	工矿仓储用地 Land for Industry, Mining and Warehousing Uses	住宅用地 Land for Residential Use	公共管理与公共服务用地 Land Used for Public Management and Public Services
	2019	**195013.17**	**23769.38**	**67128.40**	**40045.19**	**36230.58**
	2020	**206921.98**	**18751.96**	**76334.32**	**38182.00**	**45049.34**
	2021	**171730.94**	**11896.74**	**69771.65**	**28974.57**	**37962.30**
北　京	Beijing	734.59	68.55	186.69	117.77	199.49
天　津	Tianjin	788.47	52.12	214.45	262.72	127.3
河　北	Hebei	5652.56	225.88	2387.65	1601.46	1090.51
山　西	Shanxi	7674.58	578.24	3405.07	1331.54	1745.57
内蒙古	Inner Mongolia	8072.48	622.29	4587.24	317.11	2086.35
辽　宁	Liaoning	4427.01	427.01	2115.66	823.38	641.6
吉　林	Jilin	4924.6	460.23	1249.62	1161.92	1346.45
黑龙江	Heilongjiang	1829.44	172.38	1220.93	70.9	221.23
上　海	Shanghai	1392.18	84.15	384.3	256.08	278.13
江　苏	Jiangsu	7833.28	622.01	3140.15	1161.29	1460.21
浙　江	Zhejiang	10019.42	813.36	3368.2	3291.37	1278.62
安　徽	Anhui	6446.53	262.47	2054.07	728.1	1961.2
福　建	Fujian	4846.88	136.38	1663.56	717.95	1194.09
江　西	Jiangxi	3580.5	55.15	553.2	947.81	1468.29
山　东	Shandong	16572.44	465.26	6486.98	2994.78	3456.26
河　南	Henan	8424.83	335.96	3607.91	1100.4	2352.32
湖　北	Hubei	6044.37	640.88	2931.64	819.95	768.58
湖　南	Hunan	6014.87	332.07	2464.09	750.91	1360.59
广　东	Guangdong	9487.52	1125.67	4146.82	1194.45	1971.37
广　西	Guangxi	5497.32	224.51	3039.11	322.36	1571.16
海　南	Hainan	794.84	104.56	172.47	99.19	190.55
重　庆	Chongqing	2018.16	52.34	856.67	78.78	464.59
四　川	Sichuan	8421.21	816.57	2982.16	1235.21	2192.91
贵　州	Guizhou	5522.5	417.12	1809.76	867.59	1922.05
云　南	Yunnan	2094.49	135.16	783.59	244.89	775.6
西　藏	Tibet	6.97				6.97
陕　西	Shaanxi	6861.29	811.58	2565.07	1378.1	1407.51
甘　肃	Gansu	9066.2	885.45	4074.84	1725.8	1220.91
青　海	Qinghai	423.72	29.49	139.08	132.14	97.95
宁　夏	Ningxia	1166.51	61.53	674.71	179.12	175.31
新　疆	Xinjiang	15091.17	878.38	6505.96	3061.53	2928.65

批准情况 续表

Land Conversion continued

Unit：hm²

	单独选址建设用地面积 Area of Land for Construction at Separated Selected Sites			
交通运输用地 Land for Transport		交通运输用地 Land Used for Transport	水利设施用地 Land Used for Water and Conservancy Facilities	能源用地 Land Used for Energy Projects
22566.53	**132232.45**	**84328.09**	**14329.22**	**24846.10**
20354.51	**213709.35**	**148542.82**	**24718.35**	**30634.57**
18688.95	**203733.78**	**116054.58**	**24834.54**	**47952.26**
149.09	12.57	12.57		
131.83	293.46	201.96	1.32	18.32
308.83	3846.13	3643.23	10.24	103.82
518.55	721.93	417.11		253.25
434.58	23011.26	5546.22	11025.02	5229.71
391.31	1569.64	818.37		76.04
664.73	6186.68	5395.3		742.02
137.11	4159.85	2926.66	918.8	114.5
181.92	882.76	733.23	124.28	
573.75	6316.73	5716.86		103.78
1024.34	6584.55	3963.6	2250.78	219.82
1270.82	8335.55	5503.61		183.65
977.4	1945.91	1550.78		47.58
487.43	2004.62	1842.02		21.37
2073.76	20526.29	15454.72	4355.6	511.38
964.52	8215.76	6065.79	1478.46	218.43
829.01	3325.91	3201.21		38.34
1104.41	6783.8	5695.23	628.15	109.26
739.32	4151.06	3676.13		25.72
307.33	3149.6	1607.87	881.91	39.48
209.23	154.47	13.17	12.66	2.83
275.45	6296.45	5513.07	450.47	94.63
1074.98	19369.72	6160.9	381.03	12447.29
395.87	4865.38	4237.71	90.81	505.91
112.79	24158.89	13995.23	75.82	10006.77
	296.41	223.58		72.82
576.62	16148.68	1709.99	1746.76	12688.13
1060.15	5081.75	2752.36	21.11	2135.74
25.06	1587.69	589.35	323.44	422.88
74.81	144.69	58.48	0.13	72.98
1613.95	13605.6	6828.29	57.73	1445.82

土地
Land

单位：公顷

年份/地区	Year/Region	土地征收面积合计 Total Area of Requisitioned Land	农用地 Agricultural Land	耕地 Cultivated Land
	2019	**280363.77**	**212292.68**	**123162.73**
	2020	**363400.69**	**285639.96**	**175144.80**
	2021	**326047.38**	**267988.35**	**161364.49**
北京	Beijing	741.17	419.22	241.29
天津	Tianjin	838.52	658.74	443.34
河北	Hebei	13494.62	10755.40	8562.77
山西	Shanxi	8744.41	5924.88	4531.34
内蒙古	Inner Mongolia	22262.20	18453.54	6032.79
辽宁	Liaoning	5530.86	4230.47	3093.05
吉林	Jilin	11039.79	9006.02	7741.15
黑龙江	Heilongjiang	4549.33	4235.92	3632.04
上海	Shanghai	872.19	617.92	501.04
江苏	Jiangsu	8368.23	6086.77	4212.24
浙江	Zhejiang	9949.10	7962.54	5236.08
安徽	Anhui	15194.46	12391.96	8876.83
福建	Fujian	7731.91	5948.59	2632.21
江西	Jiangxi	13891.28	11441.17	5004.94
山东	Shandong	35761.35	29602.50	21238.39
河南	Henan	23001.42	19536.64	16596.14
湖北	Hubei	13749.08	11615.20	6802.29
湖南	Hunan	12545.60	11392.58	4501.69
广东	Guangdong	9484.60	7950.85	1827.60
广西	Guangxi	8003.19	7013.06	3236.75
海南	Hainan	1422.71	1181.79	434.46
重庆	Chongqing	4280.14	3931.81	2201.51
四川	Sichuan	25398.75	20885.12	11760.23
贵州	Guizhou	11734.91	10151.12	6024.19
云南	Yunnan	21487.88	17368.89	7761.13
西藏	Tibet	237.01	187.29	132.16
陕西	Shaanxi	22413.09	18709.35	10239.57
甘肃	Gansu	9108.44	7450.90	5914.55
青海	Qinghai	1209.84	1012.62	812.57
宁夏	Ningxia	492.48	364.81	192.96
新疆	Xinjiang	2508.83	1500.69	947.19

征收情况
Requisition

Unit：hm^2

国务院批准 Requisitioned Land Area Approved by the State Council			省级政府批准 Requisitioned Land Area Approved by Provincial Government		
	农用地 Agricultural Land			农用地 Agricultural Land	
		耕地 Cultivated Land			耕地 Cultivated Land
89453.54	**77090.13**	**40212.43**	**190910.22**	**135202.55**	**82950.30**
140986.24	**121259.08**	**70075.54**	**206031.85**	**149432.35**	**97227.14**
119354.56	**105943.17**	**57935.56**	**206692.82**	**162045.17**	**103428.93**
			741.17	419.22	241.29
			838.52	658.74	443.34
3250.50	2783.83	2149.23	10244.12	7971.58	6413.54
7.16	7.16	6.26	8737.25	5917.72	4525.08
13585.93	12039.75	3638.62	8676.27	6413.78	2394.17
1115.15	749.35	478.71	4415.70	3481.13	2614.34
4180.25	3889.96	3164.08	6859.54	5116.06	4577.06
2769.26	2658.45	2326.51	1780.07	1577.46	1305.53
			872.19	617.92	501.04
			8368.23	6086.77	4212.24
			9949.10	7962.54	5236.08
			15194.46	12391.96	8876.83
1130.14	1032.17	487.89	6601.78	4916.43	2144.32
1650.91	1496.62	547.78	12240.37	9944.55	4457.15
18309.40	16664.96	11581.76	17451.95	12937.54	9656.63
6669.76	6061.80	4872.34	16331.66	13474.84	11723.80
2772.56	2503.79	1677.25	10976.52	9111.40	5125.04
6078.86	5565.44	2050.93	6466.74	5827.14	2450.76
			9484.60	7950.85	1827.60
1935.99	1769.47	680.72	6067.20	5243.59	2556.03
			1422.71	1181.79	434.46
			4280.14	3931.81	2201.51
12334.00	10319.93	4798.53	13064.76	10565.19	6961.70
4205.47	3828.39	1884.64	7529.45	6322.72	4139.55
19780.59	16078.06	7223.64	1707.29	1290.83	537.49
237.01	187.29	132.16			
14767.37	14110.30	7026.51	7645.73	4599.05	3213.06
3649.88	3313.19	2539.17	5458.56	4137.71	3375.39
750.67	717.44	559.04	459.17	295.18	253.53
			492.48	364.81	192.96
173.72	165.82	109.80	2335.10	1334.87	837.39

海域使用权审批情况

Approval of Sea Area

地 区	Region	新增宗海数量/宗 Number of Newly Added Sea Area/plot	
			经营性项目 Profit Project
总 计	**Total**	**3491**	**3190**
辽 宁	Liaoning	287	285
河 北	Hebei	188	179
天 津	Tianjin	37	35
山 东	Shandong	1761	1727
江 苏	Jiangsu	302	287
上 海	Shanghai	3	2
浙 江	Zhejiang	171	95
福 建	Fujian	252	180
广 东	Guangdong	302	265
广 西	Guangxi	118	95
海 南	Hainan	62	32
上述省（自治区、直辖市）外	Excluding the Provinces (Autonomous Regions, Municipalities) above	8	8

注：海域使用权审批包括海域使用权申请审批、招标、拍卖、挂牌。

Note: The examination and approval of sea area use right includes examination and approval of application for sea area use right, and bidding,

——按地区分列（2021年）
Use Rights by Region （2021）

非经营性项目 Non-profit Project	新增宗海面积/公顷 Newly Added Sea Area/hm^2		
		经营性项目 Profit Project	非经营性项目 Non-profit Project
301	**225976.33**	**220771.77**	**5204.56**
2	71204.76	71163.19	41.57
9	3256.92	3176.88	80.04
2	455.99	444.47	11.52
34	49562.34	49263.67	298.67
15	53142.72	51843.19	1299.53
1	76.59	73.04	3.55
76	3087.61	2688.42	399.20
72	29353.61	27807.47	1546.14
37	7787.58	6879.57	908.01
23	6207.59	5872.19	335.41
30	1147.96	867.03	280.93
	692.68	692.68	

auction and listing of sea area use right.

海域使用权审批情况
Approval of Sea Area Use

海域使用类型	Type of Sea Area Use	新增宗海数量/宗 Number of Newly Added Sea Area/plot	经营性项目 Profit Project
总　计	**Total**	**3491**	**3190**
渔业用海	Fishery Sea	2658	2611
工业用海	Industrial Sea	286	274
交通运输用海	Sea for Transportation	305	191
旅游娱乐用海	Sea for Tourism and Entertainment	72	55
海底工程用海	Sea for Submarine Engineering	38	28
排污倾倒用海	Sewage Dumping Sea	7	3
造地工程用海	Sea for Land Engineering	14	6
特殊用海	Special Sea Use	67	9
其他用海	Other Sea Uses	44	13

注：海域使用权审批包括海域使用权申请审批、招标、拍卖、挂牌。

Note: The examination and approval of sea area use right includes examination and approval of application for sea area use right, and bidding, auction and

——按海域使用类型分列（2021年）
Rights by Type of Sea Area Use （2021）

非经营性项目 Non-profit Projects	新增宗海面积/公顷 Newly Added Sea Area/hm^2		
		经营性项目 Profit Project	非经营性项目 Non-profit Project
301	**225976.33**	**220771.77**	**5204.56**
47	206162.56	205466.39	696.17
12	10107.73	9979.91	127.82
114	6522.64	3925.01	2597.63
17	411.40	375.14	36.25
10	797.82	736.91	60.92
4	197.13	160.64	36.49
8	104.06	13.05	91.01
58	327.79	19.40	308.38
31	1345.21	95.33	1249.88

listing of sea area use right.

无居民海岛审批使用情况（2021年）

Approval and Use of Uninhabited Islands （2021）

地 区	Region	海岛数量/个 Number of Island/number	用岛面积/公顷 Island Area/hm^2
总 计	**Total**	**6**	**77.11**
辽 宁	Liaoning		
河 北	Hebei		
天 津	Tianjin		
山 东	Shandong		
江 苏	Jiangsu	1	1.91
上 海	Shanghai		
浙 江	Zhejiang	2	3.35
福 建	Fujian	1	69.79
广 东	Guangdong	1	1.81
广 西	Guangxi	1	0.24
海 南	Hainan		
上述省（自治区、直辖市）外	Excluding the Provinces (Autonomous Regions, Municipalities) above		

海底电缆管道路由调查（勘测）、铺设施工审批情况（2021年）
Approval of Submarine Cable Pipeline Route Survey and Laying Construction（2021）

指标名称	Indicator	指标值 Indicator Value
批准的海底电缆管道路由调查（勘测）数量/(条，段）	**Number of Approved Submarine Cable Pipeline Route Survey/（piece, section）**	**283**
海底电缆	Submarine Cable	187
海底管道	Submarine Pipeline	70
混合用途	Mixed Use	26
批准的海底电缆管道路由调查（勘测）长度/千米	**Total Length of Approved Submarine Cable and Pipeline Route Survey/km**	**3444.02**
海底电缆	Submarine Cable	2275.41
海底管道	Submarine Pipeline	934.28
混合用途	Mixed Use	234.33
批准的海底电缆管道铺设施工数量/(条，段）	**Construction Quantity of Approved Submarine Cable Pipeline Laying/（piece, section）**	**128**
海底电缆	Submarine Cable	96
海底管道	Submarine Pipeline	23
混合用途	Mixed Use	9
批准的海底电缆管道路由铺设施工长度/千米	**Total Length of Approved Submarine Cables and Pipelines Laying/km**	**2286.42**
海底电缆	Submarine Cable	1955.41
海底管道	Submarine Pipeline	252.31
混合用途	Mixed Use	78.70

主要统计指标解释

批准建设用地合计 指省级以上政府（包括省级人民政府授权设区的市、自治州人民政府）依法批准的建设用地面积。

国务院批准用地 指依法经自然资源部审查，报国务院批准的建设用地面积。

省级政府批准用地 指依法经省、自治区、直辖市人民政府自然资源主管部门审查，经同级人民政府批准的建设用地面积，省级人民政府授权设区的市、自治州人民政府批准的用地面积亦统计在内。

农用地转用 指批准用地面积中的农用地面积。

耕地 指批准用地面积中的耕地面积。

土地征收 指国家基于公共利益的需要，将农民集体所有的土地收归国有，并对被征收人给予合理补偿的行为。

征收面积 指经国务院和省级政府自然资源行政主管部门审查，报同级人民政府批准征收的土地面积。

批准的海底电缆管道路由调查（勘测）长度 指统计报告期内经自然资源主管部门批准批复的准许铺设海底电缆管道前对其经过海域进行的海洋地质、地球物理及水文要素的调查的总长度。

批准的海底电缆管道路由铺设施工长度 指统计报告期内经自然资源主管部门批准批复的准许铺设施工的海底电缆管道总长度。

Explanatory Notes on Main Statistical Indicators

Total Area of Approved Construction-Use Land—the area of construction–use land approved according to law by governments at the provincial level and above (including governments of cities and autonomous prefectures authorized by provincial–level people' s government) .

Land Approved by the State Council—the area of construction–use land examined by the MNR and submitted to the State Council for approval according to law.

Land Approved by Provincial Government—the area of construction–used land examined by natural resources administration departments of the people' s governments of provinces, autonomous regions, and municipalities directly under the central government and approved by the people' s governments at the corresponding levels. It also includes the areas approved by people' s government of cities and autonomous prefectures authorized by provincial–level governments.

Conversion of Agricultural Land—the area of agricultural land in the area of land approved.

Cultivated Land—the area of cultivated land in the area of land approved.

Land Requisition—the act of nationalizing the land owned by farmer collectives based on the needs of public interests and paying reasonable land compensation to the land – requisitioned persons.

Area of Requisitioned Land—the area of requisitioned land examined by the State Council and natural resources administration departments of provincial–level governments and approved by the people' s governments at the same level.

Total Length of Approved Submarine Cable and Pipeline Route Survey—the total length of marine geological, geophysical and hydrological elements survey in the sea area before submarine cable and pipeline laying is approved and replied by natural resources authorities in the statistical period.

Total Length of Approved Submarine Cable and Pipeline Laying—the total length of submarine cable and pipeline laying approved and replied by the natural resources authorities within the statistical period.

四、自然资源保护与自然灾害情况

Chapter 4 Natural Resources Protection and Natural Disasters

矿山生态修复
Ecological Restoration

地 区	Region	采矿损毁土地情况 Mining Damage to Land		矿山生态修复土地情况 Mine Ecological Restoration Land	
		现存采矿损毁土地面积/公顷 Existing Area of Land Damaged by Mining/hm²	新增采矿损毁土地面积/公顷 Area of Newly Added Land Damaged by Mining/hm²	新增矿山生态修复土地面积/公顷 Newly Added Area of Mine Ecological Restoration Land/hm²	合计 Total
总 计	**Total**	**891025.00**	**61889.65**	**158513.48**	**4138764.00**
北 京	Beijing	1267.01	1.13	805.10	44608.46
天 津	Tianjin	1543.46		110.73	5980.00
河 北	Hebei	58018.07	1412.03	11863.09	145191.24
山 西	Shanxi	91193.83	6119.75	13672.65	439982.40
内蒙古	Inner Mongolia	143000.00	8400.00	29717.00	716847.00
辽 宁	Liaoning	57442.05	9745.54	3311.78	68408.58
吉 林	Jilin	17013.40	254.13	811.44	22578.02
黑龙江	Heilongjiang	56474.37	641.53	3007.54	48894.42
上 海	Shanghai	24.28			
江 苏	Jiangsu	14223.78	82.33	2987.25	152906.22
浙 江	Zhejiang	5560.66	287.73	1261.26	129394.50
安 徽	Anhui	60929.27	1559.63	2945.09	132828.81
福 建	Fujian	15318.55	315.57	1329.40	41259.31
江 西	Jiangxi	19302.72	936.07	5773.40	131528.98
山 东	Shandong	45802.14	3429.42	10023.11	277362.55
河 南	Henan	25985.61	3041.35	11918.95	274664.67
湖 北	Hubei	8649.21	389.37	3252.63	166781.50
湖 南	Hunan	18953.60	604.84	4988.99	87059.57
广 东	Guangdong	20817.16	1076.58	1735.05	91429.33
广 西	Guangxi	35089.67	1880.03	2949.19	111914.21
海 南	Hainan	1352.01	249.05	841.26	37385.49
重 庆	Chongqing	10193.89	747.51	1045.73	31996.22
四 川	Sichuan	13156.20	865.91	2696.39	87111.43
贵 州	Guizhou	8009.62	1263.57	2210.94	97787.71
云 南	Yunnan	36320.85	1639.18	5764.35	105299.01
西 藏	Tibet	3310.83	120.63	1115.94	39189.52
陕 西	Shaanxi	20465.24	8573.11	11275.31	365077.65
甘 肃	Gansu	18210.70	723.74	3882.53	82042.03
青 海	Qinghai	5110.86	286.04	5556.37	108819.91
宁 夏	Ningxia	17163.53	573.90	3501.49	40454.77
新 疆	Xinjiang	61122.45	6669.97	8159.54	53980.47

情况（2021年）
of the Mines（2021）

投入矿山生态修复资金情况 Fund Invested for Mine Ecological Restoration				矿山地质环境治理恢复基金使用情况/万元 Utilization of Mine Geological Environment Management and Restoration Fund/10⁴ Yuan	
本年资金投入额/万元 Amount of Capital Invested This Year/10⁴ yuan				本年矿山地质环境治理恢复基金提取额 Amount Withdrawn from Mine Geological Environment Management and Restoration Fund This Year	本年矿山地质环境地质治理恢复基金使用额 Amount Used from Mine Geological Environment Management and Restoration Fund This Year
中央财政资金 Central Financial Fund	地方财政资金 Local Financial Fund	矿山企业资金 Capital from Mining Enterprise	其他社会资金 Other Social Fund		
325891.53	**1048315.79**	**2474748.30**	**289808.37**	**3365991.85**	**1464192.17**
	44413.20	195.26			
	3207.00		2773.00		
	80315.50	41109.73	23766.01	88648.02	10416.09
40337.05	38752.72	359079.35	1813.29	873495.03	265943.84
40540.00	23744.00	648490.00	4073.00	836977.00	648490.00
	37260.59	29361.04	1786.95	7335.38	4126.60
9578.79	5494.96	7504.27		8941.24	2331.91
14459.30	26188.43	6742.61	1504.09	7107.35	1193.68
1800.00	127159.46	16210.05	7736.71	4609.39	3617.40
	52432.94	48394.09	28567.47	48211.67	11994.48
5145.80	40606.28	82642.27	4434.46	94705.38	33730.68
1051.80	9881.64	29475.00	850.87	25524.00	21822.36
2760.37	24288.84	85178.32	19301.45	54631.54	24728.63
13776.23	104123.87	110220.20	49242.25	134442.28	49972.28
14371.77	49190.80	118661.59	92440.51	77662.32	60312.40
14376.04	100216.39	47615.76	4573.32	5551.96	2324.09
5141.82	15950.89	63640.27	2326.60	19034.21	12854.61
15071.44	39028.33	25637.19	11692.37	8310.94	3473.91
4536.70	22800.83	79097.93	5478.76	2842.42	696.99
2869.79	3954.17	29329.53	1232.00	7273.01	5528.69
9377.83	8838.08	13090.31	690.00	60581.32	4496.47
8986.70	4869.15	73089.08	166.50	34217.45	14706.55
11462.35	29171.17	51790.87	5363.32	37142.36	24296.21
16527.93	29138.18	46549.56	13083.35	24141.78	6953.04
6930.00	6160.52	26088.50	10.50	28068.73	15682.13
14670.00	44684.51	305715.73	7.40	820491.45	194864.84
29602.83	13343.27	34597.79	4498.14	28818.72	15611.09
17640.08	42854.54	47815.96	509.34	16998.36	14072.13
12610.00	14113.09	11911.68	1820.00	9946.04	9938.58
12266.91	6132.47	35514.37	66.72	282.50	12.50

耕地占补平衡

Cultivated Land Requisition –

地 区	Region	占用情况 Requisition		
		占用耕地面积/公顷 Area of Cultivated Land Requisition/hm^2	占用水田面积/公顷 Area of Paddy Field Requisition/hm^2	需补充标准粮食产能/吨 Standard Grain Production Capacity Needed to Supplement/t
总 计	**Total**	**133416.34**	**32116.56**	**1394220.20**
北 京	Beijing	281.27		3154.37
天 津	Tianjin	272.53	0.69	2300.11
河 北	Hebei	10104.82	107.26	86663.81
山 西	Shanxi	4624.72		34600.32
内蒙古	Inner Mongolia	5948.43	15.51	15884.40
辽 宁	Liaoning	3571.31	1167.31	30613.03
吉 林	Jilin	6296.95	519.70	54838.80
黑龙江	Heilongjiang	2593.82	411.02	17991.75
上 海	Shanghai	634.13	417.51	9642.76
江 苏	Jiangsu	5842.47	3482.16	87310.06
浙 江	Zhejiang	5153.24	4162.07	62872.38
安 徽	Anhui	4212.07	2234.08	53241.99
福 建	Fujian	2592.08	1721.51	31986.19
江 西	Jiangxi	5067.49	3575.42	62270.90
山 东	Shandong	22273.95	244.48	263226.81
河 南	Henan	9242.09	498.21	123366.88
湖 北	Hubei	4665.60	2056.79	78147.88
湖 南	Hunan	3610.07	2701.53	44029.05
广 东	Guangdong	2199.77	785.57	33645.96
广 西	Guangxi	3631.52	990.52	39520.80
海 南	Hainan	379.91	216.22	4633.77
重 庆	Chongqing	1873.70	940.43	19612.47
四 川	Sichuan	6508.77	3466.36	71301.12
贵 州	Guizhou	5066.34	1869.13	40748.64
云 南	Yunnan	907.97	252.37	8296.67
西 藏	Tibet			
陕 西	Shaanxi	3528.12	163.76	37107.08
甘 肃	Gansu	5365.22		27958.77
青 海	Qinghai	506.34		2711.23
宁 夏	Ningxia	298.64	116.93	2928.54
新 疆	Xinjiang	6163.04	0.03	43613.66

情况（2021年）

compensation Balance（2021）

省域内补充耕地情况 Supplementary Cultivated Land in the Province			国家统筹补充耕地情况 Supplementary Cultivated Land in State Plan		
补充耕地面积/公顷 Area of Supplementary Cultivated Land/hm²	补充水田面积/公顷 Area of Supplementary Paddy Field/hm²	实际补充后新增标准粮食产能/吨 New Standard Grain Production Capacity after Actual Supplement/t	统筹补充耕地面积/公顷 Overall Supplementary Cultivated Land Area/hm²	统筹补充水田面积/公顷 Overall Supplementary Paddy Field Area/hm²	统筹补充标准粮食产能/吨 Overall supplem-entary Standard Grain Production Capacity/t
133250.71	**32345.41**	**1393523.61**	**175.33**		**1308.51**
282.47		3181.05			
97.19	0.69	991.60	175.33		1308.51
10087.41	107.45	86496.49			
4625.06		34602.04			
5948.93	18.60	16076.85			
3571.31	1167.31	30617.47			
6296.95	583.10	54838.80			
2593.82	557.44	18144.29			
642.98	417.51	9642.76			
5842.48	3491.26	87310.13			
5153.68	4162.07	62872.38			
4212.07	2234.08	53241.99			
2592.48	1721.54	31986.19			
5067.52	3575.42	62270.90			
22273.98	244.48	263233.38			
9253.33	502.15	123625.46			
4665.60	2057.60	78147.93			
3610.07	2702.00	44029.52			
2199.77	785.57	33645.96			
3631.86	990.79	39525.81			
379.91	216.22	4633.77			
1873.70	940.43	19612.47			
6508.77	3467.10	71301.12			
5069.91	1869.50	40825.11			
907.97	252.37	8296.67			
3528.12	163.76	37122.40			
5365.22		27992.65			
506.34		2711.23			
298.64	116.93	2928.54			
6163.19	0.03	43618.65			

永久基本农田

Protection of Permanent

单位：公顷

地 区	Region	占用永久基本农田面积 Area of Permanent Prime Farmland to be Requisitioned
总 计	**Total**	**25334.86**
北 京	Beijing	
天 津	Tianjin	0.66
河 北	Hebei	479.66
山 西	Shanxi	5.03
内蒙古	Inner Mongolia	1235.24
辽 宁	Liaoning	166.07
吉 林	Jilin	1123.41
黑龙江	Heilongjiang	1647.65
上 海	Shanghai	
江 苏	Jiangsu	
浙 江	Zhejiang	78.97
安 徽	Anhui	717.82
福 建	Fujian	173.17
江 西	Jiangxi	320.94
山 东	Shandong	8111.84
河 南	Henan	2677.36
湖 北	Hubei	1222.79
湖 南	Hunan	1251.76
广 东	Guangdong	83.56
广 西	Guangxi	57.19
海 南	Hainan	
重 庆	Chongqing	173.69
四 川	Sichuan	752.72
贵 州	Guizhou	542.59
云 南	Yunnan	2042.11
西 藏	Tibet	8.70
陕 西	Shaanxi	1078.51
甘 肃	Gansu	1056.66
青 海	Qinghai	161.40
宁 夏	Ningxia	
新 疆	Xinjiang	165.37

保护情况（2021年）
Prime Farmland （2021）

Unit：hm²

补划永久基本农田面积 Area of Supplementary Permanent Prime Farmland
26000.20
0.66
503.43
5.44
1250.45
168.20
1136.66
1659.18
80.42
743.90
177.54
324.90
8146.15
2760.62
1242.30
1279.33
83.56
61.16
189.43
764.27
547.46
2092.17
9.05
1191.65
1247.54
168.57
166.13

地质灾害

Situation of

地区	Region	发生地质灾害数量/处 Quantity of Geohazard/place	地质灾害类型/处 Type of Geohazard/place			
			崩塌 Avalanche	滑坡 Landslide	泥石流 Mudflow	地面塌陷 Ground Collapse
总计	**Total**	**4772**	**1746**	**2335**	**374**	**285**
北京	Beijing	104	99	5		
天津	Tianjin	15	14		1	
河北	Hebei	23	11	8	4	
山西	Shanxi	444	270	126	3	29
内蒙古	Inner Mongolia	1			1	
辽宁	Liaoning					
吉林	Jilin	11	11			
黑龙江	Heilongjiang					
上海	Shanghai					
江苏	Jiangsu	8		8		
浙江	Zhejiang	246	72	97	76	1
安徽	Anhui	80	48	30	2	
福建	Fujian	35	24	8	1	2
江西	Jiangxi	167	32	127	2	6
山东	Shandong	1				1
河南	Henan	769	452	228	14	74
湖北	Hubei	138	30	102	3	3
湖南	Hunan	543	79	422	10	22
广东	Guangdong	3	1	1		1
广西	Guangxi	452	250	92		109
海南	Hainan	5	4	1		
重庆	Chongqing	289	87	182	11	9
四川	Sichuan	403	76	239	85	3
贵州	Guizhou	28	5	23		
云南	Yunnan	170	15	89	46	19
西藏	Tibet	96	15	11	67	1
陕西	Shaanxi	507	65	403	37	2
甘肃	Gansu	162	51	109	1	
青海	Qinghai	60	31	23	6	
宁夏	Ningxia	4	2	1		1
新疆	Xinjiang	8	2		4	2

灾情（2021年）
Geohazards (2021)

地质灾害规模/处 Scale of Geohazard/place				造成伤亡人数/人 Casualties/person				造成直接经济损失/万元 Direct Economic Loss/10^4 yuan
特大型 Oversize	大型 Large	中型 Medium	小型 Small		死亡 Death	失踪 Missing	受伤 Injury	
35	**27**	**328**	**4382**	**129**	**80**	**11**	**38**	**320323.71**
		1	103					428.87
			15					30.30
		3	20					1080.57
1	3	55	385					28740.70
			1					10.40
			11					107.67
			8					22.00
		17	229	6	5		1	4668.90
			80					380.80
			35	4	3		1	133.80
			167					632.12
			1					0.50
		84	685	13	12		1	32556.90
		4	134	4	4			2251.00
2		6	535	5	4		1	11199.20
			3					12.00
		2	450	7	3		4	2056.13
			5					61.43
	1	8	280	9	9			8004.45
10	14	59	320	13	7	6		42063.80
1	2	5	20	7	4		3	4590.00
10	3	9	148	19	7		12	86862.74
1		1	94	18	4	4	10	1638.47
8	4	63	432	22	16	1	5	79933.66
1		9	152					11215.10
1		2	57	2	2			1492.20
			4					32.00
			8					118.00

地质灾害防治
Geohazards Prevention

地 区	Region	成功避让地质灾害/处 Geohazard Avoided Successfully/place
总 计	**Total**	**905**
北 京	Beijing	1
天 津	Tianjin	4
河 北	Hebei	3
山 西	Shanxi	308
内蒙古	Inner Mongolia	
辽 宁	Liaoning	
吉 林	Jilin	1
黑龙江	Heilongjiang	
上 海	Shanghai	
江 苏	Jiangsu	1
浙 江	Zhejiang	35
安 徽	Anhui	7
福 建	Fujian	7
江 西	Jiangxi	10
山 东	Shandong	
河 南	Henan	232
湖 北	Hubei	27
湖 南	Hunan	33
广 东	Guangdong	
广 西	Guangxi	11
海 南	Hainan	
重 庆	Chongqing	23
四 川	Sichuan	78
贵 州	Guizhou	16
云 南	Yunnan	22
西 藏	Tibet	2
陕 西	Shaanxi	76
甘 肃	Gansu	7
青 海	Qinghai	
宁 夏	Ningxia	
新 疆	Xinjiang	1

情况（2021年）
and Control （2021）

地质灾害预报预警 Prediction and Early-warning of Geohazard	
避免伤亡人员/人 Casualties Avoided/person	避免直接经济损失/万元 Direct Economic Loss Avoided/10^4 yuan
25528	**134924.50**
30	150.00
5	1.00
152	170.00
9930	17909.00
6	2.00
	100.00
239	1202.00
40	140.00
111	278.00
60	178.50
5362	28409.00
211	1238.00
622	4096.00
95	2003.00
271	2193.00
1837	22083.00
1618	10420.00
2709	19986.00
314	5180.00
1025	11731.00
855	7425.00
36	30.00

地下水监测
Groundwater

单位：个

地区	Region	地下水监测井数 Number of Groundwater Monitoring Well							
			按级别分类 Classified According to the Level			按自动化程度分类 Classified According to Automation Level		按监测内容分类 Classified According to Monitoring Content	
		小计 Subtotal	国家级监测井数 Number of State Level Monitoring Well	省级监测井数 Number of Provincial Level Monitoring Well	地区级监测井数 Number of Prefecture Level Monitoring Well	人工监测井数 Number of Manual Monitoring Well	自动化监测井数 Number of Automatic Monitoring Well	水位水质共同监测井数 Number of Common Monitoring Wells for Water Level and Water Quality	流量水质共同监测点数 Common Monitoring Point of Flow and Water Quality
总　计	**Total**	**22378**	**12087**	**7216**	**3075**	**5012**	**17366**	**22121**	**257**
北　京	Beijing	1817	320	1497		316	1501	1817	
天　津	Tianjin	625	300	325		189	436	625	
河　北	Hebei	1604	640	174	790	729	875	1604	
山　西	Shanxi	682	354	328		345	337	682	
内蒙古	Inner Mongolia	1010	543	467			1010	1010	
辽　宁	Liaoning	796	538	122	136	176	620	773	23
吉　林	Jilin	1087	1045	42		203	884	1069	18
黑龙江	Heilongjiang	697	587	110			697	697	
上　海	Shanghai	686	303	383		137	549	686	
江　苏	Jiangsu	697	399	246	52	177	520	697	
浙　江	Zhejiang	456	306	15	135		456	456	
安　徽	Anhui	476	389	87		26	450	474	2
福　建	Fujian	466	269	197		86	380	436	30
江　西	Jiangxi	758	412	344	2		758	758	
山　东	Shandong	2260	707	339	1214	775	1485	2245	15
河　南	Henan	1511	611	387	513	665	846	1511	
湖　北	Hubei	472	314	69	89	86	386	472	
湖　南	Hunan	381	301	63	17	38	343	379	2
广　东	Guangdong	525	238	268	19	71	454	519	6
广　西	Guangxi	683	300	383		339	344	673	10
海　南	Hainan	262	151	111		22	240	262	
重　庆	Chongqing	383	101	282			383	382	1
四　川	Sichuan	377	299	8	70	12	365	375	2
贵　州	Guizhou	392	244	148		39	353	288	104
云　南	Yunnan	268	253	15		30	238	226	42
西　藏	Tibet	141	127	14		14	127	141	
陕　西	Shaanxi	507	390	79	38	131	376	507	
甘　肃	Gansu	819	548	271		61	758	819	
青　海	Qinghai	322	273	49		50	272	322	
宁　夏	Ningxia	556	390	166		186	370	554	2
新　疆	Xinjiang	662	435	227		109	553	662	

情况（2021年）
Monitoring （2021）

Unit：number

地下水监测数据量 Groundwater Monitoring Data					地下水质量情况 Groundwater Quality				
小计 Subtotal	水位监测数据量 Water Level Monitoring Data	水质监测数据量 Water Quality Monitoring Data	水温监测数据量 Water Temperature Monitoring Data	泉流量监测数据量 Spring Flow Monitoring Data	优良级 Excellent Grade	良好级 Good Grade	较好级 Medium Grade	较差级 Poor Grade	极差级 Extremely Poor Grade
150620608	**74381336**	**375920**	**75122344**	**741008**	**341**	**1040**	**114**	**6898**	**1767**
4884017	2436699	10619	2436699		17	50	3	216	1
4352128	2171254	9620	2171254			1	1	92	166
10436689	5207115	22459	5207115		18	63	6	339	181
5490642	2739068	12506	2739068		10	65	2	222	39
7193287	3587412	18463	3587412		2	62		346	89
6224169	3094929	16835	3103667	8738		8		401	46
7743040	3862307	18426	3862307		10	57	10	378	43
8401184	4191416	18352	4191416			2	6	467	21
4038611	2014699	9213	2014699			1		111	137
2261354	1124461	12432	1124461			1		184	151
5002670	2461443	10804	2495933	34490	1			181	110
2498406	1217294	13690	1242358	25064	1	14	1	325	29
5663909	2766195	9213	2827348	61153	9	7	11	199	23
3882021	1936145	9731	1936145		13	16	10	220	4
4427036	2196805	23680	2201678	4873	2	30	1	381	226
3746131	1864093	17945	1864093		16	55	13	365	36
4109556	2050523	8510	2050523			3		205	22
3909400	1933007	8362	1950519	17512	44	69	24	89	
3748242	1869977	8288	1869977		8	39	5	150	22
3911453	1870369	9509	1950972	80603	7	35	1	206	8
2432742	1213781	5180	1213781					127	13
7863394	3925351	3330	3930032	4681		18	1	67	4
4390447	2173767	10249	2190099	16332	8	65	1	195	8
3488394	1581972	7992	1740201	158229	32	76	5	101	2
3246139	1289611	8251	1618944	329333	15	28	4	171	5
1917108	956519	4070	956519		19	53	1	37	
4221250	2103965	13320	2103965		7	19		267	67
7381766	3681633	18500	3681633		16	51	2	330	101
3549544	1769851	9842	1769851		51	99		109	7
4392329	2190485	11359	2190485		2	9		172	124
5813550	2899190	15170	2899190		33	44	6	245	82

海洋灾害
Marine

灾害类型 Types of Disaster	地　区	Region	海洋发生灾害次数/次 Number of Marine Disasters/time	造成伤亡人数/人 Casualties/person			
					死亡 Death	失踪 Missing	受伤 Injury
	总　计	**Total**	**19**	**28**	**8**	**20**	
风暴潮 Storm Surge	小　计	Subtotal	9	2	1	1	
	辽　宁	Liaoning	1	1		1	
	河　北	Hebei	2				
	天　津	Tianjin					
	山　东	Shandong	2				
	江　苏	Jiangsu	1				
	上　海	Shanghai	2				
	浙　江	Zhejiang	2				
	福　建	Fujian	3				
	广　东	Guangdong	2				
	广　西	Guangxi	3				
	海　南	Hainan	1	1	1		
海浪 Sea Wave	小　计	Subtotal	9	26	7	19	
	辽　宁	Liaoning					
	河　北	Hebei					
	天　津	Tianjin					
	山　东	Shandong	1				
	江　苏	Jiangsu	3	15	4	11	
	上　海	Shanghai					
	浙　江	Zhejiang	2	9	1	8	
	福　建	Fujian	1				
	广　东	Guangdong					
	广　西	Guangxi	1				
	海　南	Hainan	2	2	2		
赤潮 Red Tide	小　计	Subtotal					
	辽　宁	Liaoning					
	河　北	Hebei					
	天　津	Tianjin					
	山　东	Shandong					
	江　苏	Jiangsu					
	上　海	Shanghai					
	浙　江	Zhejiang					
	福　建	Fujian					
	广　东	Guangdong					
	广　西	Guangxi					
	海　南	Hainan					
海冰 Sea Ice	辽　宁	Liaoning	1				

情况（2021年）

Disaster（2021）

直接经济损失/万元 Direct Economic Loss/10^4 yuan	海洋灾害防止投入资金/万元 Investment in Marine Disaster Prevention/10^4 yuan	预警次数/次 Number of Early Warning/time	赤潮发现次数/次 Red Tide Discovery Times/time	赤潮累计面积/平方千米 Cumulative Area of Red Tide/km^2
307087.38			**58**	**23277.53**
246738.22				
87509.11				
9153.60				
19232.85				
8859.97				
5147.39				
94609.70				
4948.46				
2838.12				
7306.00				
7133.02				
10537.50				
7815.50				
1592.00				
1070.00				
30.00				
30.00				
			58	23277.53
			7	22.30
			3	143.01
			6	9819.63（含渤海 6014.00）
			22	7083.60
			4	12.50
			14	196.47
			1	6000.00
			1	0.02
49811.66				

主要统计指标解释

新增采矿损毁土地面积 指报告期内因矿山开发造成损毁的土地面积。

矿山地质环境治理恢复基金（简称治理恢复基金） 指报告期内用于矿山地质环境治理恢复工程支出及其他相关支出的专项资金。包括矿山地质灾害治理、地形地貌景观破坏治理、矿区地下含水层破坏治理和矿区土地复垦等。

本年矿山地质环境治理恢复基金提取额 指报告期内本行政辖区矿山企业提取矿山地质环境治理恢复基金的数额。

本年矿山地质环境治理恢复基金使用额 指报告期内本行政辖区矿山企业使用矿山地质环境治理恢复基金的数额。

占用耕地面积 指非农建设经批准占用的耕地面积。

补充耕地面积 指非农建设经批准占用耕地，由占用耕地的单位负责开垦的耕地面积。

补充水田面积 指非农建设经批准占用耕地，由占用耕地的单位负责开垦的水田面积。

永久基本农田 指为保障国家粮食安全，按照一定时期人口和经济社会发展对农产品的需求，依据国土空间规划确定的不得占用的耕地。永久基本农田一经划定，任何单位和个人不得擅自占用或改变用途。

审批占用永久基本农田面积 指重大项目建设允许占用永久基本农田的面积。

补划永久基本农田面积 指根据《土地管理法》《基本农田保护条例》及相关规定，对依法批准或认定的建设项目占用基本农田或因生态退耕、灾害损毁等原因导致基本农田减少，按照规定程序确定补充的基本农田面积。

地质灾害 包括自然因素或人为活动引发的危害人民生命和财产安全的山体崩塌、滑坡、泥石流、地面塌陷、地面沉降等与地质作用有关的灾害。地质灾害数量的计量单位统一用“处”，对于难以区分确切数量的同一次降雨（或其他因素）引发的群发性地质灾害归为1处灾害。地裂缝、地面沉降、海水入侵数量只统计报告期内发现的或报告期之前发现且报告期内继续发展的。

崩塌 指陡坡上大块的岩土体在重力作用下突然脱离母体崩落的物理地质现象。

滑坡 指斜坡上不稳定的岩土体在重力作用下沿一定软弱面（或滑动带）整体向下滑动的物理地质现象。

泥石流 指山地突然爆发的饱含大量泥沙、石块的特殊洪流。

地面塌陷 指地表岩土体在自然或人为因素作用下向下陷落，并在地面形成塌陷坑（洞）的一种动力地质现象。

造成伤亡人数 指因发生各类地质灾害造成的人员受伤、死亡和失踪情况。

失踪 指根据证据推断人员已经死亡，但是没有找到或确认死者的尸体。

造成直接经济损失 指用货币衡量的直接财产损失。

地质灾害预报预警 指报告期内通过群测群防、专业监测、气象预警等对地质灾害发生的地点、时间及其灾害影响范围、强度进行预报预警。

成功避让地质灾害 指报告期内根据预报预警信息而成功避让的地质灾害数。

避免伤亡人员 指如不搬迁避让可能造成的伤亡人员。

避免直接经济损失 指报告期内根据预报预警信息，采取防范措施，避免的能够用货币衡量的地质灾害直接财产损失。要按照实际情况确定，以地质灾害实际影响范围测定，如倒塌房屋内居住人员或灾害现场活动人员等。

水位水质共同监测井数 指同一监测井中既监测地下水水位又监测地下水水质的监测井数。

水位监测数据量 指全部地下水水位监测井本年度所取得的水位数据的总个数。

水质监测数据量 指全部地下水水质监测井本年度所取得的水质数据的总个数，本数据量为分析化验取得的水质各项指标的总和而非实际采取样品的件数。

水温监测数据量 指全部地下水水温监测井本年度所取得的水温数据的总个数。

泉流量监测数据量 指全部泉流量监测点本年度所取得的泉流量数据的总个数。

Explanatory Notes on Main Statistical Indicators

Area of Newly Added Land Damaged by Mining—the area of land damaged due to mine development during the reporting period.

Mine Geological Environment Management and Restoration Fund （referred to as Management and restoration fund）—the special fund used for mine geological environment restoration project and other related expenditure during the reporting period. It includes mine geological disaster treatment， topographic and geomorphic landscape damage treatment， underground aquifer damage treatment and mining land reclamation， etc.

Amount Withdrawn from Mine Geological Environment Management and Restoration Fund—the amount of fund withdrawn by mining enterprises under their jurisdiction for the restoration and treatment of mining environment during the reporting period.

Amount Used from Mine Geological Environment Management and Restoration Fund—the amount of fund used by mining enterprises under their jurisdiction for the restoration and treatment of mining environment during the reporting period.

Area of Cultivated Land Requisitioned—the area of cultivated land occupied by non-agricultural construction.

Area of Supplementary Cultivated Land—the area of cultivated land reclaimed by the unit occupying the cultivated land approved for non-agricultural construction.

Area of Supplementary Paddy Field—the area of paddy field area reclaimed by the unit occupying the cultivated land approved for non-agricultural construction.

Permanent Prime Farmland—the cultivated land that cannot be occupied according to the demand of population and economic and social development for agricultural products in a certain period and the land space planning in order to ensure national food security. Once permanent prime farmland is demarcated， no units or individuals may occupy or change its use without authorization.

Area of Permanent Prime Farmland to be Requisitioned—the area of permanent prime farmland allowed for the construction of major projects.

Area of Supplementary Permanent Prime Farmland—the prime farmland added for being occupied by construction projects which are legally approved or recognized， or for its deduction due to ecological conversion and disaster damage， in accordance with laws or regulations on prime farmland protection.

Geohazard—sudden geohazards such as mountain collapse, landslide, debris flow, ground subsidence, and land subsidence caused by natural factors or human activities that endanger the safety of lives and property “Site” is used as the unit of measurement of the quantity of geohazard, and the group-occurring geohazards induced by the same rain (or other factors), whose accurate quantity is difficult to determine, are considered as one site of hazard. For the quantities of ground cracks, land subsidence, and seawater invasion, only those that are discovered during or before the reporting period and continue to develop during the reporting period are calculated.

Avalanche—the physical-geological phenomenon that a large mass of soil or rock on steep slopes is suddenly divorced from its parent mass and falls under the force of gravity.

Landslide—the physical-geological phenomenon of en-masse downward slide of unstable soil and rock material on slopes along particular surfaces of weakness (or slide zones) under the force of gravity.

Mudflow—the sudden rush of flood torrents containing large amounts of mud and rock debris that suddenly moves downslope in mountains.

Ground Collapse—a dynamic geological phenomenon of downward collapse of surface rock and soil and formation of collapse pits (caves) at the ground surface under the action of natural or human factors.

Casualties—injury, death, and missing caused by various kinds of geohazard.

Missing—the case of a missing person who is inferred according to evidence to be dead but whose corpse has not been found or identified.

Direct Economic Loss—direct losses of properties, expressed as currency.

Prediction and Early-warning of Geohazard—the prediction and early-warning of the site and time of occurrence of a geohazard and its scope of influence and intensity through monitoring and control by the masses, professional monitoring, and meteorological early-warning of the geohazard during the reporting period.

Geohazard Avoided Successfully—the number of geohazard avoided successfully according to the information of prediction and early-warning during the reporting period.

Casualties Avoided—the number of injury and death caused possibly if the people do not move away and avoid the geohazard.

Direct Economic Loss Avoided—the direct economic loss of a geohazard to property avoided by taking precautionary measures according to the information provided by prediction and early-warning during the reporting period. The loss can be measured by currency. The measurement must be made according to the actual condition and the actual influence scope of the geohazard, e.g. inhabitants in collapsed houses.

Number of Common Monitoring Well for Water Level and Water Quality—the number of the monitoring well that monitor both groundwater level and quality.

Water Level Monitoring Data—the total number of water level data obtained by all the groundwater level monitoring wells this year.

Water Quality Monitoring Data—the total number of water quality data obtained by all the groundwater quality monitoring wells this year. This data volume is the sum of all water quality indicators obtained by analysis and test rather than the number of samples actually taken.

Water Temperature Monitoring Data—the total number of water temperature data obtained by all the groundwater temperature monitoring wells this year.

Spring Flow Monitoring Data—the total number of spring flow data obtained by all the spring flow monitoring points this year.

五、自然资源依法行政情况

Chapter 5　Legal Administration of Natural Resources

土地违法案件查处情况

Investigation and Treatment of

案件类型	Case Category	合计 Total			自然资源部 MNR		
		件数/件 Number of Case/case	涉及土地面积/公顷 Land Area Involved/ hm^2	耕地 Cultivated Land	件数/件 Number of Case/case	涉及土地面积/公顷 Land Area Involved/ hm^2	耕地 Cultivated Land
上年未结案件	**Case Unsettled Last Year**	**83878**	**129235.80**	**50725.80**	**1**	**101.72**	**18.74**
本年发现违法	**Illegal Case Discovered in the Current Year**	**293860**	**155802.81**	**53798.97**			
本年发生	Case Occurring This Year	51821	64026.73	24386.89			
历年隐漏	Case Concealed and Not Discovered over the Year	242039	91776.08	29412.08			
本年立案	**Case Filed This Year**	**83749**	**104088.58**	**40050.51**			
本年发生案件立案	Filing of This Year's Case	13565	33493.54	14238.81			
违法转让	Illegal Land Transfer	18	38.00	0.28			
违法占地	Illegal Land Occupation	13301	32870.93	14199.92			
违法批地	Illegal Land Grant	26	39.86	17.76			
其他	Other	220	544.75	20.85			
历年隐漏案件立案	Filing of Case Concealed and Not Discovered over the Year	70184	70595.04	25811.70			
本年结案	**Case Settled This Year**	**54256**	**90479.34**	**36563.37**	**1**	**101.72**	**18.74**
处理本年发生案件	This Year's Case Handled	4353	17250.48	7842.90			
违法转让	Illegal Land Transfer	8	0.78	0.02			
违法占地	Illegal Land Occupation	4217	16808.08	7831.59			
违法批地	Illegal Land Grant	17	17.37	7.90			
其他	Other	111	424.24	3.40			
处理上年未结案	Last Year's Unsettled Case Handled	20184	37346.54	16232.11	1	101.72	18.74
处理历年隐漏案	Handling of Case Concealed and Not Discovered over the Year	29719	35882.32	12488.37			
本年末结案	**Case Unsettled This Year**	**113371**	**142845.04**	**54212.94**			

——按地区分列（2021年）

Illegal Land Cases by Region（2021）

北京 Beijing			天津 Tianjin			河北 Hebei		
件数/件 Number of Case/case	涉及土地面积/公顷 Land Area Involved/hm^2	耕地 Cultivated Land	件数/件 Number of Case/case	涉及土地面积/公顷 Land Area Involved/hm^2	耕地 Cultivated Land	件数/件 Number of Case/case	涉及土地面积/公顷 Land Area Involved/hm^2	耕地 Cultivated Land
1281	**1937.94**	**527.27**	**513**	**436.25**	**169.43**	**5543**	**7943.75**	**4523.82**
2531	**1440.10**	**422.99**	**1106**	**548.81**	**206.49**	**10923**	**4160.19**	**1839.82**
478	441.03	128.17	240	140.05	30.31	1814	1318.69	595.53
2053	999.06	294.82	866	408.76	176.18	9109	2841.50	1244.29
2382	**1396.09**	**428.92**	**382**	**199.02**	**100.62**	**5043**	**3143.16**	**1342.09**
343	180.36	51.87	15	12.10	4.38	794	697.81	267.79
335	178.56	50.79	15	12.10	4.38	791	695.46	267.79
8	1.80	1.08				3	2.35	
2039	1215.73	377.05	367	186.92	96.24	4249	2445.35	1074.30
1176	**460.92**	**170.19**	**78**	**175.65**	**84.59**	**1823**	**1592.30**	**725.79**
172	43.72	13.65	6	7.33	3.94	140	87.14	27.58
166	43.21	13.64	6	7.33	3.94	140	87.14	27.58
6	0.50							
72	68.22	33.56	45	156.59	72.85	570	937.35	513.14
932	348.99	122.98	27	11.73	7.79	1113	567.81	185.07
2487	**2873.11**	**786.00**	**817**	**459.62**	**185.46**	**8763**	**9494.61**	**5140.12**

土地违法案件查处情况
Investigation and Treatment of Illegal

案件类型	Case Category	山西 Shanxi		
		件数/件 Number of Case/case	涉及土地面积/公顷 Land Area Involved/hm²	耕地 Cultivated Land
上年未结案件	**Case Unsettled Last Year**	**4202**	**5156.59**	**1791.66**
本年发现违法	**Illegal Case Discovered in the Current Year**	**4606**	**6720.48**	**2042.75**
本年发生	Case Occurring This Year	1121	2417.07	885.78
历年隐漏	Case Concealed and Not Discovered over the Year	3485	4303.41	1156.97
本年立案	**Case Filed This Year**	**4133**	**9090.36**	**3119.20**
本年发生案件立案	Filing of This Year's Case	919	2103.91	789.91
违法转让	Illegal Land Transfer			
违法占地	Illegal Land Occupation	918	2101.88	789.91
违法批地	Illegal Land Grant			
其他	Other	1	2.03	
历年隐漏案件立案	Filing of Case Concealed and Not Discovered over the Year	3214	6986.45	2329.29
本年结案	**Case Settled This Year**	**1839**	**3614.77**	**1340.73**
处理本年发生案件	This Year's Case Handled	259	503.33	162.57
违法转让	Illegal Land Transfer			
违法占地	Illegal Land Occupation	259	503.33	162.57
违法批地	Illegal Land Grant			
其他	Other			
处理上年未结案	Last Year's Unsettled Case Handled	793	1566.29	692.24
处理历年隐漏案	Handling of Case Concealed and Not Discovered over the Year	787	1545.16	485.92
本年未结案	**Case Unsettled This Year**	**6496**	**10632.18**	**3570.13**

——按地区分列（2021年） 续表1

Land Cases by Region（2021） Continued 1

内蒙古 Inner Mongolia			辽宁 Liaoning			吉林 Jilin		
件数/件 Number of Case/case	涉及土地面积/公顷		件数/件 Number of Case/case	涉及土地面积/公顷		件数/件 Number of Case/case	涉及土地面积/公顷	
	Land Area Involved/hm²	耕地 Cultivated Land		Land Area Involved/hm²	耕地 Cultivated Land		Land Area Involved/hm²	耕地 Cultivated Land
1325	**16819.27**	**864.35**	**2172**	**817.56**	**263.94**	**1830**	**4970.74**	**2517.51**
1257	**2921.83**	**272.06**	**6742**	**2419.08**	**849.52**	**2874**	**2578.07**	**1342.23**
543	1950.64	133.61	1478	996.37	424.78	398	2076.53	1196.26
714	971.19	138.45	5264	1422.72	424.74	2476	501.54	145.97
503	**2874.62**	**403.04**	**2482**	**696.97**	**290.99**	**740**	**1686.60**	**1062.44**
186	1428.24	71.61	253	209.59	76.61	101	1326.61	930.74
			1	0.69	0.26	1	3.30	
180	1410.73	71.61	245	206.13	75.47	100	1323.31	930.74
6	17.51		7	2.77	0.88			
317	1446.38	331.43	2229	487.38	214.38	639	359.99	131.70
476	**3191.54**	**634.71**	**746**	**314.96**	**129.16**	**173**	**457.25**	**318.31**
60	565.51	67.00	32	34.26	18.13	11	18.01	13.49
60	565.51	67.00	31	33.53	17.41	11	18.01	13.49
			1	0.73	0.72			
289	1775.19	332.27	388	186.60	49.56	81	279.88	225.50
127	850.84	235.43	326	94.10	61.46	81	159.37	79.32
1352	**16502.35**	**632.68**	**3908**	**1199.57**	**425.77**	**2397**	**6200.09**	**3261.64**

土地违法案件查处情况

Investigation and Treatment of Illegal

案件类型	Case Category	黑龙江 Heilongjiang		
		件数/件 Number of Case/case	涉及土地面积/公顷	
			Land Area Involved/hm²	耕地 Cultivated Land
上年未结案件	**Case Unsettled Last Year**	**581**	**2042.34**	**894.76**
本年发现违法	**Illegal Case Discovered in the Current Year**	**1640**	**1342.53**	**494.66**
本年发生	Case Occurring This Year	311	332.98	116.87
历年隐漏	Case Concealed and Not Discovered over the Year	1329	1009.56	377.79
本年立案	**Case Filed This Year**	**570**	**1134.73**	**451.51**
本年发生案件立案	Filing of This Year's Case	126	223.17	85.25
违法转让	Illegal Land Transfer	1	0.11	
违法占地	Illegal Land Occupation	122	223.02	85.23
违法批地	Illegal Land Grant			
其他	Other	3	0.04	0.02
历年隐漏案件立案	Filing of Case Concealed and Not Discovered over the Year	444	911.56	366.26
本年结案	**Case Settled This Year**	**319**	**1714.35**	**842.51**
处理本年发生案件	This Year's Case Handled	51	155.96	65.19
违法转让	Illegal Land Transfer	1	0.11	0.00
违法占地	Illegal Land Occupation	47	155.81	65.17
违法批地	Illegal Land Grant			
其他	Other	3	0.04	0.02
处理上年未结案	Last Year's Unsettled Case Handled	148	1277.58	602.89
处理历年隐漏案	Handling of Case Concealed and Not Discovered over the Year	120	280.80	174.43
本年未结案	**Case Unsettled This Year**	**832**	**1462.72**	**503.76**

——按地区分列（2021年） 续表2
Land Cases by Region（2021） Continued 2

上海 Shanghai			江苏 Jiangsu			浙江 Zhejiang		
件数/件 Number of Case/case	涉及土地面积/公顷 Land Area Involved/hm²	耕地 Cultivated Land	件数/件 Number of Case/case	涉及土地面积/公顷 Land Area Involved/hm²	耕地 Cultivated Land	件数/件 Number of Case/case	涉及土地面积/公顷 Land Area Involved/hm²	耕地 Cultivated Land
20	**24.60**	**3.81**	**1436**	**1660.74**	**777.23**	**3700**	**2111.89**	**891.87**
55	**16.00**	**3.45**	**3354**	**733.07**	**324.64**	**4484**	**1145.40**	**440.10**
10	3.52	0.98	276	180.74	87.17	781	395.18	184.19
45	12.48	2.47	3078	552.34	237.46	3703	750.22	255.91
15	**6.49**	**1.16**	**1514**	**775.69**	**290.85**	**2784**	**1129.47**	**522.66**
3	1.14	0.08	148	122.41	53.66	277	222.71	124.25
						1	0.10	
3	1.14	0.08	147	122.35	53.66	274	222.44	124.25
			1	0.06		2	0.17	
12	5.35	1.08	1366	653.28	237.19	2507	906.76	398.41
11	**17.61**	**1.22**	**1433**	**1352.08**	**666.10**	**948**	**705.16**	**368.46**
			85	77.81	38.23	18	13.03	10.99
			84	77.75	38.23	18	13.03	10.99
			1	0.06				
7	17.17	1.06	691	985.39	520.16	698	428.53	187.38
4	0.43	0.16	657	288.88	107.71	232	263.60	170.10
24	**13.48**	**3.75**	**1517**	**1084.35**	**401.98**	**5536**	**2536.20**	**1046.07**

土地违法案件查处情况
Investigation and Treatment of Illegal

案件类型	Case Category	安徽 Anhui		
		件数/件 Number of Case/case	涉及土地面积/公顷	
			Land Area Involved/hm^2	耕地 Cultivated Land
上年未结案件	**Case Unsettled Last Year**	**2192**	**1972.51**	**1179.05**
本年发现违法	**Illegal Case Discovered in the Current Year**	**10500**	**3150.98**	**1714.96**
本年发生	Case Occurring This Year	1665	1353.13	668.01
历年隐漏	Case Concealed and Not Discovered over the Year	8835	1797.84	1046.95
本年立案	**Case Filed This Year**	**1513**	**1819.81**	**1050.61**
本年发生案件立案	Filing of This Year's Case	288	301.68	131.58
违法转让	Illegal Land Transfer			
违法占地	Illegal Land Occupation	252	279.36	122.04
违法批地	Illegal Land Grant	19	17.44	7.96
其他	Other	17	4.88	1.58
历年隐漏案件立案	Filing of Case Concealed and Not Discovered over the Year	1225	1518.13	919.03
本年结案	**Case Settled This Year**	**1456**	**2239.88**	**1380.36**
处理本年发生案件	This Year's Case Handled	174	197.15	67.19
违法转让	Illegal Land Transfer			
违法占地	Illegal Land Occupation	148	177.37	57.72
违法批地	Illegal Land Grant	17	17.37	7.90
其他	Other	9	2.42	1.58
处理上年未结案	Last Year's Unsettled Case Handled	729	1080.23	714.57
处理历年隐漏案	Handling of Case Concealed and Not Discovered over the Year	553	962.50	598.59
本年未结案	**Case Unsettled This Year**	**2249**	**1552.44**	**849.30**

——按地区分列（2021年） 续表3

Land Cases by Region（2021） Continued 3

福建 Fujian			江西 Jiangxi			山东 Shandong		
件数/件 Number of Case/case	涉及土地面积/公顷		件数/件 Number of Case/case	涉及土地面积/公顷		件数/件 Number of Case/case	涉及土地面积/公顷	
	Land Area Involved/hm^2	耕地 Cultivated Land		Land Area Involved/hm^2	耕地 Cultivated Land		Land Area Involved/hm^2	耕地 Cultivated Land
2795	**1182.33**	**267.87**	**1385**	**2199.60**	**911.66**	**9843**	**14995.30**	**8858.64**
12939	**2695.08**	**863.45**	**10744**	**4449.26**	**976.79**	**31213**	**14835.80**	**7810.49**
2673	943.85	366.26	3529	2298.16	456.02	7634	8104.67	4338.42
10266	1751.23	497.19	7215	2151.10	520.77	23579	6731.13	3472.07
2550	**1185.32**	**348.33**	**1849**	**1993.42**	**661.95**	**14586**	**9590.93**	**5638.70**
190	70.98	11.83	426	523.85	160.47	2576	3906.12	2439.86
190	70.98	11.83	423	522.79	160.23	2559	3901.62	2437.81
			3	1.06	0.24	17	4.50	2.05
2360	1114.34	336.50	1423	1469.57	501.48	12010	5684.81	3198.84
830	**686.08**	**224.43**	**843**	**1002.84**	**374.80**	**7098**	**6086.26**	**3621.64**
61	24.58	6.79	64	63.04	15.15	471	1444.41	1102.17
61	24.58	6.79	63	63.00	15.12	471	1444.41	1102.17
			1	0.05	0.03			
219	119.67	33.24	292	414.22	179.00	2131	2851.20	1463.11
550	541.83	184.41	487	525.58	180.65	4496	1790.64	1056.36
4515	**1681.57**	**391.77**	**2391**	**3190.18**	**1198.81**	**17331**	**18499.97**	**10875.70**

土地违法案件查处情况

Investigation and Treatment of Illegal

案件类型	Case Category	河南 Henan		
		件数/件 Number of Case/case	涉及土地面积/公顷 Land Area Involved/hm²	耕地 Cultivated Land
上年未结案件	**Case Unsettled Last Year**	**9323**	**8389.16**	**4065.08**
本年发现违法	**Illegal Case Discovered in the Current Year**	**7778**	**3242.58**	**1310.26**
本年发生	Case Occurring This Year	2164	1409.01	598.16
历年隐漏	Case Concealed and Not Discovered over the Year	5614	1833.56	712.11
本年立案	**Case Filed This Year**	**2857**	**1942.88**	**708.87**
本年发生案件立案	Filing of This Year's Case	556	578.15	228.36
违法转让	Illegal Land Transfer			
违法占地	Illegal Land Occupation	551	568.94	219.28
违法批地	Illegal Land Grant	2	7.51	7.38
其他	Other	3	1.70	1.70
历年隐漏案件立案	Filing of Case Concealed and Not Discovered over the Year	2301	1364.73	480.51
本年结案	**Case Settled This Year**	**2854**	**3103.10**	**1262.29**
处理本年发生案件	This Year's Case Handled	89	52.44	10.08
违法转让	Illegal Land Transfer			
违法占地	Illegal Land Occupation	89	52.44	10.08
违法批地	Illegal Land Grant			
其他	Other			
处理上年未结案	Last Year's Unsettled Case Handled	1962	2315.77	993.28
处理历年隐漏案	Handling of Case Concealed and Not Discovered over the Year	803	734.89	258.93
本年未结案	**Case Unsettled This Year**	**9326**	**7228.94**	**3511.66**

——按地区分列（2021年） 续表4

Land Cases by Region（2021） Continued 4

湖北 Hubei			湖南 Hunan			广东 Guangdong		
件数/件 Number of Case/case	涉及土地面积/公顷 Land Area Involved/hm²	耕地 Cultivated Land	件数/件 Number of Case/case	涉及土地面积/公顷 Land Area Involved/hm²	耕地 Cultivated Land	件数/件 Number of Case/case	涉及土地面积/公顷 Land Area Involved/hm²	耕地 Cultivated Land
3111	**5141.85**	**2240.68**	**2720**	**1563.10**	**486.45**	**10285**	**5021.60**	**1190.24**
4592	**2122.97**	**1005.46**	**6628**	**1355.29**	**426.17**	**72838**	**18394.04**	**4659.80**
380	644.80	281.51	1555	735.63	191.36	7012	5048.78	1398.54
4212	1478.17	723.95	5073	619.67	234.81	65826	13345.26	3261.26
949	**1255.90**	**641.51**	**1490**	**822.63**	**224.21**	**10707**	**3630.90**	**878.73**
83	85.74	44.36	379	384.06	102.57	761	600.89	114.06
			1	0.15				
81	85.67	44.36	377	383.52	102.18	698	538.74	107.29
2	0.07		1	0.39	0.39	63	62.15	6.77
866	1170.16	597.15	1111	438.57	121.64	9946	3030.01	764.67
569	**1500.30**	**791.01**	**794**	**680.18**	**211.40**	**11433**	**4695.43**	**1185.27**
33	41.63	26.19	112	255.79	71.49	417	230.80	56.30
32	41.60	26.19	112	255.79	71.49	393	224.29	55.87
1	0.03					24	6.51	0.43
350	947.92	463.65	329	247.97	97.19	5035	2843.58	735.75
186	510.75	301.17	353	176.41	42.72	5981	1621.05	393.22
3491	**4897.45**	**2091.18**	**3416**	**1705.55**	**499.26**	**9559**	**3957.07**	**883.70**

土地违法案件查处情况
Investigation and Treatment of Illegal

案件类型	Case Category	广西 Guangxi		
		件数/件 Number of Case/case	涉及土地面积/公顷 Land Area Involved/hm^2	耕地 Cultivated Land
上年未结案件	**Case Unsettled Last Year**	**7737**	**9593.45**	**3621.42**
本年发现违法	**Illegal Case Discovered in the Current Year**	**23226**	**20548.74**	**7089.82**
本年发生	Case Occurring This Year	3194	8366.78	2952.46
历年隐漏	Case Concealed and Not Discovered over the Year	20032	12181.97	4137.36
本年立案	**Case Filed This Year**	**7179**	**19866.36**	**6538.39**
本年发生案件立案	Filing of This Year' s Case	843	6930.74	2390.92
违法转让	Illegal Land Transfer			
违法占地	Illegal Land Occupation	841	6930.59	2390.92
违法批地	Illegal Land Grant			
其他	Other	2	0.15	
历年隐漏案件立案	Filing of Case Concealed and Not Discovered over the Year	6336	12935.62	4147.47
本年结案	**Case Settled This Year**	**8362**	**21732.27**	**7793.83**
处理本年发生案件	This Year' s Case Handled	451	4434.79	1742.12
违法转让	Illegal Land Transfer			
违法占地	Illegal Land Occupation	449	4434.64	1742.12
违法批地	Illegal Land Grant			
其他	Other	2	0.15	
处理上年未结案	Last Year' s Unsettled Case Handled	2424	6948.59	2736.63
处理历年隐漏案	Handling of Case Concealed and Not Discovered over the Year	5487	10348.89	3315.08
本年未结案	**Case Unsettled This Year**	**6554**	**7727.54**	**2365.98**

——按地区分列（2021年） 续表5

Land Cases by Region（2021） Continued 5

海南 Hainan			重庆 Chongqing			四川 Sichuan		
件数/件 Number of Case/case	涉及土地面积/公顷 Land Area Involved/hm²	耕地 Cultivated Land	件数/件 Number of Case/case	涉及土地面积/公顷 Land Area Involved/hm²	耕地 Cultivated Land	件数/件 Number of Case/case	涉及土地面积/公顷 Land Area Involved/hm²	耕地 Cultivated Land
965	**996.67**	**334.00**	**378**	**370.66**	**184.84**	**1272**	**8305.92**	**4287.71**
5006	**3775.24**	**875.47**	**5902**	**1802.89**	**979.56**	**5740**	**10505.20**	**4752.00**
2194	1953.75	409.93	899	979.20	554.15	1798	4461.73	2646.41
2812	1821.49	465.54	5003	823.69	425.41	3942	6043.47	2105.59
302	**293.63**	**89.86**	**1259**	**1276.78**	**725.16**	**1959**	**9817.18**	**4258.11**
84	46.52	12.73	213	580.72	367.13	490	3084.48	1755.98
84	46.52	12.73	213	580.72	367.13	484	3082.01	1753.80
						1	1.90	1.73
						5	0.57	0.45
218	247.11	77.13	1046	696.06	358.03	1469	6732.70	2502.13
98	**83.20**	**14.16**	**826**	**955.97**	**514.66**	**1154**	**9675.06**	**5482.95**
15	11.14	1.07	46	315.14	197.30	176	1989.96	1181.64
15	11.14	1.07	46	315.14	197.30	173	1989.81	1181.59
						3	0.14	0.05
49	42.42	7.62	213	265.11	133.29	362	4630.12	2617.14
34	29.64	5.47	567	375.71	184.07	616	3054.98	1684.16
1169	**1207.10**	**409.70**	**811**	**691.47**	**395.34**	**2077**	**8448.04**	**3062.87**

土地违法案件查处情况
Investigation and Treatment of Illegal

案件类型	Case Category	贵州 Guizhou		
		件数/件 Number of Case/case	涉及土地面积/公顷	
			Land Area Involved/hm²	耕地 Cultivated Land
上年未结案件	**Case Unsettled Last Year**	**2675**	**5581.34**	**2753.14**
本年发现违法	**Illegal Case Discovered in the Current Year**	**15539**	**6755.52**	**3479.44**
本年发生	Case Occurring This Year	1841	1963.95	1051.69
历年隐漏	Case Concealed and Not Discovered over the Year	13698	4791.58	2427.74
本年立案	**Case Filed This Year**	**4567**	**6104.99**	**3101.45**
本年发生案件立案	Filing of This Year's Case	744	1442.74	779.39
违法转让	Illegal Land Transfer			
违法占地	Illegal Land Occupation	741	1442.05	778.74
违法批地	Illegal Land Grant			
其他	Other	3	0.69	0.65
历年隐漏案件立案	Filing of Case Concealed and Not Discovered over the Year	3823	4662.25	2322.06
本年结案	**Case Settled This Year**	**1973**	**4539.25**	**2491.12**
处理本年发生案件	This Year's Case Handled	105	575.62	309.62
违法转让	Illegal Land Transfer			
违法占地	Illegal Land Occupation	105	575.62	309.62
违法批地	Illegal Land Grant			
其他	Other			
处理上年未结案	Last Year's Unsettled Case Handled	464	1644.97	967.58
处理历年隐漏案	Handling of Case Concealed and Not Discovered over the Year	1404	2318.65	1213.93
本年未结案	**Case Unsettled This Year**	**5269**	**7147.08**	**3363.47**

——按地区分列（2021年） 续表6
Land Cases by Region（2021） Continued 6

云南 Yunnan			西藏 Tibet			陕西 Shaanxi		
件数/件 Number of Case/case	涉及土地面积/公顷 Land Area Involved/hm²	耕地 Cultivated Land	件数/件 Number of Case/case	涉及土地面积/公顷 Land Area Involved/hm²	耕地 Cultivated Land	件数/件 Number of Case/case	涉及土地面积/公顷 Land Area Involved/hm²	耕地 Cultivated Land
2302	**9566.71**	**4421.94**	**75**	**75.78**	**8.42**	**1356**	**2439.39**	**882.89**
18577	**11764.26**	**5785.75**	**2865**	**1241.93**	**224.79**	**4762**	**2932.79**	**629.39**
2819	5374.92	3073.03	243	116.49	18.22	1279	1929.97	364.51
15758	6389.35	2712.72	2622	1125.44	206.57	3483	1002.82	264.88
3710	**9130.95**	**4468.22**	**92**	**22.52**	**6.52**	**1660**	**2059.48**	**515.32**
623	3686.19	2227.00	3	1.25	0.00	451	1154.06	259.29
621	3685.38	2226.91	3	1.25	0.00	448	1141.46	258.69
1	0.39	0.09				3	12.60	0.60
1	0.42							
3087	5444.76	2241.22	89	21.27	6.52	1209	905.42	256.03
1181	**5539.54**	**2931.49**	**11**	**3.11**	**1.72**	**1222**	**2378.71**	**715.62**
142	3008.79	1892.42				149	642.69	152.33
142	3008.79	1892.42				149	642.69	152.33
442	1674.88	677.59				537	1266.50	439.50
597	855.86	361.48	11	3.11	1.72	536	469.52	123.80
4831	**13158.12**	**5958.67**	**156**	**95.19**	**13.22**	**1794**	**2120.16**	**682.59**

土地违法案件查处情况
Investigation and Treatment of Illegal

案件类型	Case Category	甘肃 Gansu		
		件数/件 Number of Case/case	涉及土地面积/公顷 Land Area Involved/hm²	耕地 Cultivated Land
上年未结案件	**Case Unsettled Last Year**	**884**	**2101.90**	**876.49**
本年发现违法	**Illegal Case Discovered in the Current Year**	**2361**	**3422.69**	**1496.70**
本年发生	Case Occurring This Year	690	1444.14	591.46
历年隐漏	Case Concealed and Not Discovered over the Year	1671	1978.55	905.24
本年立案	**Case Filed This Year**	**1267**	**2824.99**	**1228.17**
本年发生案件立案	Filing of This Year's Case	322	824.96	369.30
违法转让	Illegal Land Transfer			
违法占地	Illegal Land Occupation	318	818.73	366.03
违法批地	Illegal Land Grant			
其他	Other	4	6.23	3.27
历年隐漏案件立案	Filing of Case Concealed and Not Discovered over the Year	945	2000.03	858.87
本年结案	**Case Settled This Year**	**474**	**1713.11**	**864.61**
处理本年发生案件	This Year's Case Handled	114	427.82	263.03
违法转让	Illegal Land Transfer			
违法占地	Illegal Land Occupation	114	427.82	263.03
违法批地	Illegal Land Grant			
其他	Other			
处理上年未结案	Last Year's Unsettled Case Handled	168	590.61	233.03
处理历年隐漏案	Handling of Case Concealed and Not Discovered over the Year	192	694.67	368.55
本年未结案	**Case Unsettled This Year**	**1677**	**3213.78**	**1240.05**

——按地区分列（2021年） 续表7
Land Cases by Region（2021） Continued 7

青海 Qinghai			宁夏 Ningxia			新疆 Xinjiang		
件数/件 Number of Case/case	涉及土地面积/公顷		件数/件 Number of Case/case	涉及土地面积/公顷		件数/件 Number of Case/case	涉及土地面积/公顷	
	Land Area Involved/hm²	耕地 Cultivated Land		Land Area Involved/hm²	耕地 Cultivated Land		Land Area Involved/hm²	耕地 Cultivated Land
537	**1513.62**	**663.01**	**378**	**521.97**	**26.93**	**1061**	**3679.54**	**220.96**
1853	**3680.51**	**358.63**	**1487**	**1869.82**	**608.72**	**9738**	**13231.62**	**512.63**
328	569.96	51.78	466	1479.99	518.83	2008	4595.04	72.49
1525	3110.55	306.84	1021	389.83	89.88	7730	8636.59	440.16
906	**3541.50**	**373.89**	**249**	**883.60**	**351.76**	**3550**	**3891.57**	**227.32**
225	446.65	44.56	87	687.45	321.78	1056	1628.21	21.52
						13	33.65	0.02
224	442.50	44.56	86	686.32	320.65	977	1164.65	20.84
1	4.15	0.00	1	1.13	1.13	66	429.91	0.66
681	3094.85	329.33	162	196.15	29.98	2494	2263.36	205.80
534	**3755.98**	**763.83**	**158**	**763.03**	**274.58**	**3363**	**5647.74**	**363.12**
90	279.88	32.11	15	517.79	268.37	795	1230.89	26.79
						7	0.67	0.02
90	279.88	32.11	15	517.79	268.37	728	816.61	26.21
						60	413.61	0.57
108	766.52	448.78	82	220.01	2.66	505	695.74	39.14
336	2709.58	282.94	61	25.24	3.55	2063	3721.12	297.19
909	**1299.14**	**273.07**	**469**	**642.54**	**104.11**	**1248**	**1923.37**	**85.16**

土地违法案件查处情况
Investigation and Treatment of Illegal Land

案件类型	Case Category	合计 Total		
		件数/件 Number of Case/case	涉及土地面积/公顷 Land Area Involved/hm^2	耕地 Cultivated Land
上年未结案件	**Case Unsettled Last Year**	**83878**	**129235.80**	**50725.80**
本年发现违法	**Illegal Case Discovered in the Current Year**	**293860**	**155802.81**	**53798.97**
本年发生	Case Occurring This Year	51821	64026.73	24386.89
历年隐漏	Case Concealed and Not Discovered over the Year	242039	91776.08	29412.08
本年立案	**Case Filed This Year**	**83749**	**104088.58**	**40050.51**
本年发生案件立案	Filing of This Year's Case	13565	33493.54	14238.81
违法转让	Illegal Land Transfer	18	38.00	0.28
违法占地	Illegal Land Occupation	13301	32870.93	14199.92
违法批地	Illegal Land Grant	26	39.86	17.76
其他	Other	220	544.75	20.85
历年隐漏案件立案	Filing of Case Concealed and Not Discovered over the Year	70184	70595.04	25811.70
本年结案	**Case Settled This Year**	**54256**	**90479.34**	**36563.37**
处理本年发生案件	This Year's Case Handled	4353	17250.48	7842.90
违法转让	Illegal Land Transfer	8	0.78	0.02
违法占地	Illegal Land Occupation	4217	16808.08	7831.59
违法批地	Illegal Land Grant	17	17.37	7.90
其他	Other	111	424.24	3.40
处理上年未结案	Last Year's Unsettled Case Handled	20184	37346.54	16232.11
处理历年隐漏案	Handling of Case Concealed and Not Discovered over the Year	29719	35882.32	12488.37
本年未结案	**Case Unsettled This Year**	**113371**	**142845.04**	**54212.94**

——按涉案主体级别分列（2021年）
Cases by Level of Involved Subject（2021）

省级 Provincial Level			市级 Municipal Level			县级 County Level		
件数/件 Number of Case/case	涉及土地面积/公顷 Land Area Involved/hm²	耕地 Cultivated Land	件数/件 Number of Case/case	涉及土地面积/公顷 Land Area Involved/hm²	耕地 Cultivated Land	件数/件 Number of Case/case	涉及土地面积/公顷 Land Area Involved/hm²	耕地 Cultivated Land
498	**3945.02**	**2177.55**	**672**	**4591.71**	**1879.71**	**2423**	**8829.81**	**4383.27**
1066	**5021.24**	**1970.59**	**1287**	**2835.23**	**754.40**	**5831**	**6841.62**	**2358.16**
452	2203.78	1197.09	575	1118.76	384.17	1661	2635.19	950.73
614	2817.46	773.50	712	1716.47	370.23	4170	4206.43	1407.43
496	**4035.25**	**1606.78**	**510**	**1490.56**	**490.19**	**2171**	**4388.05**	**1843.36**
139	1539.09	894.75	164	339.61	138.75	485	1061.71	492.41
						1	0.35	0.00
138	1538.09	894.75	160	337.09	138.75	466	1043.75	489.87
						1	0.76	0.76
1	1.00		4	2.52		17	16.85	1.78
357	2496.16	712.03	346	1150.95	351.44	1686	3326.34	1350.95
358	**4212.06**	**1714.67**	**213**	**1594.24**	**484.09**	**1252**	**3759.31**	**1927.72**
63	763.99	386.75	28	76.79	24.61	135	342.92	207.11
63	763.99	386.75	27	76.42	24.61	130	341.25	206.26
						1	0.76	0.76
			1	0.37		4	0.91	0.10
119	1716.57	954.29	108	1014.52	307.61	478	1994.77	1170.06
176	1731.50	373.63	77	502.92	151.87	639	1421.62	550.55
636	**3768.21**	**2069.66**	**969**	**4488.03**	**1885.81**	**3345**	**9467.12**	**4303.05**

土地违法案件查处情况
Investigation and Treatment of Illegal Land

案件类型	Case Category	乡级 Township Level		
		件数/件 Number of Case/case	涉及土地面积/公顷 Land Area Involved/hm²	耕地 Cultivated Land
上年未结案件	**Case Unsettled Last Year**	**1174**	**1266.36**	**632.11**
本年发现违法	**Illegal Case Discovered in the Current Year**	**3905**	**2277.93**	**717.38**
本年发生	Case Occurring This Year	988	731.02	274.22
历年隐漏	Case Concealed and Not Discovered over the Year	2917	1546.91	443.17
本年立案	**Case Filed This Year**	**1476**	**1152.80**	**543.15**
本年发生案件立案	Filing of This Year's Case	215	164.98	67.86
违法转让	Illegal Land Transfer			
违法占地	Illegal Land Occupation	204	156.20	66.13
违法批地	Illegal Land Grant	6	6.13	1.70
其他	Other	5	2.65	0.03
历年隐漏案件立案	Filing of Case Concealed and Not Discovered over the Year	1261	987.82	475.29
本年结案	**Case Settled This Year**	**906**	**817.50**	**390.28**
处理本年发生案件	This Year's Case Handled	64	41.17	17.10
违法转让	Illegal Land Transfer			
违法占地	Illegal Land Occupation	57	34.87	15.42
违法批地	Illegal Land Grant	5	6.11	1.69
其他	Other	2	0.18	
处理上年未结案	Last Year's Unsettled Case Handled	337	270.20	98.62
处理历年隐漏案	Handling of Case Concealed and Not Discovered over the Year	505	502.13	274.56
本年未结案	**Case Unsettled This Year**	**1747**	**1601.78**	**779.92**

——按涉案主体级别分列（2021年） 续表
Cases by Level of Involved Subject（2021） Continued

村（组）集体 Village and Collective Level			企事业单位 Enterprise and Institution			个人 Individual		
件数/件 Number of Case/case	涉及土地面积/公顷 Land Area Involved/hm²	涉及土地面积/公顷 耕地 Cultivated Land	件数/件 Number of Case/case	涉及土地面积/公顷 Land Area Involved/hm²	涉及土地面积/公顷 耕地 Cultivated Land	件数/件 Number of Case/case	涉及土地面积/公顷 Land Area Involved/hm²	涉及土地面积/公顷 耕地 Cultivated Land
8713	**3416.65**	**1286.13**	**30836**	**95475.19**	**37250.93**	**39562**	**11711.06**	**3116.10**
28783	**7222.44**	**2318.54**	**58037**	**100540.72**	**35165.29**	**194951**	**31062.15**	**10514.61**
5506	2369.51	851.41	21180	46602.38	18049.52	21459	8366.09	2679.75
23277	4852.94	1467.13	36857	53939.81	17115.76	173492	22696.06	7834.86
11115	**2736.61**	**880.58**	**29419**	**80956.91**	**31963.04**	**38562**	**9328.40**	**2723.41**
1209	474.69	170.32	7098	27531.10	12009.42	4255	2382.36	465.30
2	0.54		5	6.38	0.26	10	30.73	0.02
1192	467.21	167.65	6982	27055.25	11981.91	4159	2273.34	460.86
2	0.08	0.07	14	31.37	14.72	3	1.52	0.51
13	6.86	2.60	97	438.10	12.53	83	76.77	3.91
9906	2261.92	710.26	22321	53425.81	19953.62	34307	6946.04	2258.11
6042	**1715.37**	**597.09**	**20532**	**70698.68**	**29825.99**	**24964**	**7686.19**	**1623.54**
279	102.93	37.17	2395	15116.58	7072.22	1389	806.10	97.94
			1	0.11		7	0.67	0.02
273	99.71	36.74	2336	14739.11	7064.79	1331	752.73	97.02
1	0.02	0.02	8	9.35	5.01	2	1.13	0.42
5	3.20	0.40	50	368.00	2.42	49	51.58	0.48
2099	758.52	275.24	8505	29257.23	12755.20	8538	2334.73	671.09
3664	853.92	284.68	9621	26324.87	9998.57	15037	4545.36	854.51
13788	**4438.81**	**1570.04**	**39724**	**105726.84**	**39387.50**	**53162**	**13354.25**	**4216.96**

土地违法案件
Investigation and Treatment

地　区	Region	拆除构建物/平方米 Demolition of building and Structure/m²	没收构建物/平方米 Confiscation of Building and Structure/m²
总计	**Total**	**75582134**	**539212175**
自然资源部	MNR		
北　京	Beijing	73809	162623
天　津	Tianjin	58660	166721
河　北	Hebei	3821720	15550734
山　西	Shanxi	863413	22037667
内蒙古	Inner Mongolia	607870	16951502
辽　宁	Liaoning	322426	698622
吉　林	Jilin	74239	206749
黑龙江	Heilongjiang	112804	1135594
上　海	Shanghai	3276	2175
江　苏	Jiangsu	889761	9669715
浙　江	Zhejiang	447646	4229602
安　徽	Anhui	25302824	5628260
福　建	Fujian	1973545	5191967
江　西	Jiangxi	224090	300475
山　东	Shandong	5280388	35172930
河　南	Henan	6908186	10073965
湖　北	Hubei	795484	4553804
湖　南	Hunan	793753	3397762
广　东	Guangdong	3301721	4590762
广　西	Guangxi	9890740	98740980
海　南	Hainan	703159	1273980
重　庆	Chongqing	606486	3443061
四　川	Sichuan	1697750	256718732
贵　州	Guizhou	5238609	10836619
云　南	Yunnan	1331648	9602274
西　藏	Tibet	30843	
陕　西	Shaanxi	1221456	15117953
甘　肃	Gansu	500552	1567946
青　海	Qinghai	234892	109646
宁　夏	Ningxia	1093692	1751740
新　疆	Xinjiang	1176692	327615

查处结果（2021年）
Results of Illegal Land Cases (2021)

收回土地/公顷 Land Retrieval/hm²	耕地 Cultivated Land	罚没款/万元 Fine/10^4 yuan
142306.27	**19279.10**	**4192738.16**
		1489.62
864.03	1.77	1255.77
130.17	44.36	931.12
3639.68	1017.27	23801.64
3254.45	569.38	96965.14
2271.65	246.93	39299.70
273.77	32.39	5393.13
32.01	7.35	17128.04
49.69	0.66	9022.66
53.72	9.59	294.96
1068.53	364.24	12226.00
3733.33	227.71	2387083.14
11963.86	1139.68	164317.84
11378.87	363.30	81837.86
301.74	119.38	21625.26
7857.14	2132.37	314268.08
2325.28	144.48	126500.74
7117.94	460.43	29608.54
7795.86	572.38	13236.96
979.92	622.18	23901.53
21248.16	2380.35	201571.19
252.75	14.57	5432.87
260.60	103.61	6403.43
43273.47	8081.95	482362.57
1964.56	354.23	24524.22
1262.11	120.72	30882.57
43.85	12.53	1429.29
5722.10	63.21	29953.30
57.08	17.81	11737.82
94.27	29.05	9171.13
2427.60	1.34	2105.96
608.08	23.88	16976.08

矿产违法案件查处情况

Investigation and Treatment of Illegal

单位：件

案件类型	Case Category	合计 Total	自然资源部 MNR	北京 Beijing	天津 Tianjin	河北 Hebei	山西 Shanxi
上年未结案	**Case Unsettled Last Year**	**3755**		**20**	**10**	**98**	**182**
本年立案	**Case Filed This Year**	**3961**			**4**	**131**	**219**
勘查	Exploration	58					3
无证勘查	Exploration without Any License	42					3
越界勘查	Cross-border Exploration	6					
非法转让探矿权	Illegal Transfer of Exploration Right						
其他	Other	10					
开采	Mining	3847			4	131	215
无证开采	Mining without Any License	2823				115	114
越界开采	Cross-border Mining	906				10	87
非法转让采矿权	Illegal Transfer of Mining Right	3					
破坏性开采	Destructive Mining	14			3		
其他	Other	101			1	6	14
非法批准	Illegal Approval						
违法发证	Unlawful Issuance of License						
勘查许可证	Exploration License						
采矿许可证	Mining License						
其他	Other	56					1
本年结案	**Case Settled This Year**	**3979**			**2**	**130**	**231**
勘查	Exploration	52					3
无证勘查	Exploration without Any License	37					3
越界勘查	Cross-border Exploration	3					
非法转让探矿权	Illegal Transfer of Exploration Right	0					
其他	Other	12					
开采	Mining	3895			2	130	227
无证开采	Mining without Any License	2918			1	113	118
越界开采	Cross-border Mining	869				12	96
非法转让采矿权	Illegal Transfer of Mining Right	3					
破坏性开采	Destructive Mining	10					
其他	Other	95			1	5	13
非法批准	Illegal Approval						
违法发证	Unlawful Issuance of License						
勘查许可证	Exploration License						
采矿许可证	Mining License						
其他	Other	32					1
本年未结案	**Case Unsettled This Year**	**3737**		**20**	**12**	**99**	**170**

——按地区分列（2021年）

Mineral Cases by Region（2021）

Unit：case

内蒙古 Inner Mongolia	辽宁 Liaoning	吉林 Jilin	黑龙江 Heilongjiang	上海 Shanghai	江苏 Jiangsu	浙江 Zhejiang	安徽 Anhui	福建 Fujian	江西 Jiangxi	山东 Shandong	河南 Henan
60	**117**	**67**	**135**		**15**	**582**	**57**	**34**	**130**	**286**	**187**
61	**117**	**57**	**144**		**10**	**328**	**35**	**11**	**142**	**321**	**18**
3		1									1
1											1
2		1									
55	114	56	144		10	321	35	11	139	319	16
38	79	45	101		10	308	30	7	73	309	15
9	31	11	43			9	3	4	62	6	1
						1					
5	2									1	
3	2					3	2		4	3	
3	3					7			3	2	1
56	**66**	**50**	**139**		**14**	**344**	**54**	**10**	**152**	**382**	**51**
4											1
1											1
3											
52	66	50	139		14	344	54	10	151	381	47
41	48	44	91		13	334	46	6	104	366	38
5	14	6	48		1	8	4	4	43	10	9
										1	
4	2									1	
2	2					2	4		4	3	
									1	1	3
65	**168**	**74**	**140**		**11**	**566**	**38**	**35**	**120**	**225**	**154**

矿产违法案件查处情况

Investigation and Treatment of Illegal

单位：件

案件类型	Case Category	湖北 Hubei	湖南 Hunan	广东 Guangdong	广西 Guangxi	海南 Hainan	重庆 Chongqing
上年未结案	**Case Unsettled Last Year**	**107**	**134**	**20**	**391**	**49**	**38**
本年立案	**Case Filed This Year**	**95**	**169**	**50**	**535**	**69**	**50**
勘查	Exploration		1	6			
无证勘查	Exploration without Any License		1	4			
越界勘查	Cross-border Exploration			2			
非法转让探矿权	Illegal Transfer of Exploration Right						
其他	Other						
开采	Mining	94	168	44	529	69	50
无证开采	Mining without Any License	74	98	32	412	60	46
越界开采	Cross-border Mining	18	69	8	100	6	4
非法转让采矿权	Illegal Transfer of Mining Right					1	
破坏性开采	Destructive Mining						
其他	Other	2	1	4	17	2	
非法批准	Illegal Approval						
违法发证	Unlawful Issuance of License						
勘查许可证	Exploration License						
采矿许可证	Mining License						
其他	Other	1			6		
本年结案	**Case Settled This Year**	**68**	**147**	**33**	**465**	**70**	**55**
勘查	Exploration		1		1		
无证勘查	Exploration without Any License		1				
越界勘查	Cross-border Exploration						
非法转让探矿权	Illegal Transfer of Exploration Right						
其他	Other				1		
开采	Mining	68	146	33	457	70	55
无证开采	Mining without Any License	56	87	20	365	69	44
越界开采	Cross-border Mining	11	58	10	75	1	10
非法转让采矿权	Illegal Transfer of Mining Right						
破坏性开采	Destructive Mining				1		
其他	Other	1	1	3	16		1
非法批准	Illegal Approval						
违法发证	Unlawful Issuance of License						
勘查许可证	Exploration License						
采矿许可证	Mining License						
其他	Other				7		
本年未结案	**Case Unsettled This Year**	**134**	**156**	**37**	**461**	**48**	**33**

——按地区分列（2021年）续表
Mineral Cases by Region（2021）Continued

Unit：case

四川 Sichuan	贵州 Guizhou	云南 Yunnan	西藏 Tibet	陕西 Shaanxi	甘肃 Gansu	青海 Qinghai	宁夏 Ningxia	新疆 Xinjiang
133	**167**	**308**	**15**	**66**	**76**	**12**	**70**	**189**
110	**141**	**376**	**3**	**38**	**59**	**46**	**33**	**589**
2	1	3			3	2		32
2		1			3			26
	1	1				2		
		1						6
97	138	367	3	36	55	41	33	553
29	104	234	3	13	29	33	27	385
64	31	128		17	23	7	5	150
								1
				1	1			1
4	3	5		5	2	1	1	16
11	2	6		2	1	3		4
117	**126**	**379**	**3**	**49**	**87**	**40**	**48**	**611**
1	1	2		1	3	3		31
1		2			3			25
	1					2		
				1		1		6
109	124	373	3	46	83	36	48	577
33	96	251	3	27	37	29	34	404
72	27	115		14	41	6	13	156
								2
					1			1
4	1	7		5	4	1	1	14
7	1	4		2	1	1		3
126	**182**	**305**	**15**	**55**	**48**	**18**	**55**	**167**

矿产违法案件查处情况

Investigation and Treatment of Illegal

单位：件

案件类型	Case Category	合计 Total	国家机关 State Organ			
				省级 Provincial Level	市级 Municipal Level	县级 County Level
上年末结案	**Case Unsettled Last Year**	**3755**	**46**	**1**	**5**	**40**
本年立案	**Case Filed This Year**	**3961**	**40**	**3**		**37**
勘查	Exploration	58				
无证勘查	Exploration without Any License	42				
越界勘查	Cross-border Exploration	6				
非法转让探矿权	Illegal Transfer of Exploration Right					
其他	Other	10				
开采	Mining	3847	1			1
无证开采	Mining without Any License	2823	1			1
越界开采	Cross-border Mining	906				
非法转让采矿权	Illegal Transfer of Mining Right	3				
破坏性开采	Destructive Mining	14				
其他	Other	101				
非法批准	Illegal Approval					
违法发证	Unlawful Issuance of License					
勘查许可证	Exploration License					
采矿许可证	Mining License					
其他	Other	56	39	3		36
本年结案	**Case Settled This Year**	**3979**	**22**	**2**		**20**
勘查	Exploration	52				
无证勘查	Exploration without Any License	37				
越界勘查	Cross-border Exploration	3				
非法转让探矿权	Illegal Transfer of Exploration Right					
其他	Other	12				
开采	Mining	3895	1			1
无证开采	Mining without Any License	2918	1			1
越界开采	Cross-border Mining	869				
非法转让采矿权	Illegal Transfer of Mining Right	3				
破坏性开采	Destructive Mining	10				
其他	Other	95				
非法批准	Illegal Approval					
违法发证	Unlawful Issuance of License					
勘查许可证	Exploration License					
采矿许可证	Mining License					
其他	Other	32	21	2		19
本年末结案	**Case Unsettled This Year**	**3737**	**64**	**2**	**5**	**57**

——按涉案级别分列（2021年）

Mineral Cases by Level of Involved Subjects（2021）

Unit：case

企事业单位 Enterprise and Institution	外商 Foreign-funded	集体 Collective	乡村 Township	个人 Individual
1061	**14**	**88**	**58**	**2560**
1303	**18**	**79**	**44**	**2539**
37		1	1	20
22		1	1	19
6				
9				1
1264	18	78	43	2504
540	7	48	36	2234
658	10	21	6	227
1		1	1	1
11				3
54	1	8		39
2				15
1197	**14**	**64**	**35**	**2696**
33	1	1	1	18
19		1	1	17
3				
11	1			1
1163	13	63	34	2668
494	6	36	28	2387
611	6	20	6	238
2				1
6				4
50	1	7		38
1				10
1167	**18**	**103**	**67**	**2403**

矿产违法案件
Investigation and Treatment

地 区	Region	吊销勘查许可证/个 Revoked Exploration License/case
总 计	**Total**	
自然资源部	MNR	
北 京	Beijing	
天 津	Tianjin	
河 北	Hebei	
山 西	Shanxi	
内蒙古	Inner Mongolia	
辽 宁	Liaoning	
吉 林	Jilin	
黑龙江	Heilongjiang	
上 海	Shanghai	
江 苏	Jiangsu	
浙 江	Zhejiang	
安 徽	Anhui	
福 建	Fujian	
江 西	Jiangxi	
山 东	Shandong	
河 南	Henan	
湖 北	Hubei	
湖 南	Hunan	
广 东	Guangdong	
广 西	Guangxi	
海 南	Hainan	
重 庆	Chongqing	
四 川	Sichuan	
贵 州	Guizhou	
云 南	Yunnan	
西 藏	Tibet	
陕 西	Shaanxi	
甘 肃	Gansu	
青 海	Qinghai	
宁 夏	Ningxia	
新 疆	Xinjiang	

查处结果（2021年）
Results of Illegal Mineral Cases（2021）

吊销采矿许可证/个 Revoked Mining License/case	罚没款/万元 Fine/10^4 yuan
2	**48721.60**
	1.00
	471.88
	1808.23
	387.01
	517.12
	135.43
	646.57
	55.89
	2063.44
	119.38
	79.33
	1420.60
	911.37
	505.14
	946.23
	605.81
	548.95
	9899.48
	175.99
	402.83
	1814.75
	931.92
	3405.43
	78.79
1	152.30
1	7956.22
	2185.95
	1262.28
	9232.28

测绘违法案件查处

Investigation and Treatment of Illegal

单位：件

案件类型	Case Category	合计 Total	自然资源部 MNR	北京 Beijing	天津 Tianjin	河北 Hebei	山西 Shanxi
上年未结案	**Case Unsettled Last Year**	**121**		**3**	**1**		
本年发现违法	**Illegal Case Discovered in the Current Year**	**97**	**2**		**1**		
本年发生	Case Occurring This Year	92	2				
历年隐漏	Case Concealed and Not Discovered over the Years	5			1		
本年立案	**Case Filed This Year**	**103**	**2**	**1**	**1**		
本年发生案件立案	Filing of This Year's Case	91	2				
市场准入类	Market Access	1	1				
地图类	Map	2					
纸质地图	Paper Map	2					
导航电子地图	Navigation Electronic Map						
互联网地图	Internet Map						
其他	Other						
测绘成果类	Surveying and Mapping Result	86	1				
测绘成果质量	Quality of Surveying and Mapping Result	11	1				
测绘成果安全	Security of Surveying and Mapping Result	75					
涉外测绘	Foreign Related Surveying and Mapping						
涉军测绘	Military Related Surveying and Mapping						
测量标志	Measurement Mark						
其他	Other	2					
历年隐漏案件立案	Filing of Case Concealed and Not Discovered over the Years	12		1	1		
本年结案	**Case Settled This Year**	**117**	**2**	**2**	**1**		
本年发生案件结案	This Year's Case Settled	89	2				
市场准入类	Market Access	1	1				
地图类	Map	1					
纸质地图	Paper Map	1					
导航电子地图	Navigation Electronic Map						
互联网地图	Internet Map						
其他	Other						
测绘成果类	Surveying and Mapping Result	86	1				
测绘成果质量	Quality of Surveying and Mapping Result	11	1				
测绘成果安全	Security of Surveying and Mapping Result	75					
涉外测绘	Foreign Related Surveying and Mapping						
涉军测绘	Military Related Surveying and Mapping						
测量标志	Measurement Mark						
其他	Other	1					
处理上年未结案	Last Year's Unsettled Case Handled	19		1			
处理历年隐漏案	Handling of Case Concealed and Not Discovered over the Years	9		1	1		
本年未结案	**Case Unsettled This Year**	**107**		**2**	**1**		

情况——按地区分列（2021年）
Surveying and Mapping Cases by Region（2021）

Unit：case

内蒙古 Inner Mongolia	辽宁 Liaoning	吉林 Jilin	黑龙江 Heilongjiang	上海 Shanghai	江苏 Jiangsu	浙江 Zhejiang	安徽 Anhui	福建 Fujian	江西 Jiangxi	山东 Shandong	河南 Henan
						1	**1**				**1**
				1		**1**					
				1							
						1					
						1		**1**			**1**
						1		1			1
						1		**1**			**1**
						1		1			1
						1	**1**				**1**

测绘违法案件查处

Investigation and Treatment of Illegal

单位：件

案件类型	Case Category	湖北 Hubei	湖南 Hunan	广东 Guangdong	广西 Guangxi	海南 Hainan
上年未结案	**Case Unsettled Last Year**		**2**	**5**	**4**	
本年发现违法	**Illegal Case Discovered in the Current Year**		**2**	**1**	**1**	
本年发生	Case Occurring This Year		2	1		
历年隐漏	Case Concealed and Not Discovered over the Years				1	
本年立案	**Case Filed This Year**		**2**	**1**	**3**	
本年发生案件立案	Filing of This Year's Case		2	1		
市场准入类	Market Access					
地图类	Map			1		
纸质地图	Paper Map			1		
导航电子地图	Navigation Electronic Map					
互联网地图	Internet Map					
其他	Other					
测绘成果类	Surveying and Mapping Result		1			
测绘成果质量	Quality of Surveying and Mapping Result		1			
测绘成果安全	Security of Surveying and Mapping Result					
涉外测绘	Foreign Related Surveying and Mapping					
涉军测绘	Military Related Surveying and Mapping					
测量标志	Measurement Mark					
其他	Other		1			
历年隐漏案件立案	Filing of Case Concealed and Not Discovered over the Years				3	
本年结案	**Case Settled This Year**		**2**	**4**	**4**	
本年发生案件结案	This Year's Case Settled		2			
市场准入类	Market Access					
地图类	Map					
纸质地图	Paper Map					
导航电子地图	Navigation Electronic Map					
互联网地图	Internet Map					
其他	Other					
测绘成果类	Surveying and Mapping Result		1			
测绘成果质量	Quality of Surveying and Mapping Result		1			
测绘成果安全	Security of Surveying and Mapping Result					
涉外测绘	Foreign Related Surveying and Mapping					
涉军测绘	Military Related Surveying and Mapping					
测量标志	Measurement Mark					
其他	Other		1			
处理上年未结案	Last Year's Unsettled Case Handled			4	1	
处理历年隐漏案	Handling of Case Concealed and Not Discovered over the Years				3	
本年未结案	**Case Unsettled This Year**		**2**	**2**	**3**	

情况——按地区分列（2021年）续表

Surveying and Mapping Cases by Region（2021）Continued

Unit：case

重庆 Chongqing	四川 Sichuan	贵州 Guizhou	云南 Yunnan	西藏 Tibet	陕西 Shaanxi	甘肃 Gansu	青海 Qinghai	宁夏 Ningxia	新疆 Xinjiang
3	**6**				**3**				**91**
1					**1**				**86**
1									85
					1				1
1					**3**				**86**
1									85
									1
									1
									84
									9
									75
1									
					3				1
2	**6**								**91**
									85
									1
									1
									84
									9
									75
2	6								5
									1
2					**6**				**86**

测绘违法案件查处

Investigation and Treatment of Illegal Surveying and

单位：件

案件类型	Case Category	合 计 Total	省 级 Provincial Level	市 级 Municipal Level
上年未结案	**Case Unsettled Last Year**	**121**		
本年发现违法	**Illegal Case Discovered in the Current Year**	**97**		
本年发生	Case Occurring This Year	92		
历年隐漏	Case Concealed and Net Discovered over the Years	5		
本年立案	**Case Filed This Year**	**103**		
本年发生案件立案	Filing of This Year's Case	91		
市场准入类	Market Access	1		
地图类	Map	2		
纸质地图	Paper Map	2		
导航电子地图	Navigation Electronic Map			
互联网地图	Internet Map			
其他	Other			
测绘成果类	Surveying and Mapping Result	86		
测绘成果质量	Quality of Surveying and Mapping Result	11		
测绘成果安全	Security of Surveying and Mapping Result	75		
涉外测绘	Foreign Related Surveying and Mapping			
涉军测绘	Military Related Surveying and Mapping			
测量标志	Measurement Mark			
其他	Other	2		
历年隐漏案件立案	Filing of Case Concealed and Net Discovered over the Years	12		
本年结案	**Case Settled This Year**	**117**	**1**	
本年发生案件结案	This Year's Case Settled	89		
市场准入类	Market Access	1		
地图类	Map	1		
纸质地图	Paper Map	1		
导航电子地图	Navigation Electronic Map			
互联网地图	Internet Map			
其他	Other			
测绘成果类	Surveying and Mapping Result	86		
测绘成果质量	Quality of Surveying and Mapping Result	11		
测绘成果安全	Security of Surveying and Mapping Result	75		
涉外测绘	Foreign Related Surveying and Mapping			
涉军测绘	Military Related Surveying and Mapping			
测量标志	Measurement Mark			
其他	Other	1		
处理上年未结案	Last Year's Unsettled Case Handled	19	1	
处理历年隐漏案	Handling of Case Concealed and Net Discovered over the Years	9		
本年未结案	**Case Unsettled This Year**	**107**		

情况——按涉案级别分列（2021年）
Mapping Cases by Level of Involved Subjects（2021）

Unit：case

县级 County Level	乡级 Township Level	村（组）集体 Village (Group) Collective Level	企事业单位 Enterprise and Institution	个人 Individual
1		**2**	**117**	**1**
		1	**96**	
		1	91	
			5	
		2	**100**	**1**
		1	90	
			1	
			2	
			2	
		1	85	
			11	
		1	74	
			2	
		1	10	1
1		**2**	**111**	**2**
		1	88	
			1	
			1	
			1	
		1	85	
		0	11	
		1	74	
			1	
1			16	1
		1	7	1
		2	**105**	

自然资源行政复议情况
Administrative Reconsideration

单位：件

地　区	Region	上期结转 Case Transferred from Last Period	本期新收 Case Newy Receipted This Period			
			合计 Total	受理 Accepted	不予受理 Inadmissible	其他 Other
总　计	**Total**	**1207**	**4556**	**3827**	**476**	**253**
自然资源部	MNR	405	1049	843	114	92
北　京	Beijing	35	273	263	10	
天　津	Tianjin	31	80	73	7	
河　北	Hebei	41	302	265	24	13
山　西	Shanxi	4	43	35	6	2
内蒙古	Inner Mongolia	19	56	41	11	4
辽　宁	Liaoning	54	216	190	26	
吉　林	Jilin	10	50	46	4	
黑龙江	Heilongjiang	32	47	32	15	
上　海	Shanghai	28	121	87	8	26
江　苏	Jiangsu	59	338	243	21	74
浙　江	Zhejiang	52	165	140	24	1
安　徽	Anhui	25	207	181	26	
福　建	Fujian	16	180	141	38	1
江　西	Jiangxi		46	45	1	
山　东	Shandong					
河　南	Henan	6				
湖　北	Hubei	23	129	106	16	7
湖　南	Hunan	24	170	147	23	
广　东	Guangdong	158	233	197	25	11
广　西	Guangxi	3				
海　南	Hainan	48	6	6		
重　庆	Chongqing	23	97	72	12	13
四　川	Sichuan	46	217	190	24	3
贵　州	Guizhou	3	9	4	5	
云　南	Yunnan	20	120	115	5	
西　藏	Tibet		6	6		
陕　西	Shaanxi	13	208	190	12	6
甘　肃	Gansu	12	96	84	12	
青　海	Qinghai		19	19		
宁　夏	Ningxia	3	5	4	1	
新　疆	Xinjiang	14	68	62	6	

——按地区分列（2021年）

of Natural Resources by Region (2021)

Unit: case

被申请人 The Respondent								
乡镇政府 Township Government	县级政府部门 County Government Department	县级政府 County Government	市（地）级政府部门 Municipal (Prefectural) Government Department	市（地）级政府 Municipal (Prefectural) Government	省级政府部门 Provincial Government Department	省级政府 Provincial Government	国务院部门 Department of the State Council	其他 Other
4	**1548**	**90**	**1781**	**8**	**753**	**22**	**259**	**91**
1	14	3	13	8	696	13	258	43
			273					
			80					
	191		103					8
	27		11					5
	43	1	12					
	48	2	159			7		
	35		6					9
	4		27					16
			70		51			
	153	34	150					1
	51		113		1			
	147		57		3			
	111		68				1	
	38	2	5			1		
	51		73		1			4
	99		70		1			
1	112		118			1		1
	4	2						
	54	43						
	136		80					1
	9							
	38	1	81					
	6							
2	56		150					
	69		27					
	16							3
	5							
	31	2	35					

自然资源行政复议情况

Administrative Reconsideration of Natural

单位：件

地　区	Region	复议机关 Reconsideration Organ				
		市（地）级政府部门 Municipal (Prefectural) Government Department	省级政府部门 Provincial Government Department	自然资源部 Ministry of Natural Resources	信息公开 Information Disclosure	举报投诉 Report Complaint
总　计	**Total**	**1731**	**1774**	**1051**	**1201**	**978**
自然资源部	MNR			1049	269	486
北　京	Beijing		273		47	157
天　津	Tianjin		80		31	1
河　北	Hebei	200	102		106	42
山　西	Shanxi	37	6		18	
内蒙古	Inner Mongolia	46	10		4	1
辽　宁	Liaoning	74	141	1	52	7
吉　林	Jilin	41	9		4	
黑龙江	Heilongjiang	5	42		16	5
上　海	Shanghai		121		40	3
江　苏	Jiangsu	155	183		97	100
浙　江	Zhejiang	105	60		38	14
安　徽	Anhui	143	64		43	48
福　建	Fujian	112	68		38	7
江　西	Jiangxi	45	1		17	
山　东	Shandong					
河　南	Henan					
湖　北	Hubei	67	61	1	26	16
湖　南	Hunan	106	64		41	9
广　东	Guangdong	117	116		59	9
广　西	Guangxi					
海　南	Hainan	4	2		1	
重　庆	Chongqing	4	93		15	6
四　川	Sichuan	137	80		68	55
贵　州	Guizhou	9				1
云　南	Yunnan	116	4		71	
西　藏	Tibet	6				
陕　西	Shaanxi	66	142		71	2
甘　肃	Gansu	80	16		19	7
青　海	Qinghai	18	1		5	
宁　夏	Ningxia	5			1	
新　疆	Xinjiang	33	35		4	2

——按地区分列（2021年）续表1
Resources by Region（2021）Continued 1

Unit：case

复议事项 Reconsideration Matters								
不动产登记 Real Estate Registration	行政处罚 Administrative Sanction	行政强制 Administrative Compulsion	行政征收 Administrative Expropriation	行政许可 Administrative Licensing	行政确认 Administrative Confirmation of Right	行政确权 Administrative Confirmation	行政不作为 Administrative Omission	其他 Other
442	**430**	**102**	**334**	**321**	**76**	**64**	**217**	**391**
57	4		87	61	4	6	17	58
59	2			2			6	
4	4		5	11				24
25	31		6	10	1	5	33	43
4	8			2	2		5	4
2	11	19	3	3	2	5	5	1
5	11	6	40	54	4	4	3	30
1	24		11	1	2		3	4
16	1		4	3	2			
36	1	11		4			11	15
51	27		7	20			20	16
20	2	10	27	16	3	3	19	13
22	28	7	10	16	2	2	6	23
30	31	4	3	16		12	10	29
2	10		10	1		1	1	4
27	15	6	9	15	3		4	8
5	26	12	41	11	5	3	3	14
7	31	1	13	37	30	13	15	18
2	2							1
3	4		12	14	2		12	29
10	13		20	15		1	6	29
3					3		1	1
14	20	2	2	2	4	1	4	
1	4							1
19	36	16	1	6	3	5	30	19
8	35	1	20	1		1	2	2
4	7				1	2		
1	1							2
4	41	7	3		3		1	3

自然资源行政复议情况

Administrative Reconsideration of Natural

单位：件

地　区	Region	审理情况 Trial Situation						
			已审结 Concluded					
				驳回 Rejection	维持 Maintenance	责令履行 Ordering to Execution	变更 Change	确认违法 Confirmation of Illegality
总　计	**Total**	**5034**	**4587**	**1130**	**1748**	**209**	**9**	**330**
自然资源部	MNR	1248	1089	340	546	31		78
北　京	Beijing	298	266	83	121	1		3
天　津	Tianjin	104	104	25	36	1		1
河　北	Hebei	306	266	69	44	37		27
山　西	Shanxi	39	39	7	10	14		4
内蒙古	Inner Mongolia	60	59	4	23	2		1
辽　宁	Liaoning	244	200	62	109	5		7
吉　林	Jilin	56	44	8	5	2		16
黑龙江	Heilongjiang	64	63	4	3	29		7
上　海	Shanghai	115	111	25	71			3
江　苏	Jiangsu	302	299	114	99	3		12
浙　江	Zhejiang	192	175	41	82	1		3
安　徽	Anhui	206	189	25	51	11		31
福　建	Fujian	157	150	30	56	6		11
江　西	Jiangxi	45	44	14	16	3		3
山　东	Shandong							
河　南	Henan	6	5	2		1		
湖　北	Hubei	129	108	45	23	3		5
湖　南	Hunan	171	167	35	51	9		15
广　东	Guangdong	355	333	80	109	5		29
广　西	Guangxi	3	2		1			
海　南	Hainan	54	46		3			
重　庆	Chongqing	95	82	7	50	5		4
四　川	Sichuan	236	231	40	58	10		32
贵　州	Guizhou	7	7		5			
云　南	Yunnan	135	125	9	81	1	2	24
西　藏	Tibet	6	6		6			
陕　西	Shaanxi	203	193	33	41	9		12
甘　肃	Gansu	96	84	20	18	13	7	1
青　海	Qinghai	19	19		6	1		
宁　夏	Ningxia	7	7		1			1
新　疆	Xinjiang	76	74	8	23	6		

——按地区分列（2021年）续表2

Resources by Region（2021）Continued 2

Unit：case

				行政复议意见书 Administrative Reconsideration Opinion		行政赔偿 Administrative Compensation	
撤销 Revocation	撤回申请 Cancellation	其他 Other	未审结 Not Concluded	制发数 Issued Number	落实数 Real Number	件数 Number of Case	赔偿数额/元 Compensation/yuan
808	**278**	**75**	**447**	**379**	**274**		
79	15		159	22	21		
30	28		32	6	6		
21	20			3	3		
55	26	8	40				
4				6	6		
21	8		1	4	4		
10	3	4	44	4	4		
10	3		12	37	37		
19	1		1	1	1		
6	6		4				
46	24	1	3	3	3		
16	13	19	17	7	7		
54	12	5	17	26	26		
30	17		7	18	18		
5	3		1	25	15		
2			1				
19	9	4	21	9	9		
42	11	4	4	23	23		
66	31	13	22	8	8		
1			1				
42	1		8				
8	8		13				
73	9	9	5	16	16		
1	1						
6	2		10	86	9		
75	20	3	10	11	6		
16	5	4	12	37	32		
12				4	4		
4		1					
35	2		2	23	16		

自然资源行政复议情况
Administrative Reconsideration of

单位：件

类别	Category	上期结转 Transferred from Last Period	本期新收 Case Newly Received This Period				
			合计 Total	受理 Accepted	不予受理 Inadmissible	其他 Other	乡镇政府 Township Government
总计	**Total**	**1207**	**4556**	**3827**	**476**	**253**	**4**
规划	Planning	114	506	455	36	15	
土地	Land Resources	962	3552	2958	387	207	4
矿产	Mineral Resources	40	141	126	11	4	
海洋	Ocean Resources	1	5	3	2		
其他	Other	90	352	285	40	27	

类别	Category	复议机关 Reconsideration Organ					
		市（地）级政府部门 Municipal (Prefectural) Government Department	省级政府部门 Provincial Government Departments	自然资源部 Ministry of Natural Resources	信息公开 Information Disclosure	举报投诉 Report Complaint	不动产登记 Real Estate Registration
总计	**Total**	**1731**	**1774**	**1051**	**1201**	**978**	**442**
规划	Planning	159	287	60	137	86	10
土地	Land Resources	1394	1262	896	987	844	294
矿产	Mineral Resources	41	23	77	10	21	
海洋	Ocean Resources	1	4		4	1	
其他	Other	136	198	18	63	26	138

类别	Category		审理情况 Trial Situation					
			已审结 Concluded					
				驳回 Rejection	维持 Maintenance	责令履行 Ordering to Execution	变更 Change	确认违法 Confirmation of Illegality
总计	**Total**	**5034**	**4587**	**1130**	**1748**	**209**	**9**	**330**
规划	Planning	569	490	116	236	8	1	15
土地	Land Resources	3920	3644	900	1335	182	7	283
矿产	Mineral Resources	166	135	21	49	10	1	6
海洋	Ocean Resources	4	3	2				
其他	Other	375	315	91	128	9		26

——按行政管理类别分列（2021年）
Natural Resources by Administrative Category （2021）

Unit：case

被申请人 The Respondent							
县级政府部门 County Government Department	县级政府 County Government	市（地）级政府部门 Municipal (Prefectural) Government Department	市（地）级政府 Municipal (Prefectural) Government	省级政府部门 Provincial Government Department	省级政府 Provincial Government	国务院部门 Department of the State Council	其他 Other
1548	**90**	**1781**	**8**	**753**	**22**	**259**	**91**
137	21	294		45	1	8	
1282	41	1305	8	570	20	243	79
41	5	14		77		3	1
1		4					
87	23	164		61	1	5	11

复议事项 Reconsideration Matters							
行政处罚 Administrative Sanction	行政强制 Administrative Compulsion	行政征收 Administrative Expropriation	行政许可 Administrative Licensing	行政确认 Administrative Confirmation	行政确权 Administrative Confirmation of Right	行政不作为 Administrative Omission	其他 Other
430	**102**	**334**	**321**	**76**	**64**	**217**	**391**
30	20	6	163	2	1	5	46
367	82	325	94	39	57	183	280
29		3	60	2		5	11
4			4	33	6	24	54

				行政复议意见书 Administrative Reconsideration Opinion		行政赔偿 Administrative Compensation	
撤销 Revocation	撤回申请 Withdrawal of Claim	其他 Other	未审结 Not Concluded	制发数 Issued Number	落实数 Real Number	件数 Number of Case	赔偿数额/元 Compensation/yuan
808	**278**	**75**	**447**	**379**	**274**		
65	47	2	79	36	22		
670	196	71	276	306	218		
40	7	1	31	21	20		
	1		1	1	1		
33	27	1	60	15	13		

自然资源行政诉讼
Administrative Litigation

单位：件

地 区	Region	上期结转 Transferred from Last Period	本期发生 Occurred in This Period	对规范性文件附带审查 Additional Review of Normative Document
总 计	Total	6055	29498	168
自然资源部	MNR	114	240	
北 京	Beijing	94	100	
天 津	Tianjin	86	332	
河 北	Hebei	76	947	1
山 西	Shanxi	45	423	1
内蒙古	Inner Mongolia	151	578	7
辽 宁	Liaoning	144	905	1
吉 林	Jilin	23	293	1
黑龙江	Heilongjiang	38	433	
上 海	Shanghai	180	426	
江 苏	Jiangsu	475	1588	
浙 江	Zhejiang	412	1714	
安 徽	Anhui	122	1226	10
福 建	Fujian	108	543	3
江 西	Jiangxi	50	529	
山 东	Shandong	591	1872	1
河 南	Henan	180	920	1
湖 北	Hubei	210	1311	
湖 南	Hunan	235	2166	27
广 东	Guangdong	878	3129	6
广 西	Guangxi	234	1658	9
海 南	Hainan	195	662	
重 庆	Chongqing	361	1568	1
四 川	Sichuan	430	2089	
贵 州	Guizhou	119	945	
云 南	Yunnan	131	867	99
西 藏	Tibet		16	
陕 西	Shaanxi	238	1138	
甘 肃	Gansu	21	447	
青 海	Qinghai	6	31	
宁 夏	Ningxia	5	109	
新 疆	Xinjiang	103	293	

情况——按地区分列（2021年）
of Natural Resources by Region（2021）

Unit：case

应诉机关 Respondence Organ			诉讼事项 Litigation Matters		
原行为机关单独应诉 The Original Agency Answers the Lawsuit Separately	复议机关单独应诉 The Administrative Organ for Reconsideration Answer the Lawsuit Separately	共同应诉 Joint Response	信息公开 Information Disclosure	举报投诉 Report Complaint	不动产登记 Real Estate Registration
24031	**803**	**4664**	**2804**	**852**	**9129**
101	72	67	74	102	6
73		27	60	27	
239	6	87	79	25	107
712	41	194	174	72	214
362	8	53	38	10	182
501	1	76	21		365
740	32	133	59	12	309
247	12	34	9	2	77
360	2	71	39	1	252
317	29	80	140	36	151
1428	29	131	196	113	554
1549	27	138	211	60	588
1032	48	146	59	26	355
237	212	94	45	9	266
339	1	189	39	11	186
1560	5	307	233	74	719
871	3	46	70	20	420
1095	28	188	78	20	557
1895	20	251	184	19	428
2529	58	542	185	47	946
1358	11	289	58		503
604	8	50	5		163
1323	62	183	142	11	333
1590	39	460	355	117	367
837		108	40	21	250
638	11	218	82	4	250
16					4
778	7	353	85	7	268
373	16	58	14	6	161
9		22	1		9
93		16	21		39
225	15	53	8		100

自然资源行政诉讼情况

Administrative Litigation of Natural

单位：件

地　区	Region	诉讼事项 Litigation Matters				
		行政许可 Administrative Licensing	行政处罚 Administrative Sanction	行政强制 Administrative Compulsion	行政确认 Administrative Confirmation	行政确权 Administrative Confirmation of Right
总　计	**Total**	**1941**	**1939**	**1204**	**1515**	**910**
自然资源部	MNR	2	1			
北　京	Beijing	9	4			
天　津	Tianjin	19	10			2
河　北	Hebei	74	88	47	41	17
山　西	Shanxi	39	42	11	12	5
内蒙古	Inner Mongolia	28	40	4	16	20
辽　宁	Liaoning	129	73	3	6	10
吉　林	Jilin	34	26	5	2	33
黑龙江	Heilongjiang	23	18	9	11	8
上　海	Shanghai	23	2	4		2
江　苏	Jiangsu	50	67	60	111	107
浙　江	Zhejiang	144	31	68	118	35
安　徽	Anhui	69	94	42	73	17
福　建	Fujian	48	32	10	12	6
江　西	Jiangxi	24	27	9	24	20
山　东	Shandong	50	111	61	93	23
河　南	Henan	53	51	21	27	17
湖　北	Hubei	134	82	16	47	20
湖　南	Hunan	144	108	107	86	74
广　东	Guangdong	481	165	57	324	103
广　西	Guangxi	61	207	130	134	54
海　南	Hainan	45	17	5	172	112
重　庆	Chongqing	59	77	82	40	35
四　川	Sichuan	48	69	34	20	29
贵　州	Guizhou	32	35	42	71	110
云　南	Yunnan	51	254	26	38	15
西　藏	Tibet		8			
陕　西	Shaanxi	38	53	295	10	6
甘　肃	Gansu	10	61	14	11	17
青　海	Qinghai				4	3
宁　夏	Ningxia	2	4	7	7	2
新　疆	Xinjiang	18	82	35	5	8

——按地区分列（2021年） 续表1

Resources by Region（2021） Continued 1

Unit：case

				应诉机关级别 Level of Respondence Organ				
行政征收 Administrative Expropriation	行政赔偿 Administrative Compensation	行政不作为 Administrative Omission	其他 Other	县级行政主管部门 County Administrative Department	市（地）级行政主管部门 Municipal (Prefectural) Administrative Departments	省级行政主管部门 Provincial Administrative Department	国家级行政主管部门 National Administrative Department	其他 Other
4052	**1017**	**1142**	**2993**	**15909**	**11506**	**1458**	**244**	**381**
4			51				240	
						100		
36	2	12	40		171	161		
72	17	67	64	447	425	55		20
23	12	24	25	176	235	11		1
35	6	28	15	418	151	9		
155	23	23	103	311	510	82		2
55	11	7	32	110	157	26		
6	8	15	43	197	218	9		9
29	7	11	21	126	69	79		152
147	30	75	78	576	871	136		5
196	22	88	153	1031	641	30		12
228	74	69	120	815	390	21		
58	12	25	20	82	435	26		
50	67	35	37	425	92	12		
194	40	102	172	1147	637	57		31
127	61	16	37	408	470	42		
185	30	48	94	663	489	22	4	133
680	86	46	204	1470	675	21		
319	63	93	346	1412	1621	96		
76	126	64	245	920	725	13		
70	14	12	47	348	280	34		
473	79	54	183	1317	81	164		6
572	51	42	385	1400	557	132		
75	50	30	189	792	136	17		
54	20	22	51	671	181	15		
			4	10	6			
46	65	103	162	238	858	40		2
75	27	15	36	285	150	12		
	1	5	8	2	20	5		4
3	9	6	9	63	40	2		4
9	4	5	19	49	215	29		

自然资源行政诉讼情况

Administrative Litigation of Natural

单位：件

地区	Region	已审结 Concluded Case					
		判决 Sentence					
		合计 Total	驳回诉讼请求 Rejection of Claim	撤销 Revocation	变更 Change	责令履行 Ordering to Execution	确认违法或无效 Confirmation of Illegality or Invalidity
总　计	**Total**	**15907**	**11227**	**2335**	**100**	**874**	**1371**
自然资源部	MNR	70	68	1		1	
北　京	Beijing	73	67	3		1	2
天　津	Tianjin	106	101	1		1	3
河　北	Hebei	543	339	90	1	39	74
山　西	Shanxi	255	171	42	7	18	17
内蒙古	Inner Mongolia	394	229	110	4	21	30
辽　宁	Liaoning	631	440	47	2	28	114
吉　林	Jilin	181	146	18		11	6
黑龙江	Heilongjiang	240	90	105	2	28	15
上　海	Shanghai	177	173	3			1
江　苏	Jiangsu	620	520	32	1	4	63
浙　江	Zhejiang	644	564	35	2	13	30
安　徽	Anhui	755	536	111	4	83	21
福　建	Fujian	214	161	40	2	5	6
江　西	Jiangxi	370	277	58	3	23	9
山　东	Shandong	978	709	111	4	51	103
河　南	Henan	422	310	66	2	21	23
湖　北	Hubei	516	307	115		19	75
湖　南	Hunan	1210	835	169	5	83	118
广　东	Guangdong	1549	1000	322	15	25	187
广　西	Guangxi	1194	956	91	8	51	88
海　南	Hainan	300	179	75	4	16	26
重　庆	Chongqing	833	565	124	10	93	41
四　川	Sichuan	1318	1092	122	13	35	56
贵　州	Guizhou	454	245	130	5	28	46
云　南	Yunnan	666	467	91	2	39	67
西　藏	Tibet	12	8	1	1	2	
陕　西	Shaanxi	589	285	98	2	102	102
甘　肃	Gansu	282	170	79	1	21	11
青　海	Qinghai	21	16	3		2	
宁　夏	Ningxia	50	20	16		8	6
新　疆	Xinjiang	240	181	26		2	31

——按地区分列（2021年） 续表2

Resources by Region（2021） Continued 2

Unit：case

裁定 Rule				未审结案件 Not Concluded Case	二审案件 Second Instance Case	再审案件 Retrial Case
合计 Total	驳回起诉 Rejection of Prosecution	准予撤诉 Withdrawal Granted	终结诉讼 Termination of Litigation			
13761	**9714**	**3650**	**397**	**5885**	**10531**	**1740**
254	250	4		30	177	78
82	57	17	8	39	20	
220	157	60	3	92	115	23
311	216	75	20	169	282	44
179	132	45	2	34	182	17
242	155	73	14	93	192	17
249	207	29	13	169	292	38
99	80	15	4	36	119	36
128	106	22		103	65	11
240	157	81	2	189	134	23
1023	850	173		420	798	197
1118	673	420	25	364	705	122
419	261	145	13	174	525	48
387	317	70		50	140	18
178	111	61	6	31	137	27
1011	744	251	16	474	648	95
548	389	154	5	130	265	54
720	417	287	16	285	340	28
1028	718	284	26	163	728	108
1627	1346	258	23	831	1443	46
438	263	152	23	260	427	78
264	225	38	1	293	352	65
656	410	204	42	440	462	182
1007	723	248	36	194	835	252
494	257	186	51	116	226	31
201	110	55	36	131	241	27
2	2			2	11	3
361	204	155	2	426	314	40
108	61	42	5	78	169	15
14		14		2	12	
49	31	17	1	15	45	5
104	85	15	4	52	130	12

自然资源行政诉讼情况
Administrative Litigation of Natural

单位：件

类 别	Category	上期结转 Transferred from Last Period	本期发生 Occurred in This Period	对规范性文件附带审查 Additional Review of Normative Document
总 计	**Total**	**6055**	**29498**	**168**
规划	Planning	637	2579	27
土地	Land Resources	4249	22426	124
矿产	Mineral Resources	57	436	3
海洋	Ocean Resources	84	60	
其他	Other	1028	3997	14

类 别	Category	诉讼事项 Litigation Matter						
		信息公开 Information Disclosure	举报投诉 Report Complaints	不动产登记 Real Estate Registration	行政许可 Administrative Licensing	行政处罚 Administrative Sanction	行政强制 Administrative Compulsion	行政确认 Administrative Confirmation
总 计	**Total**	**2804**	**852**	**9129**	**1941**	**1939**	**1204**	**1515**
规划	Planning	343	90	218	937	269	103	123
土地	Land Resources	2202	693	7004	739	1433	972	1006
矿产	Mineral Resources	9	24	1	177	74	14	8
海洋	Ocean Resources	5	1	1	3	13	7	
其他	Other	245	44	1905	85	150	108	378

类 别	Category	已审结案件 Concluded Case					
		判决 Sentence					
		合计 Total	驳回诉讼请求 Rejection of Claim	撤销 Revocation	变更 Change	责令履行 Ordering to Execution	确认违法或无效 Confirmation of Illegality or Invalidity
总 计	**Total**	**15907**	**11227**	**2335**	**100**	**874**	**1371**
规划	Planning	1548	1281	121	11	28	107
土地	Land Resources	12247	8579	1845	74	710	1039
矿产	Mineral Resources	222	136	38	3	25	20
海洋	Ocean Resources	77	12	25		1	39
其他	Other	1813	1219	306	12	110	166

——按行政管理类别分列（2021年）

Resources by Administrative Category（2021）

Unit：case

应诉机关 Respondence Organ		
原行为机关单独应诉 Original Agency Answers the Lawsuit Separately	复议机关单独应诉 Administrative Organ for Reconsideration Answers the Lawsuit Separately	共同应诉 Joint Response
24031	**803**	**4664**
2006	36	537
18184	619	3623
339	25	72
44	6	10
3458	117	422

					应诉机关级别 Level of Respondence Organ				
行政确权 Administrative Confirmation of Right	行政征收 Administrative Expropriation	行政赔偿 Administrative Compensation	行政不作为 Administrative Omission	其他 Other	县级行政主管部门 County Administrative Department	市（地）级行政主管部门 Municipal (Prefectural) Administrative Department	省级行政主管部门 Provincial Administrative Department	国家级行政主管部门 National Administrative Department	其他 Other
910	**4052**	**1017**	**1142**	**2993**	**15909**	**11506**	**1458**	**244**	**381**
14	24	180	78	200	860	1526	186	3	4
661	3879	679	932	2226	12557	8368	1066	221	214
6	10	36	14	63	200	134	92	10	
	16	3	1	10	23	12	21	4	
229	123	119	117	494	2269	1466	93	6	163

裁定 Rule				未审结 Not Concluded	二审案件 Second Instance Case	再审案件 Retrial Case
合计 Total	驳回起诉 Rejection of Prosecution	准予撤诉 Withdrawal Granted	终结诉讼 Termination of Litigation			
13761	**9714**	**3650**	**397**	**5885**	**10531**	**1740**
997	700	262	35	671	887	90
10469	7381	2777	311	3959	7968	1426
168	106	56	6	103	127	28
39	34	5		28	32	1
2088	1493	550	45	1124	1517	195

自然资源公益诉讼

Public Interest Litigation of

地　区	Region	上期结转数量/件 Transferred from Last Period/case	本期新收数量/件 Newly Received in This Period/case	行政机关/件 Administration/case 部本级 MNR	行政机关/件 Administration/case 省级 Provincial Level	行政机关/件 Administration/case 市级 Municipal Level	行政机关/件 Administration/case 县级 County Level	行政机关/件 Administration/case 其他 Other	国有土地使用权出让 State-owned Land Use Right Transfer	国有土地使用权出让 State-owned Land Use Right Transfer 土地出让金追缴 Recovery of Land Transferring Fee	国有土地使用权出让 State-owned Land Use Right Transfer 闲置土地处置 Disposal of Idle Land	国有土地使用权出让 State-owned Land Use Right Transfer 其他 Other
总　计	**Total**	**110**	**859**			**107**	**752**		**157**	**117**	**20**	**20**
自然资源部	MNR											
北　京	Beijing											
天　津	Tianjin											
河　北	Hebei	1	1				1					
山　西	Shanxi		3				3					
内蒙古	Inner Mongolia	4	14			12	2		2	2		
辽　宁	Liaoning	1	4			2	2					
吉　林	Jilin		79			8	71		46	45	1	
黑龙江	Heilongjiang		11			1	10					
上　海	Shanghai											
江　苏	Jiangsu	2	63			5	58		1	1		
浙　江	Zhejiang	1	12			6	6		3	1	1	1
安　徽	Anhui	1	13			4	9		7	3	4	
福　建	Fujian											
江　西	Jiangxi		24			1	23		5	3	1	1
山　东	Shandong		23				23		3	2		1
河　南	Henan	2	1				1					
湖　北	Hubei	5	76			14	62		3	2		1
湖　南	Hunan	9	346			24	322		58	44	2	12
广　东	Guangdong		10			5	5		3		1	2
广　西	Guangxi	1	4				4					
海　南	Hainan	3	10			2	8		2		2	
重　庆	Chongqing	33	18			2	16					
四　川	Sichuan	9	66			17	49		10	3	6	1
贵　州	Guizhou	2	29			4	25		9	8	1	
云　南	Yunnan		4				4					
西　藏	Tibet											
陕　西	Shaanxi	35	41				41		3	1	1	1
甘　肃	Gansu		3				3		1	1		
青　海	Qinghai											
宁　夏	Ningxia		1				1					
新　疆	Xinjiang	1	3				3		1	1		

情况——按地区分列（2021年）
Natural Resources by Region（2021）

案件类型/件 Type of Case/case											
生态环境与资源保护 Ecological Environment and Natural Resources Protection							国有财产保护 Protection of State-owned Property				其他案件类型 Other Kind of Case
	耕地保护 Cultivated Land Protection	矿山地质环境恢复治理 Mine Geological Environment Restoration and Treatment	海岸线修复 Shoreline Restoration	违法案件查处 Investigation and Handling of Illegal Case	不动产登记 Real Estate Registration	其他 Other		海域使用金追缴 Recovery of Sea Area Use Right Fee	矿业权出让价款追缴 Recovery of Mining Right Granting Fee	其他 Other	
640	**158**	**89**		**279**	**8**	**106**	**13**		**3**	**10**	**49**
							1		1		
3				3							
12		3		9							
4				2		2					
33	1	2		30							
11	10			1							
54	23	2		21	1	7					8
7				6		1					2
5	2			1		2					1
7		1		6			1			1	11
20	3	12			3	2					
1	1										
71	3	3		54		11					2
274	67	48		100	2	57	6		1	5	8
5	3					2	1			1	1
4	1	3									
8	2	2				4					
15	1	4		9		1	2			2	1
41	14	3		11		13	1			1	14
19	12	5		1	1		1		1		
4		1		1		2					
38	14			22	1	1					
2				1		1					
1				1							
1	1										1

自然资源公益诉讼
Public Interest Litigation of Natural

地 区	Region	已结案/件 Settled/case								
			诉前按期完成整改 Complete Rectification on Schedule before Lawsuit	撤回检查建议 Inspection Withdrawal Proposal	已被提取诉讼并审结					
						确认违法 Confirmation of Illegality	确认无效 Confirmation of Invalidity	撤销 Revocation	部分撤销 Partial Revocation	责令履行 Ordering to Execution
总 计	**Total**	**860**	**706**	**12**	**142**	**55**		**2**	**1**	**58**
自然资源部	MNR									
北 京	Beijing									
天 津	Tianjin									
河 北	Hebei	2	1		1					
山 西	Shanxi	3	3							
内蒙古	Inner Mongolia	14	9		5					4
辽 宁	Liaoning	5		1	4					3
吉 林	Jilin	77	68		9	2				4
黑龙江	Heilongjiang	10	10							
上 海	Shanghai									
江 苏	Jiangsu	64	62		2					
浙 江	Zhejiang	11	10		1					
安 徽	Anhui	14	4	1	9	2				3
福 建	Fujian									
江 西	Jiangxi	13	11	1	1	1				
山 东	Shandong	22	13	2	7	1		2		3
河 南	Henan	2	2							
湖 北	Hubei	79	62		17	5				12
湖 南	Hunan	307	290	7	10	8				
广 东	Guangdong	5	5							
广 西	Guangxi	5	2		3	3				
海 南	Hainan	5	4		1					
重 庆	Chongqing	38	31		7	1				3
四 川	Sichuan	69	65		4	1			1	1
贵 州	Guizhou	31	16		15	7				8
云 南	Yunnan	4	1		3	1				
西 藏	Tibet									
陕 西	Shaanxi	75	36		39	21				15
甘 肃	Gansu	1	1							
青 海	Qinghai									
宁 夏	Ningxia									
新 疆	Xinjiang	4			4	2				2

情况——按地区分列（2021年）续表
Resources by Region (2021) Continued

Has Been Litigated and Concluded 变更 Change	驳回诉讼请求 Rejection of Claim	撤诉 Prosecution Withdrawal	其他 Other	未审结/件 Not Concluded/case	未到整改期限 Not Reach Rectification Deadline	未完成诉讼程序 Not Complete Proceedings	追责人数/人 Number of Person Claiming Responsibility/person	厅局级 Bureau Level	处级 Section Level	科级 Office Level	其他 Other
	3	**16**	**7**	**109**	**56**	**53**	**14**			**2**	**12**
		1									
		1		4	1	3					
			1								
	1	2		2		2					
				1	1						
		2		1	1						
		1		2		2					
		1	3								
				11		11					
	1			1		1					
				1		1					
				2	1	1					
		2		48	29	19	11			2	9
				5	3	2					
							3				3
			1	8	3	5					
		3		13	13						
		1		6	3	3					
		2									
	1		2	1		1					
				2	1	1					
				1		1					

主要统计指标解释

土地违法案件 指违反土地管理法律法规，应当追究法律责任的案件。

涉及土地面积 指各级机关、村（组）集体、企事业单位和个人等发生违反土地管理法律、法规行为，所牵涉的土地面积。

上年未结案 指上年未结案需要转到本年继续处理的案件。

本年发现违法 指报告期内发现的土地违法行为。

历年隐漏 指报告期以前发生而在报告期内发现的土地违法行为。

本年立案 指报告期内经批准由自然资源主管部门立案查处的土地违法案件。

本年发生案件立案 指报告期内发生的土地违法行为，经批准由自然资源主管部门立案查处的土地违法案件。

违法转让 指违反土地管理法律法规，将土地使用权有限期转移给他人的行为。

违法占地 指单位或个人未经批准擅自占用土地、采取欺骗手段骗取批准占用土地以及超过批准的数量多占土地的违法行为。

违法批地 指没有批准权的单位或个人批准用地，虽有批准权但超越了批准权限批准用地，违反土地利用总体规划批准用地和违反法律规定的程序批准用地的违法行为。

其他（本年发生案件立案） 指除买卖或非法转让、破坏耕地、未经批准占地、非法批地、低价出让土地以外的土地违法案件。

历年隐漏案件立案 指报告期内对历年隐漏的土地违法行为，经批准由自然资源主管部门立案查处的全部土地违法案件。

本年结案 指报告期内经过自然资源主管部门处理已结案的土地违法案件。

处理本年发生案 指报告期内发生并经过自然资源主管部门处理，已结案的土地违法案件。

其他（处理本年发生案件） 指除买卖和非法转让、破坏耕地、非法占地、非法批地、低价出让土地以外本年已结案的土地违法案件。

处理上年未结案 指报告期内对上年未结案件经过自然资源主管部门处理并已结案的土地违法案件。

处理隐漏案 指报告期内对隐漏案件经过自然资源主管部门处理并已结案的土地违法案件。

本年未结案 指当年不能结案需要转到下一年度继续处理的案件。

省级、市级、县级、乡级 指发生违反土地管理法律法规规定的各级党政军机关、人民团体。中央党政军机关、人民团体在外地的派出机构违反土地管理法律法规有关规定的案件，按机关级别归类到相应级别机关内。各级党政军机关、人民团体所属企事业单位违反土地管理法律法规的，应统计在企事业单位栏内。

拆除构建物 指对非法占地者所建的建筑物、构筑物依法拆除的面积。

没收构建物 指对非法占地者所建的建筑物、构筑物依法没收的面积。

收回土地 指报告期内自然资源主管部门依法收回并已结案的土地面积。

罚没款 指自然资源主管部门依法对报告期内已结案的案件进行经济处罚的实收金额。

无证勘查 指未依法取得勘查许可证而进行勘查的活动。

越界勘查 指探矿权人超越批准勘查的区块范围进行的勘查活动。

非法转让探矿权 指违反《探矿权采矿权转让管理办法》规定的探矿权转让行为。

其他（勘查） 指上述各项之外的其他违法勘查活动。

无证开采 指未依法取得采矿许可证的非法采矿活动。

越界开采 指采矿权人超越批准的矿区范围进行的采矿活动，包括越层开采。

非法转让采矿权 指违反《探矿权采矿权转让管理办法》规定的采矿权转让行为。

破坏性开采 指采矿权人违反地质矿产主管部门审查批准的矿产资源开发利用方案开采矿产资源的活动。

其他（开采） 指上述各项之外的违法采矿活动。

非法批准 指负责矿产资源监督管理工作的国家工作人员或其他有关国家工作人员违反矿产资源法律法规的规定，擅自批准勘查、开采矿产资源和颁发勘查许可证、采矿许可证的行为。

吊销勘查许可证 指依法由原颁发勘查许可证的主管机关吊销勘查许可证的件数。

吊销采矿许可证 指依法由原颁发采矿许可证的主管审批、发证机关吊销采矿许可证的案件数。

Explanatory Notes on Main Statistical Indicators

Illegal Land Case—the case of violation of laws and regulations of land administration for which legal liabilities should be investigated.

Land Area Involved—the land area involved by the acts in violation of land administration laws and regulations committed by agencies at various levels, collectives of villages （groups）, enterprises and institutions, and individuals.

Case Unsettled Last Year—the case that were not settled last year and need to be transferred to the current year and continue to be handled.

Illegal Case Discovered in the Current Year—the act in violation of land administration laws and regulations discovered during the reporting period.

Case Concealed and Not Discovered over the Years—land violation occurred before the reporting period and discovered during the reporting period.

Case Filed This Year—the violation approved to be filed and investigated by the natural resources authority during the reporting period.

Filing of This Year's Case—the land violation occurred during the reporting period, which is approved to be filed and investigated by the natural resources authority.

Illegal Land Transfer—the act through which the land use right is transferred to another person within a definite period of time, which is in violation of natural resources administration laws and regulations.

Illegal Land Occupation—the illegal act through which units or individuals occupy and use land without approval, obtain approval by deceitful means, and occupy and use land exceeding the approved amount.

Illegal Land Grant—the illegal act through which units or individuals without authority to approve use of land occupation of land or they approve occupation of land by overstepping their authority of approval or in violation of the national overall planning of land utilization and procedures for land approval prescribed by law although they have approval authority.

Other（Filing of This Year's Case）—the case in violation of natural resources administration laws and regulations except for those concerning land purchase and sale or illegal transfer, damage of cultivated land, occupation of land illegally, unlawful approval of land occupation, and assigning of land at a lower price.

Filing of Case Concealed and Not Discovered over the Year—all land violations approved to be filed and investigated by the natural resources authorities during the reporting period.

Case Settled This Year—the case of land violations that have been handled by the natural resources authority during the reporting period.

This Year's Case Handled—the case in violation of natural resources laws and regulations committed and handled and settled by the competent natural resources administration department during the reporting period.

Other（This Year's Case Handled）—the cases in violation of natural resources laws and regulations except for land purchase and sale or unlawful transfer of land，damage of cultivated land，occupation of land without approval，unlawful approval of land occupation，and assigning of land at a lower price.

Last Year's Unsettled Case Handled—the last year' s unsettled case in violation of natural resources administration laws and regulations handled and settled by the competent natural resources administration department during the reporting period.

Handling of Case Concealed and Not Discovered over the Year—the land violation hidden and leaked that has been handled and closed by the natural resources authority during the reporting period.

Case Unsettled This Year—the case that is not able to be settled in the current year and need to be transferred to the next year and continue to be handled.

Provincial Level，Municipal Level，County Level，Township level—party，government，and army administration agencies and mass organizations at various levels that commit acts in violation of laws and regulations of land administration. The cases concerning illegal acts of land committed by agencies sent to other parts of the country by the central party，government，and army administration agencies and mass organizations are classified according to the levels of these agencies as those at corresponding levels. Enterprises and institutions affiliated to agencies and mass organizations at various levels that violate land administration laws and regulations should be included in the column of enterprises and institutions.

Demolition of Building and Structure—the area of buildings and structures built by illegal land occupants and demolished according to law.

Confiscation of Building and Structure—the area of buildings and structures built by illegal land occupants and confiscated according to law.

Land Retrieval—the area of land retrieved and closed by natural resources authorities in accordance with the law during the reporting period.

Fine—the amount of money actually collected by natural resources authorities for economic punishment of the closed cases in the reporting period according to law.

Exploration without Any License—the exploration operation carried out without obtaining an exploration license according to law.

Cross-border Exploration—the exploration operation carried out by an exploration right holder beyond the approved limit of the exploration block.

Illegal Transfer of Exploration Right—the act through which the exploration right is transferred in violation of the *Regulations for Transferring Exploration Rights and Mining Rights*.

Other（Exploration）—other illegal exploration operations except the above-mentioned items.

Mining without Any License—the mining operation carried out without obtaining a mining license according to law.

Cross-border Mining—the mining operation carried out by a mining right holder beyond the approved limit of the mining area, including cross-bed mining operation.

Illegal Transfer of Mining Right—the act through which the mining right is transferred in violation of the *Regulations for Transferring Exploration Rights and Mining Rights*.

Destructive Mining—the wasteful mining operation by a mining right holder that departs from the rational mining sequence or appropriate mining methods and technologies and is destructive to mineral resources.

Other (Mining)—other illegal mining operations except the above-mentioned items.

Illegal Approval—the act through which the state functionary in charge of mineral resources supervision and management and other state functionary approve exploration and mining of mineral resources and issue exploration license and mining license without authorization in violation of laws and regulations concerning mineral resources.

Revoked Exploration License—the number of exploration licenses revoked by the original exploration license-issuing administration department according to law.

Revoked Mining License—the number of mining licenses revoked by the original mining license-issuing administration department in charge of examining and approving and issuing licenses according to law.

六、自然资源科技人才情况

Chapter 6 Natural Resources Scientific and Technological Talented Personnel

自然资源科技人才情况

Natural Resources Scientific and Technological

单位：人

单位名称	Department	高层次科技人才 High-level Scientific and Technological Talented Personnel	
		国家级人才计划（现有人数）National Talent Plan（Current Number）	省部级人才计划（现有人数）Provincial and Ministerial Level Talent Plan（Current Number）
总 计	**Total**	**50**	**519**
北京市规划和自然资源委员会	Beijing Municipal Commission of Planning and Natural Resources	1	7
天津市规划和自然资源局	Tianjin Municipal Bureau of Planning and Natural Resources		8
河北省自然资源厅	Department of Natural Resources of Hebei Province		10
山西省自然资源厅	Department of Natural Resources of Shanxi Province		24
内蒙古自治区自然资源厅	Department of Natural Resources of Inner Mongolia Autonomous Region	2	7
辽宁省自然资源厅	Department of Natural Resources of Liaoning Province		24
吉林省自然资源厅	Department of Natural Resources of Jilin Province		17
黑龙江省自然资源厅	Department of Natural Resources of Heilongjiang Province		2
上海市规划和自然资源局	Shanghai Municipal Bureau of Planning and Natural Resources		9
江苏省自然资源厅	Department of Natural Resources of Jiangsu Province		52
浙江省自然资源厅	Department of Natural Resources of Zhejiang Province	5	18
安徽省自然资源厅	Department of Natural Resources of Anhui Province		3
福建省自然资源厅	Department of Natural Resources of Fujian Province		10
江西省自然资源厅	Department of Natural Resources of Jiangxi Province	7	33
山东省自然资源厅	Department of Natural Resources of Shandong Province		21
河南省自然资源厅	Department of Natural Resources of Henan Province	4	51
湖北省自然资源厅	Department of Natural Resources of Hubei Province		6
湖南省自然资源厅	Department of Natural Resources of Hunan Province		11
广东省自然资源厅	Department of Natural Resources of Guangdong Province	2	5
广西壮族自治区自然资源厅	Department of Natural Resources of Guangxi Zhuang Autonomous Region		3
海南省自然资源和规划厅	Department of Natural Resources and Planning of Hainan Province		
重庆市规划和自然资源局	Chongqing Municipal Bureau of Planning and Natural Resources	10	54
四川省自然资源厅	Department of Natural Resources of Sichuan Province		1
贵州省自然资源厅	Department of Natural Resources of Guizhou Province	1	21
云南省自然资源厅	Department of Natural Resources of Yunnan Province		7
西藏自治区自然资源厅	Department of Natural Resources of Tibet Autonomous Region		
陕西省自然资源厅	Department of Natural Resources of Shaanxi Province	12	39
甘肃省自然资源厅	Department of Natural Resources of Gansu Province		16
青海省自然资源厅	Department of Natural Resources of Qinghai Province		29
宁夏回族自治区自然资源厅	Department of Natural Resources of Ningxia Hui Autonomous Region	1	15
新疆维吾尔自治区自然资源厅	Department of Natural Resources of Xinjiang Uygur Autonomous Region	2	7
上海市海洋局	Shanghai Municipal Oceanic Bureau		3
福建省海洋与渔业局	Fujian Provincial Department of Ocean and Fisheries	3	6
厦门市海洋发展局	Xiamen Municipal Marine Development Bureau		
青岛市海洋发展局	Qingdao Municipal Marine Development Bureau		

——按单位分列（2021年）

Talented Personnel by Department（2021）

Unit：person

人才培养情况 Personnel Training			高层次科技人员流动情况 Flow of High-level Scientific and Technological Talented Personnel	
部级人才培养工程（计划） Ministerial Level Talent Training Project（Plan）	省级科技人才培养计划 Provincial Level Scientific and Technological Talent Training Plan	青年人才（40岁以下） Young Talents (Under 40 Years Old)	流入 Inflow	流出 Outflow
135	**336**	**143**	**18**	**6**
2	5	2		
1	6	6		
4	6	2		
	24	4		
2	5	2		
4	20	4		
6	11	2		
1		2		
4	5	2		
12	40	14	2	
4	4	7	2	
2	1			1
7	3	1		
3	30	15		
17	4	3		
2	17	1		
6		3		
9	2	1		
5				1
2	1	2		
23	30	14		1
1				
5	16			
2	5	1		
4	32	23	9	2
1	15	1		
2	27	14	2	1
	15	12	2	
2	5	2		
2	1	1		
	6	2		
			1	

自然资源科技人才情况——按部属
Natural Resources Scientific and Technological Talented

单位：人

单位名称	Agency	高层次科技人才 High-level Scientific and Technological Talented Personnel	
		国家级人才计划（现有人数）National Talent Plan（Current Number）	省部级人才计划（现有人数）Provincial and Ministerial Level Talent Plan（Current Number）
总 计	**Total**	**98**	**508**
国家测绘产品质量检验测试中心	National Quality Inspection ant Testing Center for Surveying and Mapping Products		2
国家海洋标准计量中心	National Center of Ocean Standards and Metrology		
国家海洋环境预报中心（自然资源部海啸预警中心）	National Marine Environmental Forecasting Center (Tsunami Warning Center, MNR)		4
国家海洋技术中心	National Ocean Technology Center		5
国家海洋信息中心	National Oceanic Information Center		5
国家基础地理信息中心	National Geomatics Center of China	4	14
国家深海基地管理中心	National Deep Sea Center		1
国家卫星海洋应用中心	National Satellite Ocean Application Service	2	4
中国测绘科学研究院	Chinese Academy of Surveying and Mapping	6	22
中国大洋矿产资源研究开发协会办公室	Office of China Ocean Mineral Resources Research and Development Association		
中国地质博物馆	Geological Museum of China		1
中国国土勘测规划院	China Land Surveying and Planning Institute		8
中国极地研究中心	Polar Research Institute of China	3	8
自然资源部不动产登记中心（自然资源部法律事务中心）	Real Estate Registration Center,MNR(Law Center, MNR)		
中国自然资源经济研究院	Chinese Academy of Natural Resources Economics		7
自然资源部测绘发展研究中心	Surveying and Mapping Development Research Center of Ministry of Natural Resources		3
自然资源部第二海洋研究所	Second Institute of Oceanography, MNR	19	103
自然资源部第三海洋研究所	Third Institute of Oceanography, MNR	4	24
自然资源部第四海洋研究所（中国–东盟国家海洋科技联合研发中心）	Fourth Institute of Oceanography, MNR(China–ASEAN Joint Research and Development Center of Marine Science and Technology)		1
自然资源部第一海洋研究所	First Institute of Oceanography, MNR	10	17
自然资源部国土卫星遥感应用中心	Land Satellite Remote Sensing Application Center ,MNR	1	9
自然资源部国土整治中心（自然资源部土地科技创新中心）	China Land Consolidation and Rehabilitation(Land Science and Technology Innovation Center, MNR		11

事业单位和派出机构分列（2021年）

Personnel by Institution and Agency Affiliated to MNR（2021）

Unit：person

人才培养情况 Personnel Training			高层次科技人员流动情况 Flow of High-level Scientific and Technological Talented Personnel	
其中 Among		青年人才（40岁以下）Young Talents (Under 40 Years Old)	流入 Inflow	流出 Outflow
部级人才培养工程（计划）Ministerial Level Talent Training Project（Plan）	省级科技人才培养计划 Provincial Level Scientific and Technological Talent Training Plan			
303	**135**	**157**	**5**	**6**
2		2		
1	3	1		
4	1	3		
5		3		
14		3		
	1	1		
4		1		
22		7		1
1				
8				
5	3	6		
7		2		
3		2		
29	74	11		
10	14	10		
1				
7		3		
9		3		
11		5		

自然资源科技人才情况——按部属

Natural Resources Scientific and Technological Talented Personnel

单位：人

单位名称	Agency	高层次科技人才 High-level Scientific and Technological Talented Personnel	
		国家级人才计划（现有人数） National Talent Plan (Current Number)	省部级人才计划（现有人数） Provincial and Ministerial Level Talent Plan (Current Number)
自然资源部海岛研究中心	Island Research Center,MNR		
自然资源部海洋发展战略研究所	China Institute for Marine Affairs,MNR		4
自然资源部海洋减灾中心	National Marine Hazard Mitigation Center, MNR		2
自然资源部海洋咨询中心	Oceanic Consulting Center, MNR		
自然资源部天津海水淡化与综合利用研究所	Institute of Seawater Desalination and Multipurpose Utilization, MNR (Tianjin)	1	8
自然资源部信息中心	Information Center, MNR		5
自然资源部油气资源战略研究中心	Strategic Research Center of Oil and Gas Resources,MNR		
自然资源部重庆测绘院	Chongqing Institute of Surveying and Mapping,MNR		1
自然资源部珠宝玉石首饰管理中心（国家珠宝玉石质量监督检验中心）	National Gems & Jewelry Technology Administrative Center(National Gemstone Testing Center)		
自然资源部咨询研究中心	Consulting and Research Center, MNR		1
中国地质调查局	China Geological Survey	48	238
中国自然资源航空物探遥感中心	China Aero Geophysical Survey & Remote Sensing Center for Natural Resources	1	8
中国地质环境监测院	China Institute of Geo-Environment Monitoring		6
中国地质调查局水文地质环境地质调查中心	Hydrogeological and Environmental Geological Survey Center, CGS		4
中国地质调查局自然资源实物地质资料中心	Cores and Samples Center of Natural Resources, CGS		2
中国地质调查局发展研究中心	Development Research Center, CGS		20
中国地质调查局天津地质调查中心	Tianjin Center, CGS		5
中国地质调查局沈阳地质调查中心	Shenyang Center, CGS		
中国地质调查局西安地质调查中心	Xi'an Center, CGS	12	21
中国地质调查局南京地质调查中心	Nanjing Center, CGS	2	9
中国地质调查局成都地质调查中心	Chengdu Center, CGS	1	8
中国地质调查局武汉地质调查中心	Wuhan Center, CGS		4
青岛海洋地质研究所	Qingdao Institute of Marine Geology		10
广州海洋地质调查局	Guangzhou Marine Geological Survey, CGS	7	43
中国地质调查局油气资源调查中心	Oil and Gas Resources Survey Center, CGS		
自然资源综合调查指挥中心	Natural Resources Comprehensive Investigation Command Center, CGS		11

事业单位和派出机构分列（2021年）续表1

by Institution and Agency Affiliated to MNR（2021）Continued 1

Unit：person

人才培养情况 Personnel Training			高层次科技人员流动情况 Flow of High-level Scientific and Technological Talented Personnel	
其中 Among		青年人才（40岁以下）Young Talents (Under 40 Years Old)	流入 Inflow	流出 Outflow
部级人才培养工程（计划）Ministerial Level Talent Training Project（Plan）	省级科技人才培养计划 Provincial Level Scientific and Technological Talent Training Plan			
4		2		
2		2		
6	2	4		
5				
1				
		1		
142	37	85	5	5
4	4			
6		1		1
4				
2		1		
20		4	1	
2	3	5		
3	3	4		
4	4	2		
7	1	2		1
2	2			
7	3	7		
33	10	30		
4	7	4	4	

自然资源科技人才情况——按部属

Natural Resources Scientific and Technological Talented Personnel

单位：人

单位名称	Agency	高层次科技人才 High-level Scientific and Technological Talented Personnel	
		国家级人才计划（现有人数）National Talent Plan（Current Number）	省部级人才计划（现有人数）Provincial and Ministerial Level Talent Plan（Current Number）
中国地质科学院（院部）	Chinese Academy of Geological Sciences，CGS	1	11
中国地质科学院地质研究所	Institute of Geology, CAGS	7	7
中国地质科学院矿产资源研究所	Institute of Mineral Resources, CAGS	15	14
中国地质科学院水文地质环境地质研究所	Institute of Hydrogeology and Environmental Geology, CAGS		3
中国地质科学院地球物理地球化学勘查研究所	Institute of Geophysical and Geochemical Exploration, CAGS	1	17
中国地质调查局勘探技术研究所	Institute of Exploration Techniques, CGS	1	2
中国地质调查局探矿工艺研究所	Institute of Exploration Technology, CGS		
中国地质调查局北京探矿工程研究所	Beijing Institute of Exploration Engineering, CGS		2
中国地质科学院郑州矿产综合利用研究所	Zhengzhou Institute of Multipurpose Utilization of Mineral Resources, CAGS		11
中国地质科学院矿产综合利用研究所	Institute of Multipurpose Utilization of Mineral Resources, CAGS		
中国地质科学院岩溶地质研究所	Institute of Karst Geology, CAGS		10
中国地质科学院地质力学研究所	Institute of Geomechanics, CAGS		5
国家地质实验测试中心	National Research Center for Geoanalysis		4
中国地质图书馆（中国地质调查局地学文献中心）	National Geological Library of China（Geoscience Documentation Center, CGS）		
中国矿业报社	China Mining News		1
派出机构及所属单位	**Total of Dispatched Office and Affiliated Unit**	**1**	**23**
自然资源部北海局	North China Sea Bureau, MNR		4
自然资源部南海局	South China Sea Bureau, MNR		2
自然资源部东海局	East China Sea Bureau, MNR		
陕西测绘地理信息局	Shaanxi Bureau of Surveying, Mapping and Geoinformation	1	3
黑龙江测绘地理信息局	Heilongjiang Bureau of Surveying and Mapping Geographic Information		2
四川测绘地理信息局	Sichuan Bureau of Surveying, Mapping and Geo information		8
海南测绘地理信息局	Hainan Administration of Surveying Mapping and Geoinformation		4

事业单位和派出机构分列（2021年）续表2

by Institution and Agency Affiliated to MNR（2021）Continued 2

Unit：person

人才培养情况 Personnel Training			高层次科技人员流动情况 Flow of High-level Scientific and Technological Talented Personnel	
其中 Among		青年人才（40岁以下）Young Talents (Under 40 Years Old)	流入 Inflow	流出 Outflow
部级人才培养工程（计划）Ministerial Level Talent Training Project（Plan）	省级科技人才培养计划 Provincial Level Scientific and Technological Talent Training Plan			
11		6		
				1
		5		1
3		1		
3		1		
2		1		
2		1		
11		5		
2				1
5		2		
4		2		
1		1		
19	**4**	**9**		
4		2		
2		2		
3		2		
2				
7	1	2		
1	3	1		

自然资源科技研发情况
Natural Resources Scientific and Technological

单位名称	Department	科技研发与投入 项目总数/项 Total Number of Project/project	国家级 State Level	部级 Ministerial Level	省级 Provincial Level	已应用成果 Applied Result
总　计	**Total**	**804**	**90**		**653**	**83**
北京市规划和自然资源委员会	Beijing Municipal Commission of Planning and Natural Resources	3			3	
天津市规划和自然资源局	Tianjin Municipal Bureau of Planning and Natural Resources	47	1		2	
河北省自然资源厅	Department of Natural Resources of Hebei Province	1			1	
山西省自然资源厅	Department of Natural Resources of Shanxi Province	10			10	
内蒙古自治区自然资源厅	Department of Natural Resources of Inner Mongolia Autonomous Region	5			5	
辽宁省自然资源厅	Department of Natural Resources of Liaoning Province					
吉林省自然资源厅	Department of Natural Resources of Jilin Province	3			3	
黑龙江省自然资源厅	Department of Natural Resources of Heilongjiang Province	5	1		3	
上海市规划和自然资源局	Shanghai Municipal Bureau of Planning and Natural Resources	19	5		14	12
江苏省自然资源厅	Department of Natural Resources of Jiangsu Province	13	4		9	
浙江省自然资源厅	Department of Natural Resources of Zhejiang Province	14			14	10
安徽省自然资源厅	Department of Natural Resources of Anhui Province	2			2	
福建省自然资源厅	Department of Natural Resources of Fujian Province	3			3	
江西省自然资源厅	Department of Natural Resources of Jiangxi Province	8			8	
山东省自然资源厅	Department of Natural Resources of Shandong Province	47	12		35	9
河南省自然资源厅	Department of Natural Resources of Henan Province	8	1		7	
湖北省自然资源厅	Department of Natural Resources of Hubei Province	12				12
湖南省自然资源厅	Department of Natural Resources of Hunan Province	7	1		6	
广东省自然资源厅	Department of Natural Resources of Guangdong Province	18	5		13	18
广西壮族自治区自然资源厅	Department of Natural Resources of Guangxi Zhuang Autonomous Region	8	1		7	3
海南省自然资源和规划厅	Department of Natural Resources and Planning of Hainan Province					
重庆市规划和自然资源局	Chongqing Municipal Bureau of Planning and Natural Resources	80	8		68	12
四川省自然资源厅	Department of Natural Resources of Sichuan Province	9	1		8	
贵州省自然资源厅	Department of Natural Resources of Guizhou Province	26	7		19	
云南省自然资源厅	Department of Natural Resources of Yunnan Province	6	4		2	
西藏自治区自然资源厅	Department of Natural Resources of Tibet Autonomous Region					
陕西省自然资源厅	Department of Natural Resources of Shaanxi Province	111	38		73	7
甘肃省自然资源厅	Department of Natural Resources of Gansu Province	3			3	
青海省自然资源厅	Department of Natural Resources of Qinghai Province	94	1		93	
宁夏回族自治区自然资源厅	Department of Natural Resources of Ningxia Hui Autonomous Region	15			15	
新疆维吾尔自治区自然资源厅	Department of Natural Resources of Xinjiang Uygur Autonomous Region	7			7	
上海市海洋局	Shanghai Municipal Oceanic Bureau					
福建省海洋与渔业局	Fujian Provincial Department of Ocean and Fisheries	220			220	
厦门市海洋发展局	Xiamen Municipal Marine Development Bureau					
青岛市海洋发展局	Qingdao Municipal Marine Development Bureau					

——按单位分列（2021年）

Research and Development by Department（2021）

Scientific and Technological R & D and Its Input 科研项目年度经费总数/万元 Total of Scientific Research Project Funding This Year/10^4yuan			省部级科技基础条件平台建设/个 Construction of Provincial and Ministerial Science and Technology Infrastructure Platform/number			
	国家级 State Level	省级 Provincial Level	重点实验室 Key Laboratory	工程技术创新中心 Engineering Technology Innovation Center	野外科学研究观测基地 Field Observation and Research Base	科普基地 Science Popularization Base
36132.74	**3279.05**	**32219.89**	**84**	**86**	**36**	**97**
77.08		77.08	1		1	
763.14	15.14	150.00	1	2	1	2
30.00		30.00		2		2
7527.17		7527.17	1	1	1	6
629.00		629.00			1	
			1	1	1	2
36.00		36.00	4	2	2	6
200.78	5.00	195.78	2	2		11
258.00	83.00	175.00	3	2		
1279.80	29.80	1250.00	2	1	2	2
195.00		195.00	2	1	1	1
12.00		12.00	1			4
33.50		33.50	2	1	3	5
670.00		670.00	2	2		4
4330.10	981.40	3348.70	11	15	6	5
53.00	18.00	35.00	5	17	1	3
403.00		403.00		1		
341.00	208.00	133.00	4	3	1	5
590.00	329.00	261.00	8	5	1	6
342.05	10.00	332.05	1	1		4
						1
1823.52	349.80	1437.92	5	9	3	3
257.00	30.50	226.50	1	1	2	
1272.56	183.56	1089.00	1	3		7
161.35	150.35	11.00	2	1	3	7
						1
1530.60	837.50	693.10	4	3	1	2
515.00		515.00	1	4	3	1
6611.59	48.00	6563.59		2		1
268.00		268.00	1		1	
240.00		240.00		3	1	5
5682.50		5682.50	18	1		1

自然资源科技研发情况——按部属
Natural Resources Scientific and Technological Research and Development

单位名称	Agency	科技研发与投入			
		项目总数/项 Total Number of Project/project			
			国家级 State Level	省级 Provincial Level	已应用成果 Applied Result
总　计	**Total**	**1483**	**891**	**461**	**202**
国家测绘产品质量检验测试中心	National Quality Inspection ant Testing Center for Surveying and Mapping Products	2		2	1
国家海洋标准计量中心	National Center of Ocean Standards and Metrology	19	19		19
国家海洋环境预报中心（自然资源部海啸预警中心）	National Marine Environmental Forecasting Center (Tsunami Warning Center, MNR)	11	11		11
国家海洋技术中心	National Ocean Technology Center	8	1	7	2
国家海洋信息中心	National Oceanic Information Center	6	6		
国家基础地理信息中心	National Geomatics Center of China	18	12	6	
国家深海基地管理中心	National Deep Sea Center	10	3	7	
国家卫星海洋应用中心	National Satellite Ocean Application Service	5	5		
中国测绘科学研究院	Chinese Academy of Surveying and Mapping	59	16	21	
中国大洋矿产资源研究开发协会办公室	Office of China Ocean Mineral Resources Research and Development Association	1	1		
中国地质博物馆	Geological Museum of China	2	2		
中国国土勘测规划院	China Land Surveying and Planning Institute	3	3		
中国极地研究中心	Polar Research Institute of China	39	28	11	
自然资源部不动产登记中心（自然资源部法律事务中心）	Real Estate Registration Center,MNR(Law Center, MNR)				
中国自然资源经济研究院	Chinese Academy of Natural Resources Economics	23		23	23
自然资源部测绘发展研究中心	Surveying and Mapping Development Research Center of Ministry of Natural Resources	11	2	9	9
自然资源部第二海洋研究所	Second Institute of Oceanography, MNR	34	27	7	9
自然资源部第三海洋研究所	Third Institute of Oceanography, MNR	213	86	67	14
自然资源部第四海洋研究所（中国-东盟国家海洋科技联合研发中心）	Fourth Institute of Oceanography, MNR(China-ASEAN Joint Research and Development Center of Marine Science and Technology)	26	3	23	
自然资源部第一海洋研究所	First Institute of Oceanography, MNR	156	118	38	18
自然资源部国土卫星遥感应用中心	Land Satellite Remote Sensing Application Center ,MNR	13	13		13
自然资源部国土整治中心（自然资源部土地科技创新中心）	China Land Consolidation and Rehabilitation(Land Science and Technology Innovation Center, MNR)	3	3		
自然资源部海岛研究中心	Island Research Center,MNR	3	1	2	

事业单位和派出机构分列（2021年）

by Institution and Agency Affiliated to MNR（2021）

Scientific and Technological R & D and Its Input 科研项目年度经费总数/万元 Total of Scientific Research Project Funding This Year/10^4yuan			省部级科技基础条件平台建设/个 Construction of Provincial and Ministerial Science and Technology Infrastructure Platform/number			
	国家级 State Level	省级 Provincial Level	重点实验室 Key Laboratory	工程技术创新中心 Engineering Technology Innovation Center	野外科学研究观测基地 Field Observation and Research Base	科普基地 Science Popularization Base
82152.13	**57084.72**	**21136.67**	**53**	**23**	**31**	**38**
34.00	34.00		1			
75.00		75.00				
892.10	892.10					1
641.29	641.29		1			
2850.00	2800.00	50.00	1			
8.60	8.60		1	1		3
1536.14	1286.64	249.50	1	2		
1200.00	700.00	500.00		1		1
303.50	303.50		1			
7693.00	3301.00	3261.00	1	1	1	1
22.28	22.28					3
135.00	135.00		1			
1010.15	596.55	413.60	1		3	1
			1			
590.30		590.30	1			
650.30	110.00	540.30				
3506.70	2618.70	888.00	3		2	1
5165.00	2841.00	468.00	3	1	2	1
82.00	30.00	52.00	2			1
11465.89	11136.89	329.00	5	1	1	1
944.10	944.10		1			
49.00	49.00		1	1	2	
49.41	32.90	16.51				1

自然资源科技研发情况——按部属
Natural Resources Scientific and Technological Research and Development

单位名称	Agency	科技研发与投入			
		项目总数/项 Total Number of Project/project			
			国家级 State Level	省级 Provincial Level	已应用成果 Applied Result
自然资源部海洋发展战略研究所	China Institute for Marine Affairs, MNR	1	1		
自然资源部海洋减灾中心	National Marine Hazard Mitigation Center, MNR	1	1		
自然资源部海洋咨询中心	Oceanic Consulting Center, MNR				
自然资源部天津海水淡化与综合利用研究所	Institute of Seawater Desalination and Multipurpose Utilization, MNR(Tianjin)	19	10	9	1
自然资源部信息中心	Information Center, MNR				
自然资源部油气资源战略研究中心	Strategic Research Center of Oil and Gas Resources,MNR				
自然资源部重庆测绘院	Chongqing Institute of Surveying and Mapping,MNR	1		1	
自然资源部珠宝玉石首饰管理中心（国家珠宝玉石质量监督检验中心）	National Gems & Jewelry Technology Administrative Center(National Gemstone Testing Center)	1	1		
自然资源部咨询研究中心	Consulting and Research Center, MNR				
中国地质调查局	China Geological Survey	795	518	228	82
中国自然资源航空物探遥感中心	China Aero Geophysical Survey & Remote Sensing Center for Natural Resources	10	7	3	
中国地质环境监测院	China Institute of Geo-Environment Monitoring	6	6		
中国地质调查局水文地质环境地质调查中心	Hydrogeological and Environmental Geological Survey Center, CGS	4	4		
中国地质调查局自然资源实物地质资料中心	Cores and Samples Center of Natural Resources, CGS	1	1		
中国地质调查局发展研究中心	Development Research Center, CGS	11	11		
中国地质调查局天津地质调查中心	Tianjin Center, CGS	16	15	1	
中国地质调查局沈阳地质调查中心	Shenyang Center, CGS	6	5	1	
中国地质调查局西安地质调查中心	Xi'an Center, CGS	14	5	9	
中国地质调查局南京地质调查中心	Nanjing Center, CGS	8	2	6	8
中国地质调查局成都地质调查中心	Chengdu Center, CGS	30	26	4	7
中国地质调查局武汉地质调查中心	Wuhan Center, CGS	22	15	7	
青岛海洋地质研究所	Qingdao Institute of Marine Geology	41	26	15	10
广州海洋地质调查局	Guangzhou Marine Geological Survey, CGS	11	10	1	8
中国地质调查局油气资源调查中心	Oil and Gas Resources Survey Center, CGS	4	4		

事业单位和派出机构分列（2021年）续表1
by Institution and Agency Affiliated to MNR（2021）Continued 1

Scientific and Technological R & D and Its Input 科研项目年度经费总数/万元 Total of Scientific Research Project Funding This Year/10⁴yuan			省部级科技基础条件平台建设/个 Construction of Provincial and Ministerial Science and Technology Infrastructure Platform/number			
	国家级 State Level	省级 Provincial Level	重点实验室 Key Laboratory	工程技术创新中心 Engineering Technology Innovation Center	野外科学研究观测基地 Field Observation and Research Base	科普基地 Science Popularization Base
20.00	20.00					
29.50	29.50					
2503.80	1623.80	880.00		1		1
				1		
19.20		19.20				
1.78	1.78			1		
40708.09	26960.09	12804.26	28	12	20	22
4550.00	917.00	3633.00	1	1		
490.70	490.70		1		3	2
646.00	626.00	20.00		2	1	
1.64	1.64				1	1
7770.00	7770.00			1		
114.65	114.65					
156.50	156.00	0.50	1		1	1
366.00	242.00	124.00	2	1	4	1
743.57	392.07	351.50	1	1		
608.13	598.13	10.00	1		1	1
559.00	518.00	41.00	1		1	1
725.40	629.40	96.00	1	1	1	6
2665.00	2225.00	440.00	1	1		1
143.00	143.00					

自然资源科技研发情况——按部属

Natural Resources Scientific and Technological Research and Development

单位名称	Agency	科技研发与投入			
		项目总数/项 Total Number of Project/project			
			国家级 State Level	省级 Provincial Level	已应用成果 Applied Result
自然资源综合调查指挥中心	Natural Resources Comprehensive Investigation Command Center，CGS				
中国地质科学院（院部）	Chinese Academy of Geological Sciences，CGS	70	33	37	
中国地质科学院地质研究所	Institute of Geology, CAGS	143	143		
中国地质科学院矿产资源研究所	Institute of Mineral Resources, CAGS	71	69	2	1
中国地质科学院水文地质环境地质研究所	Institute of Hydrogeology and Environmental Geology, CAGS	100	21	79	
中国地质科学院地球物理地球化学勘查研究所	Institute of Geophysical and Geochemical Exploration, CAGS	64	13	2	27
中国地质调查局勘探技术研究所	Institute of Exploration Techniques, CGS	2	2		
中国地质调查局探矿工艺研究所	Institute of Exploration Technology, CGS				
中国地质调查局北京探矿工程研究所	Beijing Institute of Exploration Engineering, CGS	3	3		
中国地质科学院郑州矿产综合利用研究所	Zhengzhou Institute of Multipurpose Utilization of Mineral Resources, CAGS	8	5	3	
中国地质科学院矿产综合利用研究所	Institute of Multipurpose Utilization of Mineral Resources, CAGS	12		12	
中国地质科学院岩溶地质研究所	Institute of Karst Geology, CAGS	73	27	46	21
中国地质科学院地质力学研究所	Institute of Geomechanics, CAGS	53	53		
国家地质实验测试中心	National Research Center for Geoanalysis	12	12		
中国地质图书馆（中国地质调查局地学文献中心）	National Geological Library of China（Geoscience Documentation Center, CGS）				
中国矿业报社	China Mining News				
派出机构及所属单位	**Total of Dispatched Office and Affiliated Unit**	**35**	**17**	**18**	**3**
自然资源部北海局	North China Sea Bureau, MNR	9	8	1	
自然资源部南海局	South China Sea Bureau, MNR	12	3	9	
自然资源部东海局	East China Sea Bureau, MNR	6	3	3	
陕西测绘地理信息局	Shaanxi Bureau of Surveying, Mapping and Geoinformation	3	3		1
黑龙江测绘地理信息局	Heilongjiang Bureau of Surveying and Mapping Geographic Information	1		1	
四川测绘地理信息局	Sichuan Bureau of Surveying, Mapping and Geoinformation	4		4	2
海南测绘地理信息局	Hainan Administration of Surveying Mapping and Geoinformation				

事业单位和派出机构分列（2021年）续表2

by Institution and Agency Affiliated to MNR（2021）Continued 2

Scientific and Technological R & D and Its Input			省部级科技基础条件平台建设/个 Construction of Provincial and Ministerial Science and Technology Infrastructure Platform/number			
科研项目年度经费总数/万元 Total of Scientific Research Project Funding This Year/10^4yuan						
	国家级 State Level	省级 Provincial Level	重点实验室 Key Laboratory	工程技术创新中心 Engineering Technology Innovation Center	野外科学研究观测基地 Field Observation and Research Base	科普基地 Science Popularization Base
			1			
5880.91	1242.36	4638.55	1			
1743.00	1743.00		3		1	2
4247.00	4167.00	80.00	2		1	2
1866.00	404.00	1462.00	2	1	1	1
1872.61	594.66	334.21	2			
2.50	2.50					
3.00	3.00					
203.28	185.88	17.40	2	1	1	
531.10		531.10		1		
1528.00	503.00	1025.00	2	1	1	1
2138.00	2138.00		2		2	1
1153.10	1153.10		1			
						1
1401.24	**998.35**	**392.39**	**4**	**3**	**2**	**8**
665.00	605.00	60.00	2			3
241.29	150.90	90.39	1		2	
450.30	227.80	212.00	1			4
14.65	14.65					1
10.00		10.00		1		
20.00		20.00		2		

自然资源科技成果情况

Natural Resources Scientific and Technological

单位名称	Department	科技成果登记数/项 Number of Scientific and Technological Achievement Registered/project							发表科技论文/篇 Publication of Paper/paper			
			在国家科技成果管理机构登记 Registration in the State Administration of Scientific and Technological Achievement	应用技术成果 Application Technical Achievement	在部科技成果管理机构登记 Registration in the Ministry Administration of Science and Technology Achievements	应用技术成果 Application of Technical Achievement	在地方政府科技成果管理机构登记 Registration in the Local Government Administration of Scientific and Technological Achievement	应用技术成果 Application Technical Achievement		国内 Domestic	被SCI、EI收录 Indexed in SCI, EI	
总　计	**Total**	**609**			**282**	**152**	**327**	**271**	**8406**	**7553**	**211**	**853**
北京市规划和自然资源委员会	Beijing Municipal Commission of Planning and Natural Resources	1			1				197	194	6	3
天津市规划和自然资源局	Tianjin Municipal Bureau of Planning and Natural Resources	1					1		278	276	7	2
河北省自然资源厅	Department of Natural Resources of Hebei Province	4			1	1	3	1	48	47		1
山西省自然资源厅	Department of Natural Resources of Shanxi Province	1			1				33	31		2
内蒙古自治区自然资源厅	Department of Natural Resources of Inner Mongolia Autonomous Region	1					1	1	22	20		2
辽宁省自然资源厅	Department of Natural Resources of Liaoning Province											
吉林省自然资源厅	Department of Natural Resources of Jilin Province											
黑龙江省自然资源厅	Department of Natural Resources of Heilongjiang Province	11			3	3	8	3	62	59	2	3
上海市规划和自然资源局	Shanghai Municipal Bureau of Planning and Natural Resources	3			1		2		95	94	1	1
江苏省自然资源厅	Department of Natural Resources of Jiangsu Province	44			44	42			166	159		7
浙江省自然资源厅	Department of Natural Resources of Zhejiang Province	22			11	3	11	10	326	235	31	91
安徽省自然资源厅	Department of Natural Resources of Anhui Province	1			1				238	238	4	

——按单位分列（2021年）

Achievements by Department（2021）

国际 Interna-tional 被SCI、EI、ISTP收录 Indexed in SCI, EI, and ISTP	出版科技著作/部 Publication of Scientific and Technological Work/monograph	申请专利/件 Patent Application/piece 本年专利申请数 Patent Application this year	发明专利 Invention Patent	本年专利授权数 Number of Patent Granted This Year	发明专利 Invention Patent	国外授权 Abroad Authorization	拥有有效发明专利总数 Total Number of Valid Invention Patent	申请软件著作权/项 Software Copyright Application/project	科技奖项/项 Scientific and Technological Prize/project	国际 International	国家级 State Level	省部级 Provincial and Ministerial Level	科学技术普及 Scientific and Technological Popularization 科普作品/部 Popular Science Works/kind	主题科普活动/项 Thematic Science Popularization Activity/time
796	**156**	**1422**	**624**	**1725**	**427**	**19**	**1857**	**1460**	**469**	**9**	**4**	**297**	**134**	**1633**
3	11	17	7	27	2		43	64	86			73	6	37
2	4	117	4	136	7		25	52	5			5	1	139
1	3	1					2	9	7					12
2	1			1	1		1	3	5			5		58
2	5	1	1	2	2		6	14					12	20
									2			2		2
3	5	5	1	14	1	1	3	2	4			4	4	7
1	2	9	4	4	1		11	19	2			2	4	13
7		29	16	26	17		142	34	1			1	11	33
77	6	53	37	24	23		32	188	4			4	3	64
							24	27					1	240

自然资源科技成果情况

Natural Resources Scientific and Technological

单位名称	Department	科技成果登记数/项 Number of Scientific and Technological Achievement Registered/project							发表科技论文/篇 Publication of Paper/paper			
			在国家科技成果管理机构登记 Registration in the State Administration of Scientific and Technological Achievement	应用技术成果 Application Technical Achievement	在部科技成果管理机构登记 Registration in the Ministry Administration of Science and Technology Achievements	应用技术成果 Application of Technical Achievement	在地方政府科技成果管理机构登记 Registration in the Local Government Administration of Scientific and Technological Achievement	应用技术成果 Application Technical Achievement		国内 Domestic	被SCI、EI收录 Indexed in SCI, EI	
福建省自然资源厅	Department of Natural Resources of Fujian Province	2			2	2			190	187	8	3
江西省自然资源厅	Department of Natural Resources of Jiangxi Province	29			29				190	155	4	35
山东省自然资源厅	Department of Natural Resources of Shandong Province	70			21	18	49	42	689	624	17	65
河南省自然资源厅	Department of Natural Resources of Henan Province	19			17	4	2	2	404	390	7	14
湖北省自然资源厅	Department of Natural Resources of Hubei Province	1					1	1	27	25		2
湖南省自然资源厅	Department of Natural Resources of Hunan Province	32			2	2	30	30	186	171	2	15
广东省自然资源厅	Department of Natural Resources of Guangdong Province	37			16	8	21	16	747	684	9	63
广西壮族自治区自然资源厅	Department of Natural Resources of Guangxi Zhuang Autonomous Region	66			2	2	64	64	188	182		6
海南省自然资源和规划厅	Department of Natural Resources and Planning of Hainan Province											
重庆市规划和自然资源局	Chongqing Municipal Bureau of Planning and Natural Resources	132			88	51	44	41	463	430	9	33
四川省自然资源厅	Department of Natural Resources of Sichuan Province	5					5	5	60	56	3	4

——按单位分列（2021年）续表1

Achievements by Department（2021）Continued 1

国际 International 被SCI、EI、ISTP收录 Indexed in SCI, EI, and ISTP	出版科技著作/部 Publication of Scientific and Technological Work/monograph	申请专利/件 Patent Application/piece 本年专利申请数 Patent Application this year	发明专利 Invention Patent	本年专利授权数 Number of Patent Granted This Year	发明专利 Invention Patent	国外授权 Abroad Authorization	拥有有效发明专利总数 Total Number of Valid Invention Patent	申请软件著作权/项 Software Copyright Application/project	科技奖项/项 Scientific and Technological Prize/project	国际 International	国家级 State Level	省部级 Provincial and Ministerial Level	科学技术普及 Scientific and Technological Popularization 科普作品/部 Popular Science Works/kind	主题科普活动/项 Thematic Science Popularization Activity/time
3		12	6	9	6		19	24	2			2	2	45
26	20	101	43	96	21		350	75	1			1	31	14
56	23	140	80	538	115	3	266	153	23			23	1	29
14	24	59	24	65	22		10	27	5			5	4	91
2				2	2		2	29						2
15	5	45	14	38	8		11	30	24			6	2	152
51	7	174	111	83	28		80	201	200	9	2	112	19	342
4	2	45	39	19	12		12	67	1			1	2	17
														4
27	7	207	92	197	39	6	162	176	52		2	16	2	34
4	1	1		1				15						1

自然资源科技成果情况

Natural Resources Scientific and Technological

单位名称	Department	科技成果登记数/项 Number of Scientific and Technological Achievement Registered/project							发表科技论文/篇 Publication of Paper/paper			
			在国家科技成果管理机构登记		在部科技成果管理机构登记 Registration in the Ministry Administration of Science and Technology Achievements		在地方政府科技成果管理机构登记 Registration in the Local Government Administration of Scientific and Technological Achievement			国内 Domestic		
			Registration in the State Administration of Scientific and Technological Achievement	应用技术成果 Application Technical Achievement		应用技术成果 Application of Technical Achievement		应用技术成果 Application Technical Achievement			被SCI、EI收录 Indexed in SCI, EI	
贵州省自然资源厅	Department of Natural Resources of Guizhou Province	5			3		2	2	238	231	9	7
云南省自然资源厅	Department of Natural Resources of Yunnan Province	4					4		299	296	7	3
西藏自治区自然资源厅	Department of Natural Resources of Tibet Autonomous Region											
陕西省自然资源厅	Department of Natural Resources of Shaanxi Province	34			5		29	8	2392	1940	41	452
甘肃省自然资源厅	Department of Natural Resources of Gansu Province	33			32	16	1		432	430	14	2
青海省自然资源厅	Department of Natural Resources of Qinghai Province	34			2		32	31	120	97	2	23
宁夏回族自治区自然资源厅	Department of Natural Resources of Ningxia Hui Autonomous Region	3					3	2	31	26		5
新疆维吾尔自治区自然资源厅	Department of Natural Resources of Xinjiang Uygur Autonomous Region	2					2	2	202	202		
上海市海洋局	Shanghai Oceanic Municipal Bureau	10					10	8	16	16		
福建省海洋与渔业局	Fujian Provincial Department of Ocean and Fisheries	2					2	2	66	57	28	9
厦门市海洋发展局	Xiamen Municipal Marine Development Bureau											
青岛市海洋发展局	Qingdao Municipal Marine Development Bureau								1	1		

——按单位分列（2021年）续表2
Achievements by Department（2021）Continued 2

国际 International	出版科技著作/部 Publication of Scientific and Technological Work/ monograph	申请专利/件 Patent Application/piece						申请软件著作权/项 Software Copyright Application/ project	科技奖项/项 Scientific and Technological Prize/project				科学技术普及 Scientific and Technological Popularization	
被SCI、EI、ISTP收录 Indexed in SCI, EI, and ISTP		本年专利申请数 Patent Application this year	发明专利 Invention Patent	本年专利授权数 Number of Patent Granted This Year	发明专利 Invention Patent	国外授权 Abroad Authorization	拥有有效发明专利总数 Total Number of Valid Invention Patent			国际 International	国家级 State Level	省部级 Provincial and Ministerial Level	科普作品/部 Popular Science Works/ kind	主题科普活动/项 Thematic Science Popularization Activity/ time
6	2	20	10	32	11		41	19	5			5	4	36
3	2	57	20	73	2		17	38					8	8
														4
448	11	175	58	191	61		342	60	21			11	2	87
2	3	36	5	38	8	1	47	29	3			3	13	74
23	8	65	19	62	18	8	20	86	4			4		22
5	2	4	4	5	5		6	7	2			2	1	5
		8	3	3	1		3	8	8			8		23
	2						2						1	10
9		41	26	39	14		178	4	2			2		3
														5

自然资源科技成果情况——按部属

Natural Resources Scientific and Technological Achievements

单位名称	Agency	科技成果登记数/项 Number of Scientific and Technological Achievement Registered/project	在国家科技成果管理机构登记 Registration in the State Administration of Scientific and Technological Achievement	应用技术成果 Application of Technical Achievement	在部科技成果管理机构登记 Registration in the Ministry Administration of Science and Technology Achievements	应用技术成果 Application of Technical Achievement	在地方政府科技成果管理机构登记 Registration in the Local Government Administration of Scientific and Technological Achievement	应用技术成果 Application of Technical Achievement	发表科技论文/篇 Publication of Scientific and Technological Paper/paper	国内 Domestic	被SCI、EI收录 Indexed in SCI, EI
合　计	**Total**	**685**	**10**	**10**	**542**	**140**	**133**	**94**	**9407**	**6881**	**1129**
国家测绘产品质量检验测试中心	National Quality Inspection ant Testing Center for Surveying and Mapping Products								46	23	23
国家海洋标准计量中心	National Center of Ocean Standards and Metrology								9	9	2
国家海洋环境预报中心（自然资源部海啸预警中心）	National Marine Environmental Forecasting Center (Tsunami Warning Center, MNR)								57	31	8
国家海洋技术中心	National Ocean Technology Center								70	70	4
国家海洋信息中心	National Oceanic Information Center	54					54		46	40	4
国家基础地理信息中心	National Geomatics Center of China	2			2	2			31	18	4
国家深海基地管理中心	National Deep Sea Center	2			2	2			10	4	1
国家卫星海洋应用中心	National Satellite Ocean Application Service								38	20	2
中国测绘科学研究院	Chinese Academy of Surveying and Mapping	3			3				54	18	5
中国大洋矿产资源研究开发协会办公室	Office of China Ocean Mineral Resources Research and Development Association								2	2	
中国地质博物馆	Geological Museum of China								5	2	
中国国土勘测规划院	China Land Surveying and Planning Institute	4			4	3			24	20	14
中国极地研究中心	Polar Research Institute of China								53	13	
自然资源部不动产登记中心（自然资源部法律事务中心）	Real Estate Registration Center,MNR(Law Center, MNR)								25	24	
中国自然资源经济研究院	Chinese Academy of Natural Resources Economics	18			18				149	138	1

事业单位和派出机构分列（2021年）
by Institution and Agency Affiliated to MNR（2021）

国际 International	国际 International: 被SCI、EI、ISTP收录 Indexed in SCI, EI, and ISTP	出版科技著作/部 Publication of Scientific and Technological Work/monograph	申请专利/件 Patent Application/piece: 本年专利申请数 Patent Application This year	本年专利申请数: 发明专利 Invention Patent	本年专利授权数 Number of Patent Granted This Year	本年专利授权数: 发明专利 Invention Patent	本年专利授权数: 国外授权 Abroad Authorization	拥有有效发明专利总数 Total Number of Valid Invention Patent	申请软件著作权/项 Software Copyright Application/project	科技奖项/项 Scientific and Technological Prize/project	科技奖项: 国际 International	科技奖项: 国家级 State Level	科技奖项: 省部级 Provincial and Ministerial Level	科学技术普及 Scientific and Technological Popularization: 科普作品/部 Popular Science Works/kind	科学技术普及: 主题科普活动/项 Thematic Science Popularization Activity/time
2526	**2307**	**430**	**1818**	**1103**	**1407**	**598**	**89**	**4354**	**875**	**165**	**2**	**7**	**127**	**900**	**1178**
23	23								4						
			9	9	5	5		5	8						3
26	23	1	14	14	15	15		30	5						9
			32	25	24	15		116		2			2		2
6	1	4	6	2	6	2		23		2			2	1	3
13	13		14	14	8	8		41	13	5			5		
6	6	2	20	20	4	4		30	5	1			1		
18	18	1	9	9	8	8		16	21	3			3	1	2
36	27	4	69		35	33	2		10	3			3	1	3
3	3	1						5						7	30
4	2	9							5	3			3		
40	34	1	14		8			6	6						4
1	1														
11	3	10													

自然资源科技成果情况——按部属

Natural Resources Scientific and Technological Achievements

单位名称	Agency	科技成果登记数/项 Number of Scientific and Technological Achievement Registered/project							发表科技论文/篇 Publication of Scientific and Technological Paper/paper		
			在国家科技成果管理机构登记 Registration in the State Administration of Scientific and Technological Achievement		在部科技成果管理机构登记 Registration in the Ministry Administration of Science and Technology Achievements		在地方政府科技成果管理机构登记 Registration in the Local Government Administration of Scientific and Technological Achievement			国内 Domestic	
				应用技术成果 Application of Technical Achievement		应用技术成果 Application of Technical Achievement		应用技术成果 Application of Technical Achievement			被SCI、EI收录 Indexed in SCI, EI
自然资源部测绘发展研究中心	Surveying and Mapping Development Research Center of Ministry of Natural Resources								15	13	
自然资源部第二海洋研究所	Second Institute of Oceanography, MNR								132	21	12
自然资源部第三海洋研究所	Third Institute of Oceanography, MNR	2			1		1		325	93	
自然资源部第四海洋研究所（中国-东盟国家海洋科技联合研发中心）	Fourth Institute of Oceanography, MNR(China-ASEAN Joint Research and Development Center of Marine Science and Technology)								10	2	
自然资源部第一海洋研究所	First Institute of Oceanography, MNR								362	141	24
自然资源部国土卫星遥感应用中心	Land Satellite Remote Sensing Application Center ,MNR	1			1	1			41	18	8
自然资源部国土整治中心（自然资源部土地科技创新中心）	China Land Consolidation and Rehabilitation(Land Science and Technology Innovation Center, MNR	1			1	1			33	28	2
自然资源部海岛研究中心	Island Research Center, MNR								5	4	
自然资源部海洋发展战略研究所	China Institute for Marine Affairs, MNR								14	14	
自然资源部海洋减灾中心	National Marine Hazard Mitigation Center, MNR	4					4	4	9	1	
自然资源部海洋咨询中心	Oceanic Consulting Center, MNR										
自然资源部天津海水淡化与综合利用研究所	Institute of Seawater Desalination and Multipurpose Utilization, MNR(Tianjin)								76	56	5
自然资源部信息中心	Information Center, MNR	5			5	5			49	41	
自然资源部油气资源战略研究中心	Strategic Research Center of Oil and Gas Resources, MNR	1			1				37	26	2

事业单位和派出机构分列（2021年） 续表1

by Institution and Agency Affiliated to MNR（2021） Continued 1

国际 International	被SCI、EI、ISTP收录 Indexed in SCI, EI, and ISTP	出版科技著作/部 Publication of Scientific and Technological Work/monograph	申请专利/件 Patent Application/piece：本年专利申请数 Patent Application This year	发明专利 Invention Patent	本年专利授权数 Number of Patent Granted This Year	发明专利 Invention Patent	国外授权 Abroad Authorization	拥有有效发明专利总数 Total Number of Valid Invention Patent	申请软件著作权/项 Software Copyright Application/project	科技奖项/项 Scientific and Technological Prize/project	国际 International	国家级 State Level	省部级 Provincial and Ministerial Level	科学技术普及 Scientific and Technological Popularization：科普作品/部 Popular Science Works/kind	主题科普活动/项 Thematic Science Popularization Activity/time
2	2	2													
111	111	3	26	10	33	31		119	23	2			1	1	2
232	213	6	36	31	39	29		269	13	1			1	2	8
8	8	1	9	4	5			5							1
221	216	6	121	103	97	57	5	212	82	6					8
23	23		68	68	20	20		82	25	1		1			
5	5	1							3	1			1		6
1	1								1						2
		1													
8	6	1	1	1				6							
20	20		37	34	27	21		149							1
8	8	2			1	1		1	53	3			3	2	1
11	11														

自然资源科技成果情况——按部属
Natural Resources Scientific and Technological Achievements

单位名称	Agency	科技成果登记数/项 Number of Scientific and Technological Achievement Registered/project							发表科技论文/篇 Publication of Scientific and Technological Paper/paper		
			在国家科技成果管理机构登记		在部科技成果管理机构登记 Registration in the Ministry Administration of Science and Technology Achievements		在地方政府科技成果管理机构登记 Registration in the Local Government Administration of Scientific and Technological Achievement			国内 Domestic	
			Registration in the State Administration of Scientific and Technological Achievement	应用技术成果 Application of Technical Achievement		应用技术成果 Application of Technical Achievement		应用技术成果 Application of Technical Achievement			被SCI、EI收录 Indexed in SCI, EI
自然资源部重庆测绘院	Chongqing Institute of Surveying and Mapping, MNR	16			16	16			15	15	
自然资源部珠宝玉石首饰管理中心（国家珠宝玉石质量监督检验中心）	National Gems & Jewelry Technology Administrative Center(National Gemstone Testing Center)								81	73	
自然资源部咨询研究中心	Consulting and Research Center, MNR	3			3				35	35	
中国地质调查局	China Geological Survey	209			82	54	127	122	2566	1918	452
中国自然资源航空物探遥感中心	China Aero Geophysical Survey & Remote Sensing Center for Natural Resources	2			2				108	85	10
中国地质环境监测院	China Institute of Geo-Environment Monitoring	1			1	1			45	39	18
中国地质调查局水文地质环境地质调查中心	Hydrogeological and Environmental Geological Survey Center, CGS	5			5				69	65	8
中国地质调查局自然资源实物地质资料中心	Cores and Samples Center of Natural Resources, CGS								35	32	3
中国地质调查局发展研究中心	Development Research Center, CGS	3			3	3			84	63	5
中国地质调查局天津地质调查中心	Tianjin Center, CGS	1			1	1			84	75	24
中国地质调查局沈阳地质调查中心	Shenyang Center, CGS	8			8				101	83	37
中国地质调查局西安地质调查中心	Xi'an Center, CGS	10			4	2	6	4	77	63	14
中国地质调查局南京地质调查中心	Nanjing Center, CGS	2			2	2			90	78	7

事业单位和派出机构分列（2021年） 续表2
by Institution and Agency Affiliated to MNR（2021） Continued 2

国际 International	被SCI、EI、ISTP收录 Indexed in SCI, EI, and ISTP	出版科技著作/部 Publication of Scientific and Technological Work/monograph	申请专利/件 Patent Application/piece: 本年专利申请数 Patent Application This year	发明专利 Invention Patent	本年专利授权数 Number of Patent Granted This Year	发明专利 Invention Patent	国外授权 Abroad Authorization	拥有有效发明专利总数 Total Number of Valid Invention Patent	申请软件著作权/项 Software Copyright Application/project	科技奖项/项 Scientific and Technological Prize/project	国际 International	国家级 State Level	省部级 Provincial and Ministerial Level	科学技术普及 Scientific and Technological Popularization: 科普作品/部 Popular Science Works/kind	主题科普活动/项 Thematic Science Popularization Activity/time
									1						2
8	5		9	9	3	3		4	1					1	6
		5													
648	636	118	788	448	665	257	13	1222	320	35			28	263	476
23	23	6	46	35	32	4		43	25	1			1	4	6
6	6	4	25	24	30	9		30	25					14	4
4		1	38	13	43	7		16	9	2			2	2	10
3	3	3	16	7	12	2		33	1					5	8
21	17	16	5	5	5	5		13	20	4			4	6	4
9	9	2	2		2				7	4			2	36	9
18	18	14	3	1				3		1			1	10	17
14	14	8	10	7	20	11		37	5	2			2	20	15
12	12	3	10	1	17	1		9	2	2			2	3	8

自然资源科技成果情况——按部属
Natural Resources Scientific and Technological Achievements

单位名称	Agency	科技成果登记数/项 Number of Scientific and Technological Achievement Registered/project	在国家科技成果管理机构登记 Registration in the State Administration of Scientific and Technological Achievement	应用技术成果 Application of Technical Achievement	在部科技成果管理机构登记 Registration in the Ministry Administration of Science and Technology Achievements	应用技术成果 Application of Technical Achievement	在地方政府科技成果管理机构登记 Registration in the Local Government Administration of Scientific and Technological Achievement	应用技术成果 Application of Technical Achievement	发表科技论文/篇 Publication of Scientific and Technological Paper/paper	国内 Domestic	被SCI、EI收录 Indexed in SCI, EI
中国地质调查局成都地质调查中心	Chengdu Center, CGS								110	78	12
中国地质调查局武汉地质调查中心	Wuhan Center, CGS	5			3		2		81	55	24
青岛海洋地质研究所	Qingdao Institute of Marine Geology	5			3		2	2	100	65	7
广州海洋地质调查局	Guangzhou Marine Geological Survey，CGS	5			5	1			131	83	67
中国地质调查局油气资源调查中心	Oil and Gas Resources Survey Center, CGS								38	31	9
自然资源综合调查指挥中心	Natural Resources Comprehensive Investigation Command Center，CGS								224	213	9
中国地质科学院（院部）	Chinese Academy of Geological Sciences，CGS	1			1				84	31	10
中国地质科学院地质研究所	Institute of Geology, CAGS	21			21	21			183	92	34
中国地质科学院矿产资源研究所	Institute of Mineral Resources, CAGS	6			6	6			165	108	36
中国地质科学院水文地质环境地质研究所	Institute of Hydrogeology and Environmental Geology, CAGS								125	90	30
中国地质科学院地球物理地球化学勘查研究所	Institute of Geophysical and Geochemical Exploration, CAGS	2			2	2			119	92	30
中国地质调查局勘探技术研究所	Institute of Exploration Techniques, CGS	4			4	4			26	26	2
中国地质调查局探矿工艺研究所	Institute of Exploration Technology, CGS								27	26	11
中国地质调查局北京探矿工程研究所	Beijing Institute of Exploration Engineering, CGS	2			2	2			21	21	
中国地质科学院郑州矿产综合利用研究所	Zhengzhou Institute of Multipurpose Utilization of Mineral Resources, CAGS	26					26	25	44	40	2

事业单位和派出机构分列（2021年） 续表3

by Institution and Agency Affiliated to MNR（2021） Continued 3

国际 International	被SCI、EI、ISTP收录 Indexed in SCI, EI, and ISTP	出版科技著作/部 Publication of Scientific and Technological Work/monograph	申请专利/件 Patent Application/piece: 本年专利申请数 Patent Application This year	发明专利 Invention Patent	本年专利授权数 Number of Patent Granted This Year	发明专利 Invention Patent	国外授权 Abroad Authorization	拥有有效发明专利总数 Total Number of Valid Invention Patent	申请软件著作权/项 Software Copyright Application/project	科技奖项/项 Scientific and Technological Prize/project	国际 International	国家级 State Level	省部级 Provincial and Ministerial Level	科学技术普及 Scientific and Technological Popularization: 科普作品/部 Popular Science Works/kind	主题科普活动/项 Thematic Science Popularization Activity/time
32	32	2	7	7	7	7		44	2					3	12
26	24	6	25	4	18	3		62	4	2			2	4	9
35	35	8	65	37	39	26	3	110	9	1			1	2	46
48	48	4	116	77	65	30	4	88	23	2			2	16	33
7	7		12	12	16	14		65	2					12	11
11	9	4	49	20	10	3		7	39					18	115
53	53	2	42	27	19	10	5	15	17	5			1	9	21
91	91	3	1	1	1	1		20	11	1			1	14	19
57	57	8	15	11	34	21		87	7					9	4
35	35	2	60	20	52	17		70	31	3			3	4	1
27	27	2	43	23	43	6		38	42	1			1	4	6
			65	37	63	12		26	14	1					6
1	1		9	6	11	6		23	2					6	7
			16	10	20	2		26	5					6	3
4	4	1	49	33	23	16		85	4					8	12

自然资源科技成果情况——按部属
Natural Resources Scientific and Technological Achievements

单位名称	Agency	科技成果登记数/项 Number of Scientific and Technological Achievement Registered/project	在国家科技成果管理机构登记 Registration in the State Administration of Scientific and Technological Achievement	在国家科技成果管理机构登记: 应用技术成果 Application of Technical Achievement	在部科技成果管理机构登记 Registration in the Ministry Administration of Science and Technology Achievements	在部科技成果管理机构登记: 应用技术成果 Application of Technical Achievement	在地方政府科技成果管理机构登记 Registration in the Local Government Administration of Scientific and Technological Achievement	在地方政府科技成果管理机构登记: 应用技术成果 Application of Technical Achievement	发表科技论文/篇 Publication of Scientific and Technological Paper/paper	国内 Domestic	被SCI、EI收录 Indexed in SCI, EI
中国地质科学院矿产综合利用研究所	Institute of Multipurpose Utilization of Mineral Resources, CAGS								54	49	1
中国地质科学院岩溶地质研究所	Institute of Karst Geology, CAGS	56			4	4	52	52	103	71	5
中国地质科学院地质力学研究所	Institute of Geomechanics, CAGS	44			5	5	39	39	175	119	32
国家地质实验测试中心	National Research Center for Geoanalysis								37	29	4
中国地质图书馆（中国地质调查局地学文献中心）	National Geological Library of China (Geoscience Documentation Center, CGS)								22	13	
中国矿业报社	China Mining News								4	3	1
派出机构及所属单位	**Total of Dispatched Office and Affiliated Unit**	**100**			**12**	**12**	**88**	**48**	**477**	**449**	**16**
自然资源部北海局	North China Sea Bureau, MNR	24					24	24	80	78	6
自然资源部南海局	South China Sea Bureau, MNR	3					3		81	61	
自然资源部东海局	East China Sea Bureau, MNR	44					44	10	21	20	3
陕西测绘地理信息局	Shaanxi Bureau of Surveying, Mapping and Geoinformation	10					10	7	127	125	7
黑龙江测绘地理信息局	Heilongjiang Bureau of Surveying and Mapping Geographic Information	8			5	5	3	3	129	129	
四川测绘地理信息局	Sichuan Bureau of Surveying, Mapping and Geoinformation	10			6	6	4	4	32	30	
海南测绘地理信息局	Hainan Administration of Surveying Mapping and Geoinformation	1			1	1			7	6	

事业单位和派出机构分列（2021年） 续表4

by Institution and Agency Affiliated to MNR（2021） Continued 4

			申请专利/件 Patent Application/piece							科技奖项/项 Scientific and Technological Prize/project				科学技术普及 Scientific and Technological Popularization	
国际 International		出版科技著作/部 Publication of Scientific and Technological Work/ monograph	本年专利申请数 Patent Application This year		本年专利授权数 Number of Patent Granted This Year			拥有有效发明专利总数 Total Number of Valid Invention Patent	申请软件著作权/项 Software Copyright Application/ project		国际 Inter-national	国家级 State Level	省部级 Provin-cial and Minis-terial Level	科普作品/部 Popular Science Works/ kind	主题科普活动/项 Thematic Science Populari-zation Activity/ time
	被SCI、EI、ISTP收录 Indexed in SCI, EI, and ISTP			发明专利 Invention Patent		发明专利 Invention Patent	国外授权 Abroad Authori-zation								
5	5	1	14	2	17	15		94						8	2
32	32	5	10		30	3	1	102						10	10
56	56	8	22	16	20	15		45	8	1			1	10	58
8	8	2	13	12	16	11		31	5					3	2
9	9	1												11	10
1	1	2							1	2			2	6	8
28	**26**	**4**	**97**	**40**	**84**	**20**	**1**	**87**	**169**	**3**			**3**	**7**	**102**
2	2		29	8	27	7		40	13					7	34
20	19	3	15	12	17	7		15	14						28
1	1		4	2	4	2		9	6	2			2		33
2	2	1	31	8	20			3	82	1			1		1
			8	5	10	1		3	18						
2	2		10	5	5	2	1	16	34						6
1					1	1		1	2						

自然资源标准化和计量监督管理

Standardization and Measurement Supervision and

单位名称	Department	标准化工作		
		标准制修订/项 Standard Formulation and		
		国家标准 State Standard	行业标准 Industrial Standard	地方标准 Local Standard
总 计	**Total**	**15**	**23**	**141**
北京市规划和自然资源委员会	Beijing Municipal Commission of Planning and Natural Resources	2	7	5
天津市规划和自然资源局	Tianjin Municipal Bureau of Planning and Natural Resources		2	5
河北省自然资源厅	Department of Natural Resources of Hebei Province			4
山西省自然资源厅	Department of Natural Resources of Shanxi Province			
内蒙古自治区自然资源厅	Department of Natural Resources of Inner Mongolia Autonomous Region			4
辽宁省自然资源厅	Department of Natural Resources of Liaoning Province			1
吉林省自然资源厅	Department of Natural Resources of Jilin Province			3
黑龙江省自然资源厅	Department of Natural Resources of Heilongjiang Province			6
上海市规划和自然资源局	Shanghai Municipal Bureau of Planning and Natural Resources			5
江苏省自然资源厅	Department of Natural Resources of Jiangsu Province			6
浙江省自然资源厅	Department of Natural Resources of Zhejiang Province	3	5	3
安徽省自然资源厅	Department of Natural Resources of Anhui Province			3
福建省自然资源厅	Department of Natural Resources of Fujian Province			1
江西省自然资源厅	Department of Natural Resources of Jiangxi Province	3	1	3
山东省自然资源厅	Department of Natural Resources of Shandong Province	6	6	26
河南省自然资源厅	Department of Natural Resources of Henan Province			18
湖北省自然资源厅	Department of Natural Resources of Hubei Province			8
湖南省自然资源厅	Department of Natural Resources of Hunan Province			3
广东省自然资源厅	Department of Natural Resources of Guangdong Province			8
广西壮族自治区自然资源厅	Department of Natural Resources of Guangxi Zhuang Autonomous Region			1
海南省自然资源和规划厅	Department of Natural Resources and Planning of Hainan Province			
重庆市规划和自然资源局	Chongqing Municipal Bureau of Planning and Natural Resources Administration		1	3
四川省自然资源厅	Department of Natural Resources of Sichuan Province			
贵州省自然资源厅	Department of Natural Resources of Guizhou Province			2
云南省自然资源厅	Department of Natural Resources of Yunnan Province			1
西藏自治区自然资源厅	Department of Natural Resources of Tibet Autonomous Region			
陕西省自然资源厅	Department of Natural Resources of Shaanxi Province	1		8
甘肃省自然资源厅	Department of Natural Resources of Gansu Province			5
青海省自然资源厅	Department of Natural Resources of Qinghai Province			4
宁夏回族自治区自然资源厅	Department of Natural Resources of Ningxia Hui Autonomous Region			2
新疆维吾尔自治区自然资源厅	Department of Natural Resources of Xinjiang Uygur Autonomous Region			
上海市海洋局	Shanghai Municipal Oceanic Administration Bureau			
福建省海洋与渔业局	Fujian Provincial Department of Ocean and Fisheries		1	3
厦门市海洋发展局	Xiamen Municipal Marine Development Bureau			
青岛市海洋发展局	Qingdao Municipal Marine Development Bureau			

情况——按单位分列（2021年）

Management of Natural Resources by Department（2021）

Standardization Work		计量工作 Measurement Work		
Revision/item 团体标准 Group Standard	标准宣贯培训/人次 Standard Publicity Continuous Training/ person time	计量器具检定/校准/检测(台/件) Verification/Calibration/ Testing of Measuring Instrument (set/piece)	新建计量标准器具/项 New Measurement Standard Apparatus/item	新建计量标准物质/种 New Measurement Reference Material/species
41	**6163**	**37674**	**256**	**1135**
	1000	387		
7	50	39		
1	270	2786		
	40			
	9			
	9	17		
	847	2543		
	300			5
		6155		
		2232		
	380	3109		
	6	4800	5	
3	461	54		4
	2			
		1185		
		150		
11	743	578		
	2	328	11	41
1	430	20		
		3		
	241	600		
	453	8025	50	841
1	480	75	74	237
		1678		
17	70	1232	116	7
	280	478		
	90	1200		

自然资源标准化和计量监督管理情况
Standardization and Measurement Supervision and Management

单位名称	Agency	标准化工作		
		标准制修订/项 Standard Formulation and		
		国家标准 State Standard	行业标准 Industrial Standard	地方标准 Local Standard
总　计	**Total**	**24**	**121**	**1**
国家测绘产品质量检验测试中心	National Quality Inspection ant Testing Center for Surveying and Mapping Products	2	1	
国家海洋标准计量中心	National Center of Ocean Standards and Metrology	2	22	
国家海洋环境预报中心（自然资源部海啸预警中心）	National Marine Environmental Forecasting Center (Tsunami Warning Center, MNR)	3	2	
国家海洋技术中心	National Ocean Technology Center	2	5	
国家海洋信息中心	National Oceanic Information Center	1	5	
国家基础地理信息中心	National Geomatics Center of China	3		
国家深海基地管理中心	National Deep Sea Center		4	
国家卫星海洋应用中心	National Satellite Ocean Application Service			
中国测绘科学研究院	Chinese Academy of Surveying and Mapping	1		
中国大洋矿产资源研究开发协会办公室	Office of China Ocean Mineral Resources Research and Development Association			
中国地质博物馆	Geological Museum of China			
中国国土勘测规划院	China Land Surveying and Planning Institute		2	
中国极地研究中心	Polar Research Institute of China			
自然资源部不动产登记中心（自然资源部法律事务中心）	Real Estate Registration Center,MNR(Law Center, MNR)			
中国自然资源经济研究院	Chinese Academy of Natural Resources Economics			
自然资源部测绘发展研究中心	Surveying and Mapping Development Research Center of Ministry of Natural Resources			
自然资源部第二海洋研究所	Second Institute of Oceanography, MNR			
自然资源部第三海洋研究所	Third Institute of Oceanography, MNR		2	
自然资源部第四海洋研究所（中国-东盟国家海洋科技联合研发中心）	Fourth Institute of Oceanography, MNR(China ASEAN Joint Research and Development Center of Marine Science and Technology)			
自然资源部第一海洋研究所	First Institute of Oceanography, MNR		1	
自然资源部国土卫星遥感应用中心	Land Satellite Remote Sensing Application Center ,MNR	1		
自然资源部国土整治中心（自然资源部土地科技创新中心）	China Land Consolidation and Rehabilitation (Land Science and Technology Innovation Center, MNR)			
自然资源部海岛研究中心	Island Research Center,MNR		1	
自然资源部海洋发展战略研究所	China Institute for Marine Affairs,MNR			
自然资源部海洋减灾中心	National Marine Hazard Mitigation Center, MNR		2	

——按部属事业单位和派出机构分列（2021年）

of Natural Resources by Institution and Agency Affiliated to MNR（2021）

Standardization Work		计量工作 Measurement Work		
Revision/item				
团体标准 Group Standard	标准宣贯培训/人次 Standard Publicity Continuous Training/ person time	计量器具检定/校准/检测(台/件) Verification / Calibration/ Testing of Measuring Instrument(set/piece)	新建计量标准器具/项 New Measurement Standard Apparatus/item	新建计量标准物质/种 New Measurement Reference Material/species
26	**6589**	**8578**	**3**	**60**
	92	19		
7	150	2800	3	6
		224		
	3800			
		4654		
10	46	1		
	628			
	300			7
	15	201		

自然资源标准化和计量监督管理情况

Standardization and Measurement Supervision and Management of Natural

单位名称	Agency	标准化工作		
		标准制修订/项 Standard Formulation and		
		国家标准 State Standard	行业标准 Industrial Standard	地方标准 Local Standard
自然资源部海洋咨询中心	Oceanic Consulting Center, MNR			
自然资源部天津海水淡化与综合利用研究所	Institute of Seawater Desalination and Multipurpose Utilization, MNR(Tianjin)	1	1	
自然资源部信息中心	Information Center, MNR	1	4	
自然资源部油气资源战略研究中心	Strategic Research Center of Oil and Gas Resources,MNR		2	
自然资源部重庆测绘院	Chongqing Institute of Surveying and Mapping,MNR			
自然资源部珠宝玉石首饰管理中心（国家珠宝玉石质量监督检验中心）	National Gems & Jewelry Technology Administrative Center(National Gemstone Testing Center)			
自然资源部咨询研究中心	Consulting and Research Center, MNR			
中国地质调查局	China Geological Survey	7	67	1
中国自然资源航空物探遥感中心	China Aero Geophysical Survey & Remote Sensing Center for Natural Resources			
中国地质环境监测院	China Institute of Geo-Environment Monitoring	1		
中国地质调查局水文地质环境地质调查中心	Hydrogeological and Environmental Geological Survey Center, CGS		2	
中国地质调查局自然资源实物地质资料中心	Cores and Samples Center of Natural Resources, CGS		1	
中国地质调查局发展研究中心	Development Research Center, CGS		7	
中国地质调查局天津地质调查中心	Tianjin Center, CGS		1	
中国地质调查局沈阳地质调查中心	Shenyang Center, CGS			
中国地质调查局西安地质调查中心	Xi' an Center, CGS			
中国地质调查局南京地质调查中心	Nanjing Center, CGS		29	
中国地质调查局成都地质调查中心	Chengdu Center, CGS			
中国地质调查局武汉地质调查中心	Wuhan Center, CGS			
青岛海洋地质研究所	Qingdao Institute of Marine Geology			1
广州海洋地质调查局	Guangzhou Marine Geological Survey, CGS			
中国地质调查局油气资源调查中心	Oil and Gas Resources Survey Center, CGS		4	
自然资源综合调查指挥中心	Natural Resources Comprehensive Investigation Command Center，CGS			

——按部属事业单位和派出机构分列（2021年） 续表1

Resources by Institution and Agency Affiliated to MNR（2021） Continued 1

Standardization Work		计量工作 Measurement Work		
Revision/item				
团体标准 Group Standard	标准宣贯培训/人次 Standard Publicity Continuous Training/ person time	计量器具检定/校准/检测(台/件) Verification / Calibration/ Testing of Measuring Instrument(set/piece)	新建计量标准器具/项 New Measurement Standard Apparatus/item	新建计量标准物质/种 New Measurement Reference Material/species
3	45			
	20	125		
	100			
	420	260		
1	60	130		
5	913	164		47
2				
	200			
3	243			
		20		
		46		

自然资源标准化和计量监督管理情况

Standardization and Measurement Supervision and Management of Natural

单位名称	Agency	标准化工作 标准制修订/项 Standard Formulation and 国家标准 State Standard	行业标准 Industrial Standard	地方标准 Local Standard
中国地质科学院（院部）	Chinese Academy of Geological Sciences, CGS			
中国地质科学院地质研究所	Institute of Geology, CAGS	5		
中国地质科学院矿产资源研究所	Institute of Mineral Resources, CAGS			
中国地质科学院水文地质环境地质研究所	Institute of Hydrogeology and Environmental Geology, CAGS	1	1	
中国地质科学院地球物理地球化学勘查研究所	Institute of Geophysical and Geochemical Exploration, CAGS		4	
中国地质调查局勘探技术研究所	Institute of Exploration Techniques, CGS		3	
中国地质调查局探矿工艺研究所	Institute of Exploration Technology, CGS			
中国地质调查局北京探矿工程研究所	Beijing Institute of Exploration Engineering, CGS		3	
中国地质科学院郑州矿产综合利用研究所	Zhengzhou Institute of Multipurpose Utilization of Mineral Resources, CAGS		3	
中国地质科学院矿产综合利用研究所	Institute of Multipurpose Utilization of Mineral Resources, CAGS			
中国地质科学院岩溶地质研究所	Institute of Karst Geology, CAGS		1	
中国地质科学院地质力学研究所	Institute of Geomechanics, CAGS		1	
国家地质实验测试中心	National Research Center for Geoanalysis		7	
中国地质图书馆（中国地质调查局地学文献中心）	National Geological Library of China (Geoscience Documentation Center, CGS)			
中国矿业报社	China Mining News			
派出机构及所属单位	**Total of Dispatched Office and Affiliated Unit**	**3**	**6**	**1**
自然资源部北海局	North China Sea Bureau, MNR		1	
自然资源部南海局	South China Sea Bureau, MNR		4	
自然资源部东海局	East China Sea Bureau, MNR			
陕西测绘地理信息局	Shaanxi Bureau of Surveying, Mapping and Geoinformation	3	1	
黑龙江测绘地理信息局	Heilongjiang Bureau of Surveying and Mapping Geographic Information			1
四川测绘地理信息局	Sichuan Bureau of Surveying, Mapping and Geoinformation			
海南测绘地理信息局	Hainan Administration of Surveying Mapping and Geoinformation			

——按部属事业单位和派出机构分列（2021年） 续表2

Resources by Institution and Agency Affiliated to MNR（2021） Continued 2

Standardization Work		计量工作 Measurement Work		
Revision/item	标准宣贯培训/人次 Standard Publicity Continuous Training/ person time	计量器具检定/校准/检测(台/件) Verification / Calibration/ Testing of Measuring Instrument(set/piece)	新建计量标准器具/项 New Measurement Standard Apparatus/item	新建计量标准物质/种 New Measurement Reference Material/species
团体标准 Group Standard				
		10		
	150			
		35		
	20	53		
	300			
				47
	2746	**26286**	**4**	**33**
	48	1687		
	284	796		
	165	1829	3	33
	2000	6676		
	249	1800	1	
		12599		
		899		

全国省、市、县级自然资源

Number of Provincial, Municipal and County Level Natural

单位：个

地 区	Region	合计 Total
总 计	**Total**	3340
北 京	Beijing	18
天 津	Tianjin	19
河 北	Hebei	207
山 西	Shanxi	136
内 蒙 古	Inner Mongolia	127
辽 宁	Liaoning	94
吉 林	Jilin	59
黑 龙 江	Heilongjiang	127
上 海	Shanghai	17
江 苏	Jiangsu	128
浙 江	Zhejiang	109
安 徽	Anhui	130
福 建	Fujian	98
江 西	Jiangxi	110
山 东	Shandong	176
河 南	Henan	173
湖 北	Hubei	134
湖 南	Hunan	155
广 东	Guangdong	145
广 西	Guangxi	122
海 南	Hainan	19
重 庆	Chongqing	40
四 川	Sichuan	213
贵 州	Guizhou	114
云 南	Yunnan	150
西 藏	Tibet	82
陕 西	Shaanxi	141
甘 肃	Gansu	103
青 海	Qinghai	51
宁 夏	Ningxia	28
新 疆	Xinjiang	115

管理机构数（2021年）

Resources Management Institution Nationwide（2021）

Unit：number

省级机构数量 Provincial Level Institution	市（地）级机构数量 Municipal （Prefecture） Level Institution	县（区）级机构数量 County （District） Level Institution
32	**367**	**2941**
1	0	17
1	0	18
1	12	194
1	11	124
1	14	112
1	14	79
1	10	48
1	13	113
1	0	16
1	13	114
1	11	97
1	16	113
1	10	87
1	11	98
1	23	152
1	18	154
1	18	115
1	14	140
1	21	123
1	14	107
1	2	16
1	0	39
1	21	191
1	9	104
1	16	133
1	7	74
1	11	129
1	16	86
1	8	42
1	5	22
2	29	84

主要统计指标解释

高层次科技人才 科技人才是指本单位固定人员中从事各类科技活动的人员。高层次科技人员是指副高级以上专业技术职称人员或博士。

项目总数 指报告期内在研的各类科研项目数，包括报告期内新立项目、已立项正在研究的项目、报告期内结题项目。按照《国务院印发关于深化中央财政科技计划（专项、基金等）管理改革方案的通知》（国发〔2014〕64号）要求，国家级科研项目是指国家自然科学基金、国家科技重大专项、国家重点研发计划、技术创新引导专项（基金）、基地和人才专项五类科技计划项目。省级科研项目指由省科技厅、自然资源厅等批复立项的省级财政经费支持的科技项目。项目数只统计牵头单位承担的在研项目，作为协作单位、外协单位承担的科研项目的课题、专题和任务不在统计之列。科研项目年度经费指上述科研项目的年度总经费。

重点实验室 指报告期内新命名或批准建设的国家级、省部级重点实验室，包括自然资源部与教育部共建、与各省（自治区、直辖市）共建的实验室。

野外科学研究观测基地 指报告期内通过自然资源部评审命名的自然资源部野外科学研究观测基地。

科普基地 指报告期内通过自然资源部评审命名的自然资源部科普基地。

科技著作 指经过正式出版部门编印出版的科技专著、大专院校教科书、科普著作。为避免重复统计，只统计以本机构科技人员为第一作者的论文和著作。同一书名为一部，与书的发行量无关。

申请专利 指报告期内向国内外知识产权行政部门提出专利申请并被受理的件数。本年专利授权数是指报告期内由国内外知识产权行政部门向本单位授予专利权的件数。专利包括发明专利、实用新型专利和外观设计专利三类。

申请软件著作权 指软件的开发者或者其他权利人依据有关著作权法律的规定，对于软件作品所享有的各项专有权利。

科技奖项 指报告期内获得李四光奖（包括李四光地质科学荣誉奖、李四光野外地质工作者奖、李四光地质科技研究者奖、李四光地质教师奖）、黄汲清奖（黄汲清野外地质工作者奖、黄汲清地质科技研究者奖、黄汲清地质教师奖）的次数。

科普作品 指报告期内出版的图书、期刊、音像制品等科普作品。只统计第一作者为本单位科技人员。

主题科普活动 指报告期内本单位作为活动第一承担单位开展的自然资源领域科普活动。

自然资源标准 指报告期内发布的制订、修订的自然资源标准数目，由制订、修订单位中排名最靠前的系统内单位填写，多个部系统内单位共同编制的不重复填报。

Explanatory Notes on Main Statistical Indicators

High-level Scientific and Technological Talented Personnel—scientific and technological personnel refer to persons who conduct various kinds of scientific and technological activities in the fixed staff and workers in the current units. High–level scientific and technological personnel refer to persons with a professional technical title at and above the associate senior level or PhD.

Total Number of Project—the number of various scientific research projects studied during the reporting period, including newly established projects, projects that have been approved and have been completed during the reporting period. According to *the Notice of the State Council on Deepening the Management Reform Plan of Central Financial Science and Technology Plans (Special Projects, Funds, etc.)* (Guofa〔2014〕64), national scientific research projects refer to five categories of science and technology plan projects: National Natural Science Foundation, National Major Science and Technology Special Projects, National Key R&D Plan, Technical Innovation Guidance Special Projects (Funds), and Base and Talent Special Projects. Provincial scientific research projects refer to science and technology projects supported by provincial financial funds approved and approved by the provincial department of science and technology, the department of natural resources, etc. The number of projects only covers the research projects undertaken by the leading unit, and the research topics, topics, and tasks undertaken as collaborative units or outsourced units are not included in the statistics. Scientific research project funding this year refers to the total annual funding for the aforementioned research projects.

Key Laboratory—the state and provincial level key laboratories newly named or established after approval during the reporting period, including those established jointly by MNR and the Ministry of Education and by MNR and provinces (autonomous regions and municipalities).

Field Observation and Research Base—the base for field observation and research of MNR that is examined, evaluated, and named by MNR during the reporting period.

Science Popularization Base—the science popularization base of MNR that is examined, evaluated and named by MNR during the reporting period.

Scientific and Technological Works—scientific and technological monographs, text–books of universities and colleges, and popular science books compiled, printed, and published by formal publishing establishments. In order to evade repetition in statistical survey, only the papers and works whose first authors are scientific and technological persons of the current organization are included in the statistics. The books with the same title are considered to be one entry, which is unrelated to the quantity of distribution of the books.

Patent Application—the number of patent applications submitted to foreign or domestic administrative departments in charge of intellectual property rights and accepted by them during the reporting period. Number of patent Grant refer to the number of patent rights granted to the current units by foreign and domestic administrative departments in charge of intellectual property rights. The patent include invention patent, practical new patent and design patent.

Software Copyright Application—all the proprietary rights enjoyed by the software developers or other right holders in accordance with the provisions of the law about copyright.

Scientific and Technological Prize—geological scientific and technological workers winning the J.S. Lee Prize (including J.S. Lee Special (Honorary) Prize for Geological Sciences, J.S. Lee Prize for Field Geological Workers, J.S. Lee Prize for Geological Scientific and Technological Researchers, and J.S. Lee Prize for Geological Teachers), and Huang Jiqing (T.K. Huang) Prize (including Huang Jiqing Prize for Field Geological Workers, Huang Jiqing Prize for Geological Scientific and Technological Researchers, and Huang Jiqing Prize for Geological Teachers).

Popular Science Works—popular science works such as books, periodicals and audio-video products. Only the scientific and technological personnel in the first author's unit are calculated in the statistics.

Thematic Science Popularization Activity—the science popularization activity in the natural resource areas carried out by the current unit as the first unit undertaking the activity during the reporting period.

Natural Resources Standard—the number of formulated and revised natural resources standards issued during the reporting period, which shall be filled in by the top ranking unit in the system among the formulation and revision units, and those jointly compiled by units in multiple ministries shall not be filled in repeatedly.